国家职业教育药学专业教学资源库配套教材

高等职业教育药学专业"岗课赛证"融通新形态一体化系列教材

无机化学

（第2版）

主　编　石　慧　郭红彦　郝利娜

中国教育出版传媒集团
高等教育出版社·北京

内容简介

本书为国家职业教育药学专业教学资源库配套教材，依据高等职业教育药学专业教学标准及"无机化学"的课程标准和课程特点，认真落实为专业服务的理念，并结合我国高等职业教育发展特点编写而成。

本书的主要内容包括绪论、物质结构、溶液（溶液和胶体溶液）、电解质溶液、缓冲溶液）、化学反应（化学反应速率和化学平衡、氧化还原反应和电极电势）、元素和化合物（配位化合物、生命元素和有毒元素）及实验部分（化学实验须知、实验内容），共十一章。主要章节除正文外，均设有"思维导图""学习目标"和"目标测试"，还穿插有"知识拓展""化学与医药学"及二维码链接资源（微课、动画、操作视频、拓展阅读、在线测试）等，体现出资源库配套教材"一库一书一课一空间"的特点。教师如需获取本书授课用PPT，请登录"高等教育出版社产品信息检索系统"（http://xuanshu.hep.com.cn/）免费下载。

本书可作为高等职业院校药学及相关专业的教学用书，也可作为医药行业、社会从业人员的业务参考用书。

图书在版编目（CIP）数据

无机化学 / 石慧，郭红彦，郝利娜主编. -- 2版. -- 北京：高等教育出版社，2025.1. -- ISBN 978-7-04-063167-8

Ⅰ. O61

中国国家版本馆CIP数据核字第2024GD8273号

WUJI HUAXUE

策划编辑	吴 静	责任编辑	吴 静	封面设计	王 鹏	版式设计	曹鑫怡
责任绘图	杨伟露	责任校对	张 薇	责任印制	赵 佳		

出版发行	高等教育出版社	网　　址	http://www.hep.edu.cn
社　　址	北京市西城区德外大街4号		http://www.hep.com.cn
邮政编码	100120	网上订购	http://www.hepmall.com.cn
印　　刷	人卫印务（北京）有限公司		http://www.hepmall.com
开　　本	787 mm×1092 mm 1/16		http://www.hepmall.cn
印　　张	13.5		
字　　数	270 千字	版　　次	2020年9月第1版
插　　页	1		2025年1月第2版
购书热线	010-58581118	印　　次	2025年1月第1次印刷
咨询电话	400-810-0598	定　　价	38.00元

本书如有缺页、倒页、脱页等质量问题，请到所购图书销售部门联系调换
版权所有　侵权必究
物　料　号　63167-00

《无机化学》第 2 版编审人员名单

主　编　石　慧　郭红彦　郝利娜

副主编　罗正超　程家蓉　辜萍萍

编　委　(按姓氏笔画排序)

　　　　　　卜文娟　广州市医药职业学校
　　　　　　刁爱芹　泰州职业技术学院
　　　　　　牛亚慧　重庆医药高等专科学校
　　　　　　石　晓　广东食品药品职业学院
　　　　　　石　慧　苏州卫生职业技术学院
　　　　　　叶群丽　雅安职业技术学院
　　　　　　李小梅　雅安职业技术学院
　　　　　　李靖柯　重庆医药高等专科学校
　　　　　　张发成　宝利化(南京)制药有限公司
　　　　　　陈　雷　淮南职业技术学院
　　　　　　罗正超　昆明卫生职业学院
　　　　　　郝利娜　苏州卫生职业技术学院
　　　　　　袁　媛　昆明卫生职业学院
　　　　　　郭红彦　淮南联合大学
　　　　　　程家蓉　重庆医药高等专科学校
　　　　　　辜萍萍　长江职业学院

主　审　薛　满　苏州市药品检验检测研究中心

"智慧职教"服务指南

"智慧职教"(www.icve.com.cn)是由高等教育出版社建设和运营的职业教育数字教学资源共建共享平台和在线课程教学服务平台,与教材配套课程相关的部分包括资源库平台、职教云平台和App等。用户通过平台注册,登录即可使用该平台。

● 资源库平台:为学习者提供本教材配套课程及资源的浏览服务。

登录"智慧职教"平台,在首页搜索框中搜索"无机化学",找到对应作者主持的课程,加入课程参加学习,即可浏览课程资源。

● 职教云平台:帮助任课教师对本教材配套课程进行引用、修改,再发布为个性化课程(SPOC)。

1. 登录职教云平台,在首页单击"新增课程"按钮,根据提示设置要构建的个性化课程的基本信息。

2. 进入课程编辑页面设置教学班级后,在"教学管理"的"教学设计"中"导入"教材配套课程,可根据教学需要进行修改,再发布为个性化课程。

● App:帮助任课教师和学生基于新构建的个性化课程开展线上线下混合式、智能化教与学。

1. 在应用市场搜索"智慧职教 icve" App,下载安装。

2. 登录App,任课教师指导学生加入个性化课程,并利用App提供的各类功能,开展课前、课中、课后的教学互动,构建智慧课堂。

"智慧职教"使用帮助及常见问题解答请访问 help.icve.com.cn。

第 2 版前言

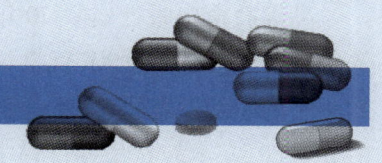

"无机化学"是药学相关专业的专业基础课,它的主要任务是为学习后续专业课奠定必要的理论和实践基础。通过本课程的学习,学生可掌握无机化学的基本原理和基本操作技能,培养创新、获取信息以及终身学习的能力。本教材第1版自2020年出版以来,经全国数十所高职院校使用,读者一致认为本教材紧紧围绕专业培养目标的要求,充分体现"三基""五性""三特定"的原则,较好地利用了国家职业教育药学专业教学资源库建设成果,真正融入了"互联网+"元素,满足了线上线下混合式教学的需求,实现了以学生为中心的教学模式,是一本不可多得的好教材。为深入贯彻党的二十大精神和全国职业教育大会精神,推动现代职业教育高质量发展,做好新一轮药学专业教育教材建设,我们在广泛调研的基础上,联合行业企业专家,对第1版教材进行了修订。

修订后的第2版教材主要具有以下特色:

1. **多元合作,产教融合**　本教材在修订时,联合了全国多所高等职业院校的骨干教师及行业企业专家,组建了以校企为核心的多元教材编写团队。依托重点行业、头部企业、"双高计划"建设学校等优质资源,由专业带头人、技能大师等牵头组建教材编写团队,吸纳一线专业技术人员深度参与教材开发。

2. **立德树人,课程思政**　教材以习近平新时代中国特色社会主义思想和党的二十大精神为指引,坚守"为党育人,为国育才"的初心和使命,深化"三全育人"综合改革,根据专业人才培养特点和专业能力素质要求,科学合理、系统化地设计思政教育内容。教材中以多种形式融入思政元素,体现知识技能传授与价值引领相结合的原则。

3. **适应发展需求,体现高职特色**　本教材定位于高职药学相关专业,教材编写时的顶层设计既考虑行业创新驱动发展对高素质技能人才的需求,又充分考虑职业人才的全面发展和高素质技能人才的成长规律。教材内容突出职业教育特色,体现产业发展的新技术、新工艺和新规范。

4. **对接技能大赛,学以致用**　在相关章节对接全国职业院校技能大赛,加深专业知识和职业技能的综合运用,助力"岗课赛证"融通。

5. **依托资源库,纸数融合**　新版教材依托国家职业教育药学专业教学资源库,进一步丰富数字资源。书中设有自主学习二维码,通过扫码,学生可对本教材的数字增值服务内容进行自主学习,形成优质、生动、立体化的学习内容。同时依托资源库平台,实现纸数融合,将移动互联、网络增值、线上线下混合式教学等新的教学理念、教学技术和学习方式融入教材建设中。

第 2 版前言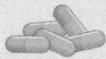

  高等教育出版社成立 70 年来，构建了中国特色的教材建设机制和模式，其规范的出版流程、成熟的出版经验和优良传统在本次修订中得到很好的传承。本教材在修订过程中得到多所高职院校老师、行业企业专家的大力支持，在此表示衷心的感谢！为了保持教材内容的先进性，在本教材使用过程中，我们力争做到纸质教材内容不断修订，数字资源内容与时俱进，实时更新。希望各院校在教材使用中及时提出宝贵意见或建议，以便不断修订和完善，提升教材质量。

编　者
2024 年 8 月

第1版前言

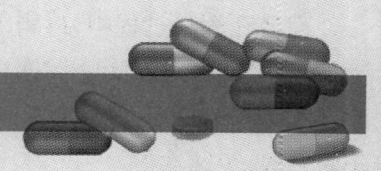

在"互联网+职业教育"大背景下,为认真贯彻落实《国家中长期教育改革和发展规划纲要(2010—2020年)》和《医药卫生中长期人才发展规划(2011—2020年)》,进一步应用、固化和推广国家职业教育药学专业教学资源库建设成果,不断提升药学专业人才培养的质量和水平,国家职业教育药学专业教学资源库建设委员会和高等教育出版社决定联合全国多所高等职业院校的骨干教师,编写国家职业教育药学专业教学资源库配套系列教材,本教材为系列教材之一。

本教材每一章除正文外,均设有"思维导图""学习目标"和"目标测试",各章节间还穿插有"知识拓展""化学与医药学"及二维码链接资源(视频、微课、动画和测试题)等。"思维导图"清晰梳理了章节内容,便于学生理解记忆;"学习目标"旨在增强学习的针对性和主动性,提高学习效果;"目标测试"习题设计多样化,题型丰富,具有启发性、层次性和挑战性;"知识拓展"旨在对原有知识进行补充、强化、巩固;"化学与医药学"注重化学与医药学专业课的衔接,实现化学与专业的无缝对接;通过手机扫描二维码,可观看视频、动画,加强对知识点的直观了解,通过在线测试检查学习效果。

本教材的编写紧紧围绕专业培养目标要求,充分体现"三基""五性""三特定"(三基:基本知识、基本理论、基本技能;五性:思想性、科学性、先进性、启发性、适用性;三特定:特定目标、特定对象、特定限制)的原则。

本教材的创新之处在于,根据后续专业课程需求,精选教材内容;利用国家职业教育药学专业教学资源库建设成果,增加二维码链接,将文字、图片、视频、动画和测试题有机组合,突破了传统纸质教材的限制和局限,真正融入了"互联网+"元素,满足了线上线下混合式教学的需求,实现以学生为中心的教学新模式,在同类教材中起到示范引领的作用。

参加本教材编写的人员有苏州卫生职业技术学院石慧(第一、六章,实验1、5)、郝利娜(第二章第4~6节),淮南联合大学郭红彦(第二章第1~3节,附录),重庆医药高等专科学校程家蓉(第七章)、李靖柯(第三章第3、4节)、牛亚慧(第十章),昆明卫生职业学院罗正超(第四章第3、4节)、袁媛(第五章第1节),长江职业学院辜萍萍(第三章第1、2节),雅安职业技术学院叶群丽(第八章)、李小梅(第五章第2节),广州市医药职业学校卜文娟(第九章,实验8),泰州职业技术学院刁爱芹(第四章第1、2节),广东食品药品职业学院石晓(第四章第5节),淮南职业技术学院陈雷(实验2~4,实验6、7)。全书由石慧整理统稿,其他编者参与部分章节的审稿。

教材在编写过程中,得到了全国多所高等职业院校领导和多位临床专家的大力帮助和支持,在此一并表示衷心感谢!对本书所引用文献资料的作者表示深深的谢意!由于编者水平和编写时间有限,疏漏和不当之处在所难免,敬请广大师生和读者提出宝贵意见,以便不断修改,更臻完善。

编 者

2019 年 12 月

目 录

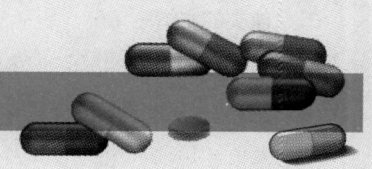

第一章 绪论 1
 一、化学的研究内容 1
 二、无机化学的研究对象和发展趋势 2
 三、药学专业学习无机化学的意义 4
 四、无机化学的学习方法 5

第二章 物质结构 7
 第一节 原子的组成 8
  一、原子结构模型 8
  二、同位素 9
 第二节 原子核外电子的运动状态 10
  一、电子云 10
  二、核外电子的运动状态 11
  三、多电子原子轨道的能级 13
  四、原子核外电子的排布 14
 第三节 元素周期律和元素周期表 16
  一、电子层结构与元素周期律 17
  二、元素性质的周期性 19
 第四节 化学键 24
  一、离子键 24
  二、共价键 26
 第五节 分子的极性 29
  一、极性共价键和非极性共价键 29
  二、极性分子和非极性分子 29
 第六节 分子间作用力和氢键 30
  一、分子间作用力 30
  二、氢键 31

第三章 溶液和胶体溶液 34
 第一节 分散系 35
  一、分散系的概念 35
  二、分散系的分类 35
 第二节 溶液组成标度的表示方法 37
  一、物质的量 38
  二、溶液组成的表示方法 38
  三、溶液组成标度的换算 41
  四、溶液的配制及有关计算 42
 第三节 稀溶液的依数性 45
  一、溶液的蒸气压下降 45
  二、溶液的沸点升高 46
  三、溶液的凝固点降低 47
  四、溶液的渗透压 48
 第四节 胶体溶液 53
  一、溶胶的性质 54
  二、胶团的结构 54
  三、溶胶的稳定性和聚沉 55
  四、高分子溶液 56

第四章 电解质溶液 60
 第一节 弱电解质的解离平衡 61
  一、强电解质和弱电解质 61
  二、弱电解质的解离度和解离平衡 62
  三、多元弱酸的分步解离 66
 第二节 酸碱理论 67
  一、酸碱电离理论 67
  二、酸碱质子理论 67
  三、酸碱电子理论 68
 第三节 水的解离和溶液的pH 69
  一、水的解离 69
  二、溶液的pH 70
  三、酸碱指示剂 72
 第四节 离子反应和盐类的水解 74
  一、离子反应 74

二、盐类的水解 76

第五节 难溶电解质的沉淀－溶解平衡 80

一、沉淀－溶解平衡和溶度积 80

二、溶度积规则 82

三、溶度积规则的应用 83

第五章 缓冲溶液 88

第一节 同离子效应 89

一、同离子效应对解离度的影响 89

二、同离子效应对溶解度的影响 89

第二节 缓冲溶液 90

一、缓冲溶液的概念及其原理 90

二、缓冲溶液 pH 的计算 91

三、缓冲溶液的配制 93

四、缓冲溶液在医药学上的意义 95

第六章 化学反应速率和化学平衡 98

第一节 化学反应速率 99

一、化学反应速率的概念及表示方法 99

二、影响化学反应速率的因素 100

三、有效碰撞理论 104

第二节 化学平衡 107

一、化学平衡的概念 107

二、化学平衡常数 108

三、化学平衡的移动 110

第七章 氧化还原反应和电极电势 117

第一节 氧化还原反应 118

一、氧化数 118

二、氧化还原反应的基本概念 119

三、氧化还原反应方程式的配平 120

第二节 电极电势 122

一、原电池 122

二、电极电势 123

三、影响电极电势的因素 125

四、电极电势的应用 127

第八章 配位化合物 132

第一节 简单配合物 133

一、配合物的概念 133

二、配合物的组成 133

三、配合物的命名 135

四、配合物的价键理论 136

五、配合物的性质 137

六、配合物的稳定性和配位平衡 138

第二节 螯合物 140

一、螯合物的概念 140

二、螯合物的形成条件 140

第三节 配合物的应用 141

一、配合物在生物学中的应用 141

二、配合物在医药学中的应用 141

三、配合物在分析检验中的应用 141

四、医药学上常见的螯合剂 142

第九章 生命元素和有毒元素 145

第一节 生命必需元素 146

一、生命必需元素的概念 146

二、判断生命必需元素的方法 146

第二节 金属生命元素及其功能 147

一、ⅠA族金属生命元素及其功能 147

二、ⅡA族金属生命元素及其功能 148

三、ⅢA族金属生命元素及其功能 149

四、ⅣA族金属生命元素及其功能 150

五、ⅤA族金属生命元素及其功能 150

六、d区和ds区金属生命元素及其功能 151

第三节 非金属生命元素及其功能 153

一、ⅠA族非金属生命元素及其功能 153

二、ⅣA族非金属生命元素及其功能 153

三、ⅤA族非金属生命元素及其功能 154

四、ⅥA族非金属生命元素及其功能 154

五、ⅦA族非金属生命元素及其功能 155

第四节 有毒微量元素 156

一、铅及其对人体的危害 156

二、汞及其对人体的危害 156

三、镉及其对人体的危害 157

  四、砷及其对人体的危害 157
  五、硼及其对人体的危害 157
第十章 化学实验须知 159
  一、实验目的 160
  二、实验要求 160
  三、实验室安全规则 160
  四、无机化学常用仪器 162
  五、无机化学实验中常见基本操作 166
第十一章 实验内容 173
  实验1 溶液的配制 173
  实验2 药用氯化钠的制备和质量检验 174
  实验3 醋酸解离平衡常数的测定 176
  实验4 电解质溶液 178

  实验5 化学反应速率和化学平衡 180
  实验6 氧化还原反应和电极电势 182
  实验7 配合物的组成和性质验证 184
  实验8 钙、铁、锌、铜离子的鉴定 186
主要参考文献 188
附录 189
  附录1 弱酸、弱碱的标准解离常数 189
  附录2 常用酸碱指示剂 190
  附录3 常用缓冲溶液的配制与pH 191
  附录4 标准电极电势(298.15 K) 192
  附录5 难溶化合物的溶度积常数(298.15 K) 196
  附录6 配离子稳定常数(298.15 K) 198
元素周期表

二维码资源目录

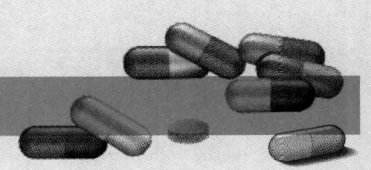

序号	资源标题	页码
1	拓展阅读:屠呦呦——不慕浮华、醉心青蒿	1
2	动画:离子键的形成过程	25
3	动画:NaCl的晶体结构模拟	25
4	动画:氢分子电子云重叠	26
5	动画:共价键的形成过程	26
6	动画:共价键的方向性	27
7	在线测试:物质结构	33
8	微课:溶液组成及浓度的表示方法	41
9	操作视频:固体硫酸铜溶液的配制	43
10	微课:溶液的蒸气压下降	46
11	微课:溶液的沸点升高	47
12	微课:溶液的凝固点降低	48
13	微课:溶液的渗透现象和渗透压	49
14	微课:溶液的渗透压与浓度的关系	50
15	微课:渗透压在医学中的应用	52
16	微课:溶胶的结构	55
17	在线测试:溶液和胶体溶液	59
18	微课:电解质的分类	62
19	在线测试:电解质溶液	87
20	操作视频:缓冲作用验证	90
21	微课:缓冲溶液的概念、组成与作用原理	91
22	微课:缓冲溶液的配制与应用	95
23	在线测试:缓冲溶液	97
24	微课:质量作用定律	102
25	微课:可逆反应与化学平衡	108

续表

序号	资源标题	页码
26	动画:压力对化学平衡移动的影响	112
27	在线测试:化学反应速率和化学平衡	116
28	微课:电极电势的应用	129
29	在线测试:氧化还原反应和电极电势	131
30	操作视频:配合物的生成	133
31	微课:配位化合物概念与组成	133
32	微课:配位化合物的命名	136
33	微课:螯合物的概念和形成条件	140
34	微课:螯合物的应用	143
35	在线测试:配位化合物	144
36	操作视频:0.9% 100 ml 氯化钠溶液的配制	148
37	微课:有毒微量元素	156
38	在线测试:生命元素和有毒元素	158
39	拓展阅读:保护水资源,人人有责	159
40	操作视频:仪器的洗涤和干燥	167
41	操作视频:基本仪器的使用	168
42	操作视频:试剂取用与试纸使用	169
43	在线测试:化学实验须知	172

第一章 绪论

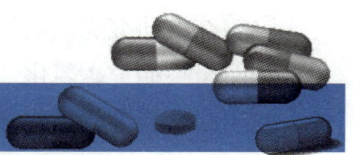

思维导图

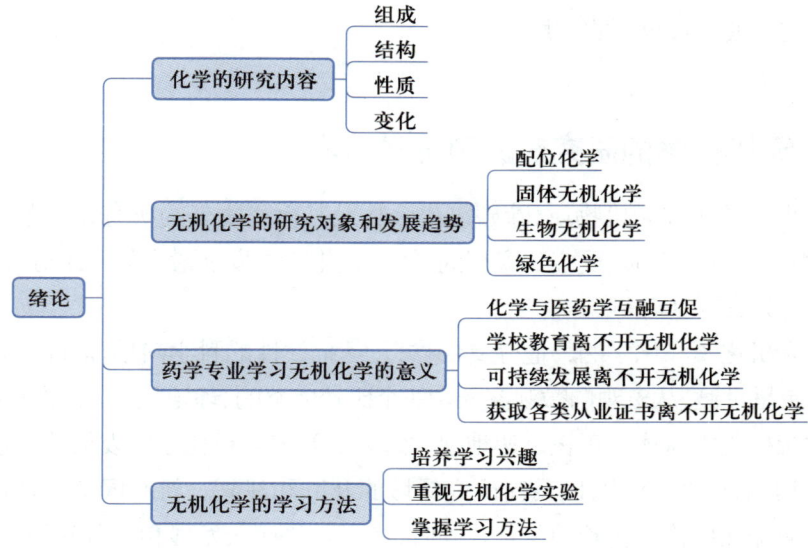

学习目标

知识目标：掌握无机化学的学习方法；熟悉无机化学的研究对象和研究内容；了解无机化学的发展趋势和学习无机化学的意义。

能力目标：具有科学的学习方法及探究学习、终身学习、分析问题和解决问题的能力。

素质目标：热爱所学专业，具有深厚的爱国情怀和民族自豪感。

一、化学的研究内容

化学（chemistry）是在分子、原子、离子及超分子层次上研究物质的组成、结构、性质及其变化规律和变化过程中能量关系的一门自然科学。

化学是一门以实验为基础的学科，是研究和创造物质的科学，它的成就是社会文明的重要标志。随着人们对物质化学性质认识的逐渐加深，到 19 世纪末，化学形成了无机化学、有机化学、分析化学和物理化学四大分支。

拓展阅读

屠呦呦——不慕浮华、醉心青蒿

无机化学:研究除碳氢化合物及其衍生物外的所有元素单质及其化合物。
有机化学:研究碳氢化合物及其衍生物。
分析化学:研究物质化学组成的测定方法和原理。
物理化学:运用物理学的原理和实验方法研究物质化学变化的基本规律。

化学与其他学科之间相互渗透、相互融合,以及化学学科内部各分支学科之间相互交叉,不断形成了许多新的边缘学科和应用性学科,如生物化学、环境化学、药物化学、结构化学、高分子化学等。化学与物理学、生命科学、材料科学、环境科学、信息科学及其他自然科学,乃至与人文和社会科学等众多学科相互交叉、渗透、融合,必将对上述学科的发展起着重要的作用。

二、无机化学的研究对象和发展趋势

无机化学是研究无机物质(除碳氢化合物及其衍生物外的所有元素单质及其化合物)的组成、结构、性质、反应和应用的科学,是化学中发展最早的一个分支,也是研究其他化学分支的基础。

当前无机化学和化学的其他分支一样,正从描述性的科学向推理性的科学过渡,从定性向定量过渡,从宏观向微观深入。一个比较完整的、理论化的、定量化的和微观化的现代无机化学新体系正在迅速地建立起来。当前无机化学的发展趋势主要是新型的化合物的合成和应用,以及新研究领域的开辟和建立。新的理论与计算方法的运用将大大加强理论和实验的结合。同时,各学科的深入发展和学科间的相互渗透,会形成许多学科的新的研究领域。

(一) 配位化学

配位化学是在无机化学基础上发展起来的一门边缘学科。配位化学在现代化学中占有重要地位,处于无机化学的主流地位。配位化合物以其花样繁多的价键形式和空间结构成为众多学科的交叉点。

我国配位化学研究已步入国际先进行列,研究水平大为提高。如新型配合物、簇合物、有机金属化合物和生物无机配合物,特别是配位超分子化合物的基础无机合成及其结构研究取得了丰硕成果,丰富了配合物的内涵;热力学、动力学和反应机制方面的研究,特别是在溶液中离子萃取分离和均相催化等应用方面的研究取得了成果;现代溶液结构的谱学研究及其分析方法,以及配合物的结构和性质的基础研究水平大为提高;随着高新技术的发展,具有光、电、热、磁特性和生物学功能配合物的研究正在取得进展,很多成果还包含在其他不同学科的研究教学中。配位化学在学科发展的同时创造出了更为奇妙的新材料,揭示出了更多生命科学的奥妙。用超分子等新观点研究分子的合成和组装,在我国日益受到重视。化学模板有助于提供物种和创造有序的分子组装,但是其最大的困难在于克服热力学第二定律所要求的无序。尽管目前我们了解了一些局部的组装规律和方法,但比起自然界长期进化而得到的完满结果而言,还有很大差距。配位化学包含在超分子化学概念之中,其原理和规律无疑将在分子水平上对未来复杂的分子层次以上聚集态体系的研究起着重要的作用,其概念及方法也将超越传统学科的界限。配位化学与化学其他分支学科的结合研究将给配位化学带来新的发展前景。

(二) 固体无机化学

固体无机化学是跨越无机化学、固体物理、材料科学等学科的交叉领域,犹如一个以固体无机化合物的"结构""物理性能""化学反应性能"及"材料"为顶点的正四面体,是当前无机化学里十分活跃的新兴分支学科。

近年来该领域不断发现具有特异性能及新结构的化合物,如高温超导材料、纳米材料、C_{60}等。固体无机化学主要从固体无机化合物的制备和应用,以及室温和低热固相化学反应两大方面开展大量的基础性和应用基础性研究工作,取得了一批举世瞩目的研究成果,向信息、能源等各个应用领域提供了各种新材料。例如,在固体无机化合物的制备及应用方面,展开了对光学材料、多孔晶体材料、纳米相材料、无机膜敏感材料、电磁功能材料及C_{60}及其衍生物、多酸化合物、金属氢化物的研究。在室温和低热固相反应方面,进行了固相反应机制与合成、原子簇与非活性光学材料合成纳米材料新方法、绿色化学等方面的研究。

(三) 生物无机化学

生物无机化学是在无机化学和生物学的相互交叉、渗透中发展起来的一门边缘学科。应用理论化学方法和近代物理实验方法研究物质(包括生物分子)的结构、核象和分子能级的飞速进展,使得揭示生命过程中的生物无机化学行为成为可能,生物无机化学正是在这时作为一门独立学科而应运而生的。

生物无机化学的研究近十年内跃升了3个台阶,研究对象从生物小分子到生物大分子,从研究分离的生物大分子到研究生物体系,近年来又开始了对细胞层次的无机化学研究,其研究水平逐年提高。我国在金属离子及其配合物与生物大分子的作用、药物中的金属及抗癌活性配合物的作用机理、稀土元素生物无机化学、金属离子与细胞的作用、金属蛋白与金属酶、生物矿化、环境生物无机化学等方面进行了大量的研究工作。

(四) 绿色化学

绿色化学即是用化学的技术和方法减少或消灭那些对人类健康、社会安全、生态环境有危害的原料、催化剂、溶剂和试剂、产物、副产物的使用和产生。绿色化学的理想在于不再使用有毒、有害物质,不再产生废物,不再处理废物,是一门从源头上阻止污染的化学。

近年来,开发新的原子经济反应已成为绿色化学研究的热点之一。研究开发无毒、无害原料代替有毒、有害的原料来生产所需要的化工产品,采用无毒、无害催化剂,其中采用新型分子筛催化剂的乙苯液相烃技术引人注目。这种新型分子筛催化剂选择性很高,使用寿命长。采用无毒、无害溶剂,如开发超临界流体(SCF),特别是超临界二氧化碳作溶剂,其最大优点是无毒、无害、不可燃、价廉等。针对钛硅分子筛催化剂反应体系,开发降低钛硅分子筛合成成本的技术,开发与反应匹配的工艺和反应器仍是今后努力的方向。还可以利用再生的资源合成化学品,即把废物转化成动物饲料、工业化学品和燃料等。此外,保护大气臭氧层的氟氯烃代用品已在使用,防止白色污染的生物降解塑料也在使用。

三、药学专业学习无机化学的意义

(一) 化学与医药学互融互促

化学作为一门基础科学,为医学提供了丰富的理论基础和实践工具,医学的研究对象是人体,而人体内的各种化学反应和物质变化正是化学研究的范畴;化学与医学在研究方法上都强调实验验证和数据分析,对精确度和严谨性的要求都很高。化学在医药学上的应用非常广泛,药物研发、药物分析、疾病诊断与治疗、医疗器械与材料都离不开化学,而医学领域的需求不断推动着化学技术的发展和创新,同时,医学领域的研究也为化学家们提供了丰富的研究对象,促进了化学学科本身的发展和完善。因此,医学和化学之间的关联程度非常紧密且复杂,两学科交叉融合、相互促进、共同发展。

(二) 学校教育离不开无机化学

无机化学是药学专业的一门重要的专业基础课,为后续专业课程的学习提供必要的基础知识和技能。药学是生命科学的一部分,其任务是研制预防和治疗疾病、促进身体健康的药物,并揭示药物与人体及病原体间相互作用的规律。药物是一类具有特定用途的物质,而无机化学正是研究物质的组成、结构、性质及其变化规律的科学。无论是药物的合成、天然药物成分的提取和分离,还是药理学、病理学和药剂学的研究,都依赖于无机化学知识和技能。因此,在学习药学专业课之前必须掌握必要的无机化学知识。

(三) 可持续发展离不开无机化学

通过本课程的学习,有助于学生获得从化学角度发现问题、分析问题和解决问题

的能力,这对于毕业后从事与药学相关专业工作也是十分必要的。尽管计算机技术正在迅速提高理论计算在化学中的地位,但就其本质而言,化学仍然是一门以实验为主的科学。化学家采用实验与理论相结合的方法研究物质的微观结构与宏观性质的关系;对于药物来说,也就是药物分子的结构与药效的关系。无论是无机药物还是有机药物,无论是合成药物还是天然药物,只有充分了解它们的结构与性质,才能合理地使用药物和科学地从事药物的研制、生产、分析、管理等工作。

(四) 获取各类从业证书离不开无机化学

在获取执业药师证书、卫生专业技术资格证书、1+X 药物制剂生产职业技能等级证书、药物制剂工和中药炮制工证书时,考试内容中均涉及无机化学的基本理论知识(如溶液组成的表示方法、反应速率和化学平衡、溶液的酸碱性、缓冲溶液等)和基本操作技能(如采样技术、提纯技术、配制技术和鉴定技术等)。因此,学好无机化学对就业及职业生涯发展很重要。

四、无机化学的学习方法

(一) 培养学习兴趣

从教育心理学的角度来说,学习兴趣是一个人倾向于认识、研究获得某种知识的心理特征,是可以推动人们求知的一种内在力量。有积极的学习态度,加之平时的刻苦努力,学习上就会屡见成绩,这样就能够不断地感受学习带来的快乐,获得一种成功的喜悦感。这就更促使学习者精神振奋,乐此不疲地学习,越学越有兴趣,越学越有信心。如此一来就能形成一种良性循环,学习就成了一种乐趣、一种必需。

学习兴趣的培养,建议如下:

1. 正确对待

首先要思想上重视,无机化学是专业基础课,基础打扎实了,才能更好地学习专业核心课程。因此,为了后续课程的学习,为了今后可持续地发展,必须学好无机化学;其次要正确对待学习内容,学习内容有易有难,学习中遇到易学的内容不要骄傲,遇到困难的内容不要气馁。

2. 长久坚持

无机化学的学习是在中学化学的基础上的进一步学习,长久地坚持和正确的学习方法定能克服学习中的困难,找到学习的乐趣。

(二) 重视无机化学实验

无机化学是一门以实验为基础的自然科学,实验在无机化学教学中的作用是不容忽视的。通过实验可以获得、验证和扩展化学知识,可以培养观察、分析、解决问题的能力和形成科学的世界观和方法论;通过实验,可以培养基本的操作技能,提高动手能力。要把实验作为学习和掌握无机化学内容的重要方法,充分体现化学学科的特点。

(三)掌握学习方法

无机化学课程的内容分基础理论和元素两部分,其中基础理论有一定的深度和难度;而元素部分内容较多,记忆性的东西也较多,显得有些零乱和枯燥。如何学好无机化学?首先要学好基本理论、基本概念和基础知识。其次要注重能力的培养,做到"8个会":会读书、会找书、会听课、会比较、会评价、会加工、会表达、会应用。具体学习方法如下:

1. 课前导学自学

利用思维导图,梳理章节内容及相应关系,开展课前预习。通过课前预习,了解重难点,听课效率会大大提高,同时自学的意识和学习的能力也得到很好的培养。

2. 课中知识内化

上课集中精力听课,师生之间有效互动,提高听课效率。同时扼要地记笔记,要有纲、有目、有条理,记重点、难点。

3. 课后归纳总结

课后要及时对知识点进行归纳总结,并对笔记进行整理和必要的补充,结合知识点适当做些课后习题,认真独立按时完成课后作业。遇到学习中的困惑可扫二维码观看视频、动画和微课,或者请教同学、老师,避免问题的积累而影响后面知识的学习。

4. 平时补充拓展

适当阅读相关的参考书、课外读物,了解近年来本学科发展的新成果,出现的新概念、新理论、新方法等,在原有基础上巩固加深,同时拓宽视野。

5. 考前系统复习

考前要有计划地进行系统全面复习,重基础知识和基本理论,同时要有所侧重。

总之,学习要有正确的学习目的,浓厚的学习兴趣,讲究学习方法,但学习方法既有通则又无定则,因人而异,应在实践中不断总结、交流和完善,选择适合自己的学习方法。

第二章 物质结构

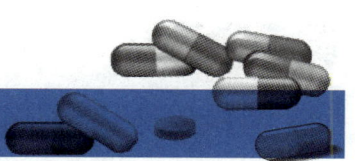

思维导图

```
物质结构
├─ 原子的组成
│   ├─ 原子结构模型 ─ 原子核 ─ 质子
│   │                          中子
│   │                核外电子
│   └─ 同位素 ─ 定义：质子数相同而中子数不同的同一元素的不同原子
│
├─ 原子核外电子的运动状态
│   ├─ 电子云
│   ├─ 核外电子的运动状态 ─ 电子层
│   │                      电子亚层
│   │                      电子云的伸展方向
│   │                      电子的自旋
│   ├─ 多电子原子轨道的能级：鲍林近似能级图
│   └─ 原子核外电子的排布 ─ 泡利不相容原理
│                          能量最低原理
│                          洪特规则及洪特规则特例
│
├─ 元素周期律和元素周期表
│   ├─ 电子层结构与元素周期律 ─ 原子序数
│   │                          周期与能级组
│   │                          族与价层电子构型
│   │                          区
│   └─ 元素性质的周期性 ─ 原子半径(r)
│                        电离能(I)
│                        电子亲和能(Y)
│                        电负性(χ)
│                        元素的金属性与非金属性
│                        元素的氧化数
│
├─ 化学键
│   ├─ 离子键 ─ 定义：阴、阳离子间通过静电作用所形成的化学键
│   │          特点：无方向性、无饱和性
│   ├─ 共价键 ─ 定义：分子中原子间通过共用电子对(电子云重叠)所形成的化学键
│   │          特点：有方向性、有饱和性
│   │          键参数：键能、键长、键角
│   └─ 配位键 ─ 定义：由一个原子单独供给电子对为两个原子共用而形成的共价键
│
├─ 分子的极性
│   ├─ 极性共价键和非极性共价键 ─ 极性共价键：同种原子间
│   │                              非极性共价键：不同种原子间
│   └─ 极性分子和非极性分子 ─ 极性分子：分子内正、负电荷重心不重合
│                              非极性分子：分子内正、负电荷重心重合
│
└─ 分子间作用力和氢键
    ├─ 分子间作用力
    └─ 氢键 ─ 表示方法：H---X(F、O、N)
              性质：影响熔沸点、增大溶解度
```

第二章　物质结构

学习目标

知识目标：掌握描述核外电子运动状态的方法及核外电子排布的规律，掌握周期表的结构和元素性质周期性变化规律，掌握常见化学键类型及其特点；熟悉氢键的概念及对物质某些性质的影响；了解现代价键理论、共价键的键参数等，了解物质结构与药学、医学的关系。

能力目标：能描述电子在核外的运动状态，能写出原子的核外电子排布式和轨道表示式，会判断分子的极性。

素质目标：培养崇尚科学、探索未知的科学精神。

在自然界中，我们看到物质以各种各样的形态存在着：花虫鸟兽、山河湖海、不同肤色的人种、各种美丽的建筑……大到星球宇宙，小到分子、原子、电子等极微小的粒子，真是千姿百态。这些千姿百态的物质，都是由物质的结构决定的。自然界中的大多数物质是由分子组成，分子又是由原子组成，而原子是由原子核和核外电子构成的。学习原子结构和分子结构的知识，有助于深入了解生物体内分子的结构和药物的生物学效应。

第一节　原子的组成

一、原子结构模型

原子是由带正电荷的原子核和带负电荷并在核外运动的电子所构成的。由于化学反应的能量一般不足以引起原子核结构的变化，因此，研究原子的组成即研究原子核外电子层的结构和电子的运动规律。

早在 19 世纪末，人们就对电子发射进行了大量的研究，积累了大量有关原子光谱的信息。因此，人们逐渐了解了原子核外电子层的结构和电子的运动规律。

（一）原子结构基本模型

1911 年，卢瑟福（Rutherford）在道尔顿（Dalton）原子学说、汤姆逊（Thomson）原子结构模型的基础上，依据粒子散射实验提出了原子的核式结构模型。他认为所有原子都有一个原子核，原子核的体积只占整个原子体积很小的一部分，原子的正电荷及绝大部分质量集中在原子核上，电子以高速绕着原子核旋转。1913 年，莫塞莱（Moseley）证实原子核中的正电荷数等于原子核外的电子数，等于原子序数，并且整个原子是电中性的。1932 年查德威克（Chadwick）证实了原子核中含有中子。

卢瑟福原子结构基本模型的可取之处：大胆提出了以原子核为中心及高密度原子核的概念，将原子分为核内和核外两部分。然而，卢瑟福原子结构基本模型并不能解释原子的稳定性及原子发射的是线状光谱。

（二）玻尔原子结构模型

1913 年玻尔（Bohr）在卢瑟福原子结构基本模型的基础上，结合普朗克（Planck）的量子论、爱因斯坦（Einstein）的光子学说，根据辐射的不连续性和线状光谱有间隔的特性，提出原子有一个带正电荷的原子核，电子分布在以原子核为中心的不同圆环上运动。为了说明电子的普遍稳定性和原子的辐射特性，他提出了以下假设：

① 原子中的电子在具有确定半径的圆周轨道上绕原子核运动，电子在这些轨道上运动时不吸收也不辐射出能量（E）。

② 在不同轨道上运动的电子具有不同的能量，且能量是量子化的。离原子核越近，电子被原子核束缚得越牢，其能量越低。

③ 当且仅当电子从一个轨道跃迁到另一个轨道时，才会辐射或吸收能量。如果辐射或吸收的能量以光的形式表现并被记录下来，就形成了光谱。

玻尔理论提出了电子在核外的量子化轨道，圆满地解释了氢原子光谱和 He^+、Li^{2+} 等类氢离子光谱，解决了原子结构的稳定性问题。但是玻尔理论不能说明多电子原子的光谱，甚至不能说明氢原子光谱的精细结构（氢原子光谱的每条谱线实际上是由若干条谱线组成的），随着科学的发展，玻尔原子结构理论被原子的量子力学理论所代替。

所谓量子化，是指表征微观粒子运动状态的某些物理量只能是不连续的变化。原子核外电子运动能量的量子化，是指电子运动的能量只能取一些不连续的能量状态，又称为电子的能级。轨道不同，能级也不同。在正常状态下，电子尽可能处于离核较近、能量较低的轨道上运动，此时原子的能量最低，原子能量最低的状态称为基态，其余能量比较高的状态称为激发态。

二、同位素

科学研究证明，同种元素原子的原子核中，中子数不一定相同。通常，把具有一定数目质子和一定数目中子的一种原子叫作核素，如 ^1_1H、^2_1H 和 ^3_1H 就各为一种核素。

质子数相同而中子数不同的同一元素的不同原子互称为同位素，即同一元素的不同核素互称为同位素，如 ^1_1H、^2_1H 和 ^3_1H 三种核素就互为同位素。"同位"即指核素的质子数相同，在元素周期表中占有相同的位置。许多元素都有同位素，如氧元素有 $^{16}_8O$、$^{17}_8O$ 和 $^{18}_8O$ 三种核素；碳元素有 $^{12}_6C$、$^{13}_6C$ 和 $^{14}_6C$ 等核素；铀元素有 $^{234}_{92}U$、$^{236}_{92}U$ 和 $^{238}_{92}U$ 等多种核素。此外，科学家还利用核反应人工制造出很多种同位素。元素的相对原子质量,就是按照该元素各种核素原子所占的一定百分比算出的平均值。同位素中,有些具有放射性,称为放射性同位素。

同位素在日常生活、工农业生产和科学研究中有着重要的用途,如考古时利用 $^{14}_{6}C$ 测定一些文物的年代,$^{2}_{1}H$ 和 $^{3}_{1}H$ 用于制造氢弹,利用放射性同位素释放的射线育种、治疗恶性肿瘤等。

[化学与医药学]

放射性核素治疗

一些放射性核素在衰变过程中,可以释放出 α 射线或 β 射线等,具有较强的电离辐射效应,对于肿瘤细胞或异常增殖组织等具有较强的杀灭作用。放射性核素治疗就是指利用具有治疗作用的放射性核素,如碘 -131、锶 -89、钇 -90、镥 -177、镭 -223 等核素或标记药物,以及碘 -125 粒子和磷 -32 敷贴片等,通过靶向聚集、介入或局部敷贴,近距离精准杀伤病变细胞和组织,达到治疗的目的。核素治疗往往可以实现精准有效的治疗,对恶性肿瘤、甲状腺功能亢进症和难治性皮肤疾病等具有显著的治疗效果。例如,甲状腺同位素治疗就是利用甲状腺摄碘功能,摄取碘 -131,释放一种 β 射线,破坏甲状腺,从而减少甲状腺激素的分泌。

第二节 原子核外电子的运动状态

电子在原子核外很小的空间内做高速运动,其运动规律跟一般物体不同,它们没有确定的轨道。因此,不能同时准确地测定电子在某一时刻所处的位置和运动的速度,也不能描画出它的运动轨迹。那么,如何描述原子核外电子的运动状态呢?

一、电子云

以核外只有一个电子的氢原子核外电子的运动为例,说明核外电子的运动状态。假设用一种特殊的照相机,分别在不同时刻给某个氢原子拍照,每一张照片记录了该时刻核外电子与原子核之间的相对位置,如图 2-1 所示。

结果显示,每一张照片中电子的位置并不相同,电子时而在这里出现,时而在那里出现,好像在氢原子核外做毫无规律的运动。但是如果将这些采集到照片,由少到多地叠印,就会看到如图 2-2 所示的图像。对氢原子的照片叠印张数越多,就越能使人形成一团电子云雾笼罩原子核的印象,这团"电子云雾"呈球形对称,在离核越近处

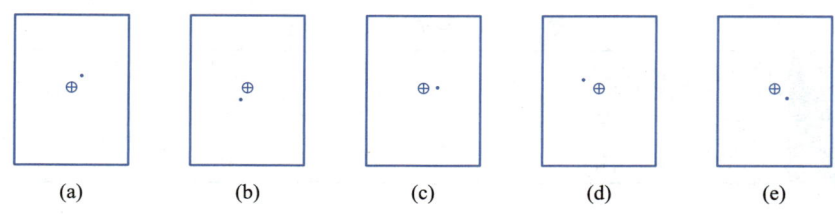

图 2-1　基态氢原子的瞬间照片

[(a)、(b)、(c)、(d)、(e)为不同瞬间氢原子的照片,图中⊕表示原子核,小黑点表示电子出现的位置]

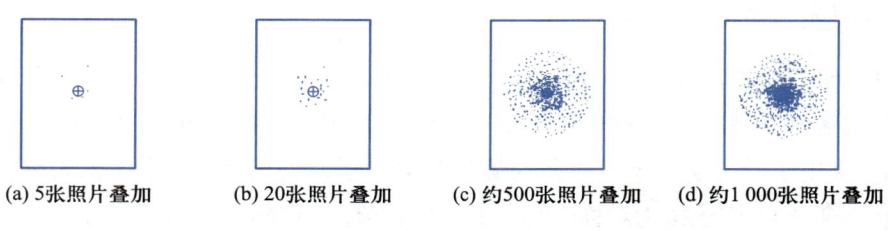

图 2-2　将若干张氢原子瞬间照片叠印的结果

密度越大,离核越远处密度越小。

科学上应用统计的原理,以每一个电子在原子核外空间某处出现机会的多少,来描述原子核外电子运动状态。电子在核外空间一定范围内出现,好像带负电荷的云雾笼罩在原子核的周围,所以形象地称它为"电子云"。如图 2-3 所示。

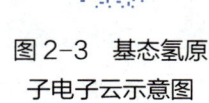

图 2-3　基态氢原子电子云示意图

在电子云示意图中,小黑点表示电子出现的次数,小黑点的疏密(电子云密度)表示电子出现的概率。氢原子电子云:①球形对称。②离核近,电子云密度大,电子出现的概率大;离核远,电子云密度小,电子出现的概率小。

二、核外电子的运动状态

原子中各种电子的运动状态(或分布情况),可以从以下四个方面进行描述。

(一) 电子层

在含有多个电子的原子里,电子的能量并不相同,电子运动的区域也不相同,能量低的电子通常在离核近的区域运动,能量高的电子通常在离核远的区域运动。根据电子的能量差异和运动区域离核的远近不同,可以将核外电子分成不同电子层。电子层数又称为主量子数(n),由近到远,取值为 1,2,3,…n 等正整数,迄今为止已知的电子层数最大值为 7。不同的电子层用不同的符号表示,对应关系如表 2-1 所示。

表 2-1 电子层及其符号

电子层名称	第一层	第二层	第三层	第四层	第五层	第六层	第七层
n	1	2	3	4	5	6	7
电子层符号	K	L	M	N	O	P	Q

主量子数 n 是决定核外电子能量高低的主要因素。n 值小,则该层电子能量低,电子层离核近;反之,n 值大,则该层电子能量较高,电子层离核远。

(二) 电子亚层

科学研究发现,在同一电子层中,电子的能量还稍有差别,电子云的形状也不相同。根据这个差别,又可以把一个电子层分成一个或几个亚层,分别用 s、p、d、f 等符号表示。s 电子云为球形,p 电子云为哑铃形,d 电子云为花瓣形,f 电子云为更复杂的花瓣形,它们均以原子核为对称中心。形状越复杂,电子的能量越高。

电子亚层又称为角量子数(l),确定原子轨道的形状,并在多电子原子中和最外电子层数一起决定电子的能级。取值受主量子数 n 的制约,取值为 $0,1,2,\cdots,(n-1)$,有 n 个。而且 n 等于几,该层最多就有几个亚层,如第 1 电子层只有一个 s 亚层,第 2 电子层有 s、p 两个亚层,第 3 电子层有 s、p、d 三个亚层,第 4 电子层有 s、p、d、f 四个亚层。l 的取值如表 2-2 所示。

表 2-2 l 的取值

n	1	2	3	4
l	0	0,1	0,1,2	0,1,2,3

在同一个电子层,亚层电子的能量是按 s、p、d、f 的次序递增的,即 $E_{ns}<E_{np}<E_{nd}<E_{nf}$。从能量角度讲,每一个亚层有不同的能量,常称之为相应的能级。当 n 和 l 都相同时,电子具有相同的能量,它们处在同一能级、同一电子亚层。也就是说,在多电子原子中,l 与 n 一起决定电子的能级。

(三) 电子云的伸展方向

电子云不仅有确定的形状,而且有一定的伸展方向。伸展方向即为原子轨道和电子云在空间的取向。磁量子数 m 是用来描述原子轨道(或电子云)在空间的不同伸展方向的。m 的允许取值由 l 决定,取值为 $0,\pm 1,\pm 2,\pm 3,\cdots,\pm l$,共 $(2l+1)$ 个。每一个取向相当于一个轨道。如 s 电子云是球形对称的,在空间各个方向上伸展的程度相同;p 电子云有三种伸展方向;d 电子云有五种伸展方向;f 电子云有七种伸展方向。如图 2-4 所示。

在一定的电子层上,具有一定形状和伸展方向的电子云所占据的空间称为一个轨道。即 n,l,m 规定了一个原子轨道。在没有外加磁场的情况下,电子的能量与磁

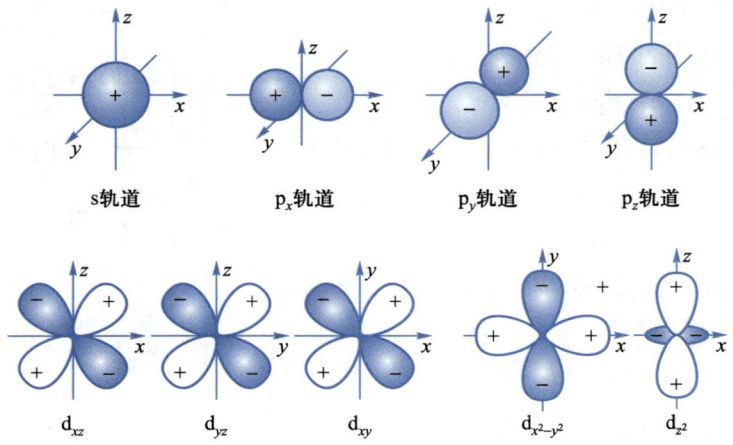

图 2-4　s,p,d 亚层轨道形状示意图

量子数 m 无关，即 n,l 相同，m 不同的同一亚层的原子轨道属于同一能级，能量是完全相等的，叫等价轨道，或称简并轨道。如 $2p_x,2p_y,2p_z$ 三个轨道的能量相同，属于等价轨道。由此可知，同一亚层的 3 个 p 轨道、5 个 d 轨道、7 个 f 轨道都属于等价轨道。

（四）电子的自旋

电子不仅在核外空间不停地运动，而且还做自旋运动。电子自旋有两种状态，用自旋量子数 m_s 来表示，其值可取 +1/2 或 −1/2，相当于顺时针和逆时针两种方向。通常分别用正反箭头来表示，即"↑"和"↓"。每个轨道最多容纳 2 个自旋方向相反的电子。同一轨道中的 2 个电子称成对电子，若一个轨道中只有 1 个电子，则该电子被称为单电子或未成对电子。

综上所述，在描述原子中每个电子的运动状态时，需要用四个量子数才能完全表达清楚。n、l、m 三个量子数确定电子所在的轨道，自旋量子数 m_s 确定了电子的自旋状态。

三、多电子原子轨道的能级

氢原子核外只有一个电子，它的原子轨道能级只取决于主量子数 n。但是对于多电子来说，由于电子间的相互影响，原子轨道能级关系较为复杂。原子中各原子轨道能级的高低主要根据光谱实验确定，用图示法近似表示，称之为近似能级图。在无机化学中较为实用的是鲍林（Pauling）近似能级图，如图 2-5 所示。

鲍林近似能级图按照能量由低到高的顺序排列。在图 2-5 中，每一个方格代表一个原子轨道，每一个方格所在的位置的高低表示这个轨道能级的高低。将能量相近的能级划归一组，称为能级组，能级组与元素周期表的"周期"是相对应的，即能级组是元素划分为周期的依据。由图 2-5 可见：

① 各电子层能级相对高低为

$$E_1<E_2<E_3<E_4<\cdots$$

② 同一原子中的同一电子层内，各亚层之间的能量次序为

$$E_{ns}<E_{np}<E_{nd}<E_{nf}$$

③ 同一原子中的不同电子层内，相同类型亚层之间的能量次序为

$$E_{1s}<E_{2s}<E_{3s}<E_{4s}$$

④ 不同类型的亚层之间，在能级组中常出现能级交错现象，即

$$E_{4s}<E_{3d}<E_{4p}；\quad E_{5s}<E_{4d}<E_{5p}；\quad E_{6s}<E_{4f}<E_{5d}<E_{6p}$$

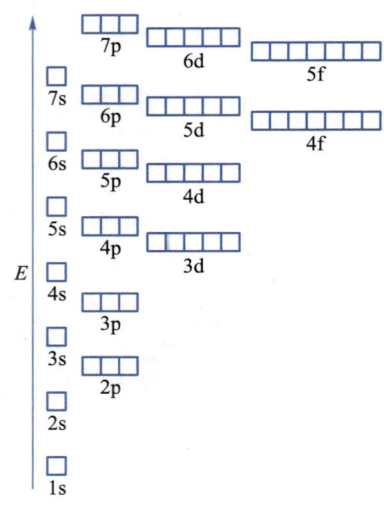

图 2-5 鲍林近似能级图

必须指出，鲍林近似能级图反映了同一元素多电子原子中原子轨道能量的近似高低，不能认为所有元素原子中的能级高低都是一成不变的，更不能用它比较不同元素轨道能级的相对高低。

四、原子核外电子的排布

（一）基态原子中电子的排布原理

根据原子光谱实验的结果和对元素周期系的分析，归纳、总结了核外电子排布的基本原理。

1. 泡利不相容原理

泡利（Pauli）提出：在同一原子中，不可能有四个量子数完全相同的两个电子存在，即每一个轨道内最多只能容纳 2 个自旋方向相反的电子。这个规律称为泡利不相容原理。据此可推算出每一电子层上所能容纳电子的最大容量。它解决了每一个原子轨道（两个自旋方向相反的电子）和每一电子层最多可以容纳的电子数（$2n^2$ 个电子）的问题。

2. 能量最低原理

自然界任何体系总是能量越低所处状态就越稳定，这个规律称为能量最低原理。因此，电子总是优先排布在能量最低的轨道上，以使原子处于能量最低的状态，只有当能量最低的轨道已占满后，电子才能依次进入能量较高的轨道，可依鲍林近似能级图逐级填入。

需要指出，无论是实验结果或理论推导，都证明原子在失去电子时的顺序与填充时的并不对应。基态原子外层电子填充顺序为 $n\text{s} \rightarrow (n-2)\text{f} \rightarrow (n-1)\text{d} \rightarrow n\text{p}$；而基态原

子失去外层电子的顺序为 $np \to ns \to (n-1)d \to (n-2)f$。

例如,Fe 的最高能级组电子填充的顺序为先填 4s 轨道上的 2 个电子,再填 3d 轨道上的 6 个电子。而在失去电子时,却是先失去 4s 轨道上的 2 个电子(成为 Fe^{2+}),再失去 3d 轨道上的 1 个电子(成为 Fe^{3+})。

3. 洪特规则及洪特规则特例

洪特(Hund)从大量光谱实验中发现"电子在能量相同的轨道上排布时,总是尽可能以自旋相同的方向分占不同的轨道。"这样的排布方式,原子的能量较低,体系较稳定,这称为洪特规则。它解决了在 n、l 相同的轨道中,电子的排布规律。

如碳原子核外有 6 个电子,其中 2 个先填入 1s 轨道,2 个填入 2s 轨道,最后 2 个电子根据洪特规则,应分占 2p 亚层的两个能量相等的轨道,且箭头方向相同。则碳原子轨道式为

而不是

再如氮原子轨道式为

此外,根据光谱实验,可归纳出又一规律:等价轨道在全充满、半充满、全空的状态是比较稳定的。即

全充满　　p^6 或 d^{10} 或 f^{14}
半充满　　p^3 或 d^5 或 f^7
全　空　　p^0 或 d^0 或 f^0

例如,铬和铜的核外电子排布:

$_{24}$Cr 不是 $1s^2 2s^2 2p^6 3s^2 3p^6 3d^4 4s^2$,而是 $1s^2 2s^2 2p^6 3s^2 3p^6 3d^5 4s^1$,其中为 $3d^5$ 为半充满。

$_{29}$Cu 不是 $1s^2 2s^2 2p^6 3s^2 3p^6 3d^9 4s^2$,而是 $1s^2 2s^2 2p^6 3s^2 3p^6 3d^{10} 4s^1$,其中为 $3d^{10}$ 为全充满。

为了书写方便,电子排布式也可简写成

$_{24}$Cr [Ar]$3d^5 4s^1$,　$_{29}$Cu [Cu]$3d^{10} 4s^1$

式中[Ar]表示 Cr 和 Cu 的原子实,也称原子芯(在离子的电子排布式中使用时称离子芯)。原子实是指某种原子的内层电子排布与相应的稀有气体的电子排布相同的那部分。

（二）基态原子中电子的排布情况

根据上述三原则，可以确定大多数元素的基态原子中电子的排布情况。电子在原子轨道中的排布方式称为电子排布式（电子层结构），又称电子构型。表 2-3 列出了由光谱实验数据得到的核电荷数为 1~36 的元素基态原子中的电子排布情况。

表 2-3　核电荷数为 1~36 的元素基态原子中的电子排布

核荷电数	元素符号	电子层 K 1s	L 2s2p	M 3s3p3d	N 4s4p	核荷电数	元素符号	电子层 K 1s	L 2s2p	M 3s3p3d	N 4s4p
1	H	1				19	K	2	2 6	2 6	1
2	He	2				20	Ca	2	2 6	2 6	2
3	Li	2	1			21	Sc	2	2 6	2 6 1	2
4	Be	2	2			22	Ti	2	2 6	2 6 2	2
5	B	2	2 1			23	V	2	2 6	2 6 3	2
6	C	2	2 2			24	Cr	2	2 6	2 6 5	1
7	N	2	2 3			25	Mn	2	2 6	2 6 5	2
8	O	2	2 4			26	Fe	2	2 6	2 6 6	2
9	F	2	2 5			27	Co	2	2 6	2 6 7	2
10	Ne	2	2 6			28	Ni	2	2 6	2 6 8	2
11	Na	2	2 6	1		29	Cu	2	2 6	2 6 10	1
12	Mg	2	2 6	2		30	Zn	2	2 6	2 6 10	2
13	Al	2	2 6	2 1		31	Ga	2	2 6	2 6 10	2 1
14	Si	2	2 6	2 2		32	Ge	2	2 6	2 6 10	2 2
15	P	2	2 6	2 3		33	As	2	2 6	2 6 10	2 3
16	S	2	2 6	2 4		34	Se	2	2 6	2 6 10	2 4
17	Cl	2	2 6	2 5		35	Br	2	2 6	2 6 10	2 5
18	Ar	2	2 6	2 6		36	Kr	2	2 6	2 6 10	2 6

第三节　元素周期律和元素周期表

人们根据大量实验事实总结得出：元素及由其形成的单质与化合物的性质，随着原子序数（核电荷数）的递增，呈周期性的变化，这一规律称为元素周期律。元素周期律总结和揭示了元素性质从量变到质变的特征和内在依据。元素周期律的图表形式称为元素周期表。

一、电子层结构与元素周期律

元素周期律是由门捷列夫(Mendeleev)于 1869 年首先提出的,当时电子尚未被发现,故人们对其实质并不了解。后来研究了原子的电子层结构,才揭示了元素周期律的本质。元素性质的周期性来源于基态原子电子层结构随原子序数递增而呈现的周期性,元素周期律正是原子电子层结构周期性变化的反映。所以,原子核外电子排布的周期性变化才是元素周期律的本质原因。

(一) 原子序数

原子序数由原子的核电荷数或中性原子核外电子总数而定。

(二) 周期与能级组

从原子核外电子排布的规律可知,原子的电子层数与该元素所在的周期数相同,而周期数又与能级组相对应,能级组有七个,相应就有七个周期。周期数即为能级组数或核外电子层数。所以,能级组的划分是导致周期系中各元素划分为周期的本质原因。

2016 年 11 月 30 日由负责管理元素符号的国际化学组织"国际纯粹与应用化学联合会(IUPAC)"正式发布,已发现 118 种元素(包括人工合成元素),共为七个周期。在元素周期表中,第一周期(包含 2 种元素)及第二、三周期(各含 8 种元素),称为短周期。第四、五周期(各包含 18 元素)及第六周期(包含 32 种元素),称为长周期。118 种元素周期表的发布,标志着元素周期表中的第七周期(32 种元素)被全部填满,第七周期称为新完成周期。

每一周期都是从 ns^1(碱金属元素)开始到 ns^2np^6(稀有气体)结束。在长周期中,过渡元素的最后电子填充在次外层$(n-1)$d,甚至填充在倒数第三层$(n-2)$f 上。因为元素的性质主要取决于最外层电子,因此在长周期中元素性质的递变比较缓慢。各周期元素的数目等于相应能级组中原子轨道所能容纳的电子总数,如表 2-4 所示。

表 2-4 各周期元素与相应能级组的关系

周期	元素数目	相应能级组中的原子轨道	电子最大容量
1	2	1s	2
2	8	2s2p	8
3	8	3s3p	8
4	18	4s3d4p	18
5	18	5s4d5p	18
6	32	6s4f5d6p	32
7	32	7s5f6d7p	32

(三) 族与价层电子构型

元素周期表一共有 18 个纵行,分为 16 个族。其中包括:8 个主(A)族,ⅠA~ⅧA;8 个副(B)族,ⅠB~ⅧB。其中ⅧA 也称零(0)族、ⅧB 也称Ⅷ族。

价层电子是指原子参加化学反应时,能用于成键的电子。价层电子所在的亚层统称为价电层,简称价层。原子的价层电子构型,是指价层电子的排布式。同族元素虽然电子层数不同,但价层电子构型基本相同(少数例外),所以原子的价层电子构型是元素分族的实质。

1. 主族元素

凡元素原子核外最后一个电子填入 s 或 p 亚层上,该元素便属主族元素。其价层电子构型为 ns^{1-2} 或 ns^2np^{1-6},价层电子总数等于其族数。同一主族元素的价层电子构型完全相同,内层的各亚层电子(按原子轨道近似能级图由低到高)具有全满的特点。所以,同一主族元素的性质非常相似。

2. 副族元素

凡是原子核外最后一个电子填入 $(n-1)$d 或 $(n-2)$f 亚层上的元素,都是副族元素,也称过渡元素。其价层电子构型为 $(n-1)d^{1-10}ns^{0-2}$。ⅢB~ⅧB 族元素原子的价层电子总数等于其族数。ⅧB 族有三个纵行,它们的价层电子数为 8~10,与其族数不完全相同。ⅠB、ⅡB 族元素由于其 $(n-1)$d 亚层已经填满,所最外层(即 ns)上的电子数等于其族数。

(四) 区

根据元素原子价层电子构型,可以把周期表中的元素所在的位置分成 s、p、d、ds 和 f 五个区,如图 2-6 所示:

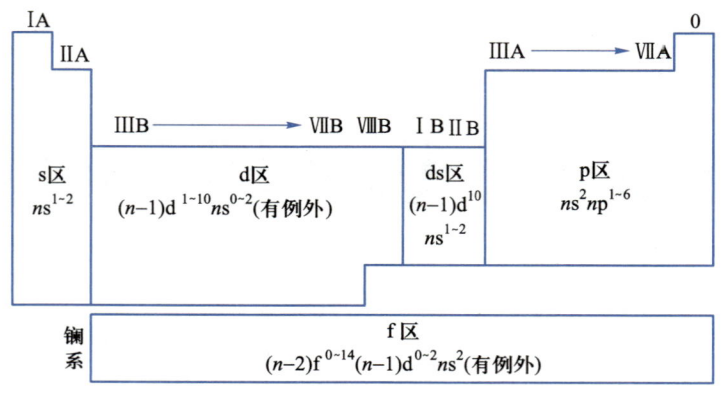

图 2-6　周期表中元素的分区示意图

1. s 区元素

s 区元素指最后一个电子填在 ns 能级上的元素。位于元素周期表左侧,包括ⅠA和ⅡA族元素。其价层电子构型为 $ns^{1\sim2}$。

2. p 区元素

p 区元素指最后一个电子填充在 np 能级上的元素,位于元素周期表右侧,它包括ⅢA~ⅦA及0族元素,其价层电子构型为 $ns^2np^{1\sim6}$。

3. d 区元素

d 区元素指最后一个电子填充在 $(n-1)$d 能级上的元素,位于长周期的中部。包括ⅢB~ⅦB及ⅧB族的所有元素,其价层电子构型一般为 $(n-1)d^{1\sim10}ns^{0\sim2}$。

4. ds 区元素

ds 区元素指最后一个电子填在 ns 能级上,但其次外层的 d 能级上为全充满的元素,即ⅠB、ⅡB族元素,其价层电子构型为 $(n-1)d^{10}ns^{1\sim2}$。

5. f 区元素

f 区元素指最后一个电子填在 $(n-2)$f 能级上的元素,即镧系、锕系元素,该区元素性质极为相似,其价层电子构型为 $(n-2)f^{0\sim14}(n-1)d^{0\sim2}ns^2$。

综上所述,元素在周期表中的位置是由该元素原子的核外电子的排布所决定的,并与元素原子的电子层结构有密切关系。可以由元素的原子序数写出该元素原子的电子层结构,从而判断其所在的元素和族。反之,如果已知某元素所在的周期和族,也能推知其原子序数,进而写出该元素原子的电子层结构。

二、元素性质的周期性

原子的电子层结构随着核电荷数的递增呈现周期性变化,影响到元素原子的某些性质,如原子半径、电离能、电子亲和能和电负性等,也呈现周期性变化。

(一) 原子半径(r)

根据量子力学的原子模型,电子在原子核外的运动是概率分布的。由于原子本身没有明显的界限,原子核和最外层电子层之间的距离实际上很难确定。一般来说,原子半径是根据原子存在的不同形式来定义的。通常有如下三种:

1. 金属半径

金属单质的晶体中,两个相邻金属原子核间距离的一半,称为该金属原子的金属半径。例如,金属中两个相邻 Na 原子核间距离的一半(157 pm)定义为 Na 原子的金属半径。

2. 共价半径

两个相同原子形成共价键时,其核间距离的一半,称为该原子的共价半径。通常指的是形成单键时的共价半径。例如,F—F 的分子的一半(64 pm)定义为 F 的共价半径。

3. 范德华半径

在分子晶体中,分子之间是以范德华力(即分子间力)结合的。例如,稀有气体晶体,相邻分子核间距离的一半,称为该原子的范德华半径。

由于作用力性质不同,所以三种原子半径之间没有可比性。同一元素原子的范德华半径大于共价半径。

如果金属原子取金属半径,非金属原子取共价半径,其相对大小可用表 2-5 表示。

表 2-5 元素的原子半径 r (pm)

IA	IIA	IIIB	IVB	VB	VIB	VIIB	VIII			IB	IIB	IIIA	IVA	VA	VIA	VIIA	0
H																	He
37																	122
Li	Be											B	C	N	O	F	Ne
152	111											88	77	70	66	64	160
Na	Mg											Al	Si	P	S	Cl	Ar
186	160											143	117	110	104	99	191
K	Ca	Sc	Ti	V	Cr	Mn	Fe	Co	Ni	Cu	Zn	Ga	Ge	As	Se	Br	Kr
227	197	161	145	132	125	124	124	125	125	128	133	122	122	121	117	114	198
Rb	Sr	Y	Zr	Nb	Mo	Tc	Ru	Rh	Pd	Ag	Cd	In	Sn	Sb	Te	I	Xe
248	215	181	160	143	136	136	133	135	138	144	149	163	141	141	137	133	217
Cs	Ba	Lu	Hf	Ta	W	Re	Os	Ir	Pt	Au	Hg	Tl	Pb	Bi	Po	At	Rn
265	217	173	159	143	137	137	134	136	136	144	160	170	175	155	163		
La	Ce	Pr	Nd	Pm	Sm	Eu	Gd	Tb	Dy	Ho	Er	Tm	Yb	Lu			
188	183	183	182	181	180	204	180	178	177	177	176	175					

由表 2-5 中数据可知,同一主族元素,原子半径从上到下显著增大。副族元素从上到下,一般原子半径增大幅度较小,第五周期和第六周期同一族⌐的过渡元素的原子半径非常相近。

同一周期元素,原子半径的递变规律按短周期和长周期有所不同。在同一短周期中,原子半径从左到右明显减小。在同一长周期中,从左到右原子半径减小较为缓慢。镧系元素从镧到镥原子半径依次缩小的现象称镧系收缩。由于镧系收缩,影响镧系以后元素原子半径的缩小,从而使它们与相应的第五周期同族元素原子半径十分接近,以致 Zr 和 Hf,Nb 和 Ta,Mo 和 W 等的性质极为相似。

(二) 电离能(I)

基态气体原子失去一个电子成为气态 +1 价离子所消耗的能量称为该元素的

第一电离能,用 I_1 表示。各元素的第一电离能见表 2-6。从 +1 价气态正离子再失去一个电子成为气态 +2 价离子所需要的能量称为第二电离能 I_2,依此类推。通常 $I_1<I_2<I_3<\cdots$

例如:

$$Al(g) - e^- \longrightarrow Al^+(g) \qquad I_1 = 578 \text{ kJ/mol}$$
$$Al^+(g) - e^- \longrightarrow Al^{2+}(g) \qquad I_2 = 1\ 817 \text{ kJ/mol}$$
$$Al^{2+}(g) - e^- \longrightarrow Al^{3+}(g) \qquad I_3 = 2\ 745 \text{ kJ/mol}$$
$$Al^{3+}(g) - e^- \longrightarrow Al^{4+}(g) \qquad I_4 = 11\ 578 \text{ kJ/mol}$$

原子失电子的难易可用电离能来衡量。一般,若不加标明,电离能通常指第一电离能。元素原子的电离能越大,原子失去电子越难;反之,电离能越小,原子失去电子越容易。

表 2-6　元素的第一电离能 I_1(kJ/mol)

IA	IIA	IIIB	IVB	VB	VIB	VIIB	VIII			IB	IIB	IIIA	IVA	VA	VIA	VIIA	0
H																	He
1 312																	2 372.3
Li	Be											B	C	N	O	F	Ne
520.3	899.5											800.6	1 086	1 402	1 314	1 681	2 080.7
Na	Mg											Al	Si	P	S	Cl	Ar
495.8	737.7											577.6	786.5	1 012	1 000	1 251	1 520.5
K	Ca	Sc	Ti	V	Cr	Mn	Fe	Co	Ni	Cu	Zn	Ga	Ge	As	Se	Br	Kr
418.9	589.8	631	658	650	653	717	760	758	737	746	906	578.8	762.2	944	941	1 140	1 350.7
Rb	Sr	Y	Zr	Nb	Mo	Tc	Ru	Rh	Pd	Ag	Cd	In	Sn	Sb	Te	I	Xe
403	549.5	616	669	664	685	702	711	720	805	731	868	588.3	708.6	832	870	1 008	1 170.4
Cs	Ba	Lu	Hf	Ta	W	Re	Os	Ir	Pt	Au	Hg	Tl	Pb	Bi	Po	At	Rn
375.7	502.9	524	654	761	770	760	840	880	870	891	1 007	589.3	715.2	703	812	917	1 037
Fr	Ra																
386	509																

La	Ce	Pr	Nd	Pm	Sm	Eu	Gd	Tb	Dy	Ho	Er	Tm	Yb
538.1	528	523	530	536	543	547	592	564	572	581	589	596.7	603.4
Ac	Th	Pa	U	Np	Pu	Am	Cm	Bk	Cf	Es	Fm	Md	No
490	590	570	590	600	585	578	581	601	608	619	627	635	642

电离能的大小主要取决于原子半径 r 和原子的电子层结构。同一周期中,从左到右,原子半径逐渐减小,原子的最外层上的电子数逐渐增多,元素的电离能也随之增大。由于稀有气体电子层结构充满电子,结构稳定,故电离能在同一周期元素中最大。过渡元素由于原子半径减小较慢,电离能增加不显著。另外,个别处变化还不十分有

规律。

同一主族自上而下,最外层电子数相同,原子半径的增大起主要作用,因此核对外层电子的引力逐渐减小,电子逐渐易于失去,电离能逐渐减小。

(三) 电子亲和能(Y)

元素的气态原子在基态时获得一个电子成为气态 -1 价离子所释放的能量称电子亲和能,用 Y 表示。电子亲和能也有 Y_1、Y_2 之分,如果不加注明,都是指第一电子亲和能。由于负离子带负电荷排斥外来电子,如要结合电子必须吸收能量以克服电子的斥力,一般元素原子的第一电子亲和能 Y_1 为负值,而第二电子亲和能 Y_2 为正值。例如:

$$O(g) + e^- \longrightarrow O^-(g) \quad Y_1 = -141 \text{ kJ/mol}$$

$$O^-(g) + e^- \longrightarrow O^{2-}(g) \quad Y_2 = 780 \text{ kJ/mol}$$

电子亲和能一般若不加标明,通常指第一电子亲和能。表 2-7 列出了主族元素原子的第一电子亲和能。

表 2-7　主族元素原子的第一电子亲和能 Y(kJ/mol)

H							He
-72.7							+48.2
Li	Be	B	C	N	O	F	Ne
-59.6	+48.6	-26.7	-121.9	+6.75	-141.8	-328.0	+115.8
Na	Mg	Al	Si	P	S	Cl	Ar
-52.9	+38.6	-42.5	-133.6	-72.1	-200.4	-349.0	+96.5
K	Ca	Ga	Ge	As	Se	Br	Kr
-48.4	+28.9	-36	-115.8	-78.2	-195	-324.7	+96.5
Rb	Sr	In	Sn	Sb	Te	I	Xe
-46.9	+28.9	-34	-121	-103.2	-190.1	-295.1	+77.2
Cs	Ba	Tl	Pb	Bi	Po	At	Rn
45.5	+10.5	-50	-100	-100	-180	-270	+77.2

原子获得电子的难易,可用电子亲和能来衡量。元素原子的电子亲和能越大,其原子得到电子时放出的能量越多,因此越容易得到电子。反之,则越不容易得到电子。

电子亲和能的大小也主要取决于原子的有效核电荷、原子半径和原子的电子层结构。同周期元素中,从左到右原子半径逐渐减小,同时由于最外层电子数逐渐增多,原子越来越容易结合电子形成阴离子。同周期中以卤素的电子亲和能负值的绝对值最大。

同一主族中,从上而下元素的电子亲和能总的趋势是逐渐减小,但第二周期一些元素如 F、O、N 的电子亲和能反而比第三周期相应元素的负值绝对值要小,这是由于 F、O、N 的原子半径很小,电子间相互斥力大,以致在增加一个电子形成负离子时放出的能量减小的缘故。

必须指出,难失去电子,并不一定易于和电子结合。例如,稀有气体元素既难失去电子,也难结合电子。

(四) 电负性(χ)

电离能和电子亲和能都是从一个侧面反映元素原子失去或得到电子能力的大小,为了全面衡量分子中原子得失电子的能力,1932年鲍林提出了电负性概念。元素的电负性是指原子在分子中吸引成键电子的能力。指定最活泼的非金属氟的电负性χ_F为4.0,然后通过计算得出其他元素电负性的相对值。元素电负性越大,表示该元素原子在分子中吸引成键电子的能力越强。反之,则越弱。表2-8列出了鲍林的元素电负性数值。

由表2-8可见,元素的电负性也呈有规律的递变。同一周期从左到右,元素的电负性依次递增。这是因为原子半径逐渐减小,原子在分子中吸引成键电子的能力逐渐增加。同一主族中,从上到下电负性趋于减小,说明原子在分子中吸引成键电子的能力趋于减弱。过渡元素电负性的变化没有明显的规律。必须指出,同一元素所处氧化态不同,其电负性值也不同。

表 2-8 元素的电负性

H 2.1															
Li 1.0	Be 1.5										B 2.0	C 2.5	N 3.0	O 3.5	F 4.0
Na 0.9	Mg 1.2										Al 1.5	Si 1.8	P 2.1	S 2.5	Cl 3.0
K 0.8	Ca 1.0	Sc 1.3	Ti 1.5	V 1.6	Cr 1.6	Mn 1.5	Fe 1.8	Co 1.9	Ni 1.9	Cu 1.9	Zn 1.6	Ga 1.6	Ge 1.8	As 2.0	Se 2.4	Br 2.8
Rb 0.8	Sr 1.0	Y 1.2	Zr 1.4	Nb 1.6	Mo 1.8	Tc 1.9	Ru 2.2	Rh 2.2	Pd 2.2	Ag 1.9	Cd 1.7	In 1.7	Sn 1.8	Sb 1.9	Te 2.1	I 2.5
Cs 0.7	Ba 0.9	La—Lu 1.0—1.2	Hf 1.3	Ta 1.5	W 1.7	Re 1.9	Os 2.2	Ir 2.2	Pt 2.2	Au 2.4	Hg 1.9	Tl 1.8	Pb 1.9	Bi 1.9	Po 2.0	At 2.2
Fr 0.7	Ra 0.9	Ac 1.1	Th 1.3	Pa 1.4	U 1.4	Np—Lr 1.4—1.3										

(五) 元素的金属性与非金属性

元素的金属性是指原子失去电子成为阳离子的能力,通常可用电离能来衡量。元素的非金属性是指原子得到电子成为阴离子的能力,通常可用电子亲和能来衡量。

元素的电负性综合考虑了原子得失电子的能力,故可作为元素金属性与非金属性统一衡量的依据。一般来说,金属元素的电负性小于2,非金属元素的电负性则大于2。

同一周期主族元素从左到右,元素的金属性逐渐减弱,非金属性逐渐增强。同一主族从上到下,元素的非金属性逐渐减弱,金属性逐渐增强。

(六) 元素的氧化数

元素的氧化数是指元素原子形式上所带的电荷(详细知识学习见本教材第七章内容),它与原子的价电子数直接相关。由于主族元素原子只有最外层的电子为价电子,能参与成键,因此,主族元素(F、O除外)的最高氧化数等于该原子的价电子总数(即族数)。如表2-9所示,随着原子核电荷数的递增,主族元素的氧化数呈现周期性的变化。

表2-9 主族元素的氧化数与价电子数的对应关系

族数	IA	IIA	IIIA	IVA	VA	VIA	VIIA
价层电子构型	ns^1	ns^2	ns^2np^1	ns^2np^2	ns^2np^3	ns^2np^4	ns^2np^5
价电子总数	1	2	3	4	5	6	7
主要氧化数	+1	+2	+3 (Tl还有+1)	+4 +2 (C还有-4)	+5 +3 (N,P有-3) (N还有+1,+2,+4)	+6 +4 -2	+7、+5、+3、+1、-1
最高氧化数	+1	+2	+3	+4	+5	+6	+7

第四节 化 学 键

物质是由微观粒子构成的,粒子之间能相互结合,说明粒子之间存在着相互作用力,这种物质中相邻粒子间的强烈的相互作用称为化学键(chemical bond)。化学键可分为离子键、共价键和金属键。本节重点讨论离子键和共价键。

一、离子键

(一) 离子键的形成

以氯化钠为例来说明离子键的形成。钠是活泼的金属,钠原子在反应时容易失去最外层上的1个电子,形成带正电荷的钠离子;氯是活泼的非金属,氯原子在反应时容易得到 1 个电子,形成带负电荷的氯离子,而使双方最外层都形成 8 个电子的稳定结构。当金属钠与氯气起反应时,钠原子最外层上的 1 个电子,转移到氯原子的最外电子层上,形成带正电荷的钠离子和带负电荷的氯离子。带相反电荷的钠离子和氯离子,通过静电引力相互吸引而彼此接近;与此同时,还存在着电子与电子、原子核与原子核之间的相互排斥作用。当两种离子接近到一定程度时,离子间的吸引作用和排斥作用达到平衡,便形成了稳定的化学键。NaCl 的形成过程可用电子式表示如下:

氯化钠　　Na× + ·C̈l: ⟶ Na⁺ [×·C̈l:]⁻

这种阴、阳离子间通过静电作用所形成的化学键称为离子键(ionic bond)。形成离子键的条件是成键原子间的电负性相差较大,一般要相差 1.7 以上。像活泼的金属(如钾、钠、钙等)与活泼的非金属(如氟、氯、氧等)化合时,都能形成离子键。如 KCl、MgCl、CaF₂ 等都是由离子键形成的,它们的形成过程也可用电子式表示。

氯化钾　　K× + ·C̈l: ⟶ K⁺ [×·C̈l:]⁻

氧化镁　　×Mg× + ·Ö· ⟶ Mg²⁺ [×Ö×]²⁻

氟化钙　　:F̈: + ×Ca× + ·F̈: ⟶ [:F̈×]⁻ Ca²⁺ [×F̈:]⁻

由离子键形成的化合物称为离子化合物。如 NaCl、CaF₂、MgO、KBr 等都是离子化合物。在离子化合物中,离子具有的电荷数,就是它们的化合价。如 Na⁺、K⁺ 带一个单位的正电荷,所以 Na、K 的化合价为 +1 价;Ca²⁺、Mg²⁺ 带两个单位的正电荷,所以 Ca、Mg 的化合价为 +2 价;F⁻、Cl⁻、Br⁻ 带一个单位的负电荷,所以 F、Cl、Br 的化合价为 −1 价;O²⁻ 带两个单位的负电荷,所以 O 的化合价为 −2 价。

(二) 离子键的特点

离子键没有方向性和饱和性。这是由于离子键是阴、阳离子通过静电吸引作用结合而成的,离子是带电体,它的电荷分布是球形对称的,只要空间条件许可,它可以在空间各个方向上与带相反电荷的离子相互吸引而成键;每一个离子还可以同时与多个带相反电荷的离子相互吸引而成键。因此,离子键既没有方向性也没有饱和性。例如,在氯化钠晶体中,每个 Na⁺ 周围吸引 6 个 Cl⁻,每个 Cl⁻ 周围吸引 6 个 Na⁺,这样交替延伸而成为有规则排列的离子晶体(如图 2-7 所示)。

在离子化合物的晶体中,没有单个的分子存在。所以 NaCl 是化学式而不是分子式,它仅表示在氯化钠中这两种元素原子的比例。

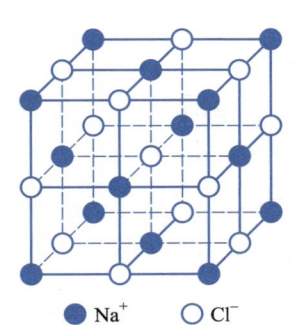

图 2-7 NaCl 的晶体结构

二、共价键

(一) 共价键的形成

以氢分子为例来说明共价键的形成。两个氢原子形成氢分子时,由于得失电子的能力相同,电子不是从一个氢原子转移到另一个氢原子,而是在两个氢原子间共用,形成共用电子对,同时围绕两个氢原子核运动,使每个氢原子都达到稳定的电子构型。这样两个氢原子通过共用电子对结合成一个氢分子。

氢分子的形成过程,也可用电子云的重叠来说明。每个氢原子有 1 个 1s 电子,当两个氢原子相遇时,它们的电子云发生部分重叠,两个氢原子核间电子云密集,成了负电荷中心,它对两个氢原子核都产生吸引作用,使两个氢原子相互接近,但由于两个氢原子核电性相同,又有相互排斥作用,当两个氢原子接近到一定程度时,原子间的吸引作用和排斥作用达到平衡,从而形成稳定的氢分子(如图 2-8 所示)。电子云重叠越多,形成的分子越稳定。

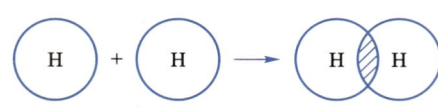

图 2-8 氢分子电子云重叠示意图

氢分子电子云重叠

共价键的形成过程

像氢分子这种,分子中原子间通过共用电子对(电子云重叠)所形成的化学键称为共价键(covalent bond)。

当电负性相同或相差不大的原子相互结合时,通常形成共价键。例如,H_2、Cl_2、HCl 等都是由共价键形成的,其形成过程可用电子式表示,也可用一根短线表示一对共用电子。

$$H\times + \cdot H \longrightarrow H\colon H\,(H—H)$$

$$H\times + \cdot \ddot{\underset{\cdot\cdot}{Cl}}\colon \longrightarrow H\,\overset{\cdot\cdot}{\underset{\cdot\cdot}{Cl}}\colon (H—Cl)$$

$$\overset{\times\times}{\underset{\times\times}{Cl}}\times + \cdot \overset{\cdot\cdot}{\underset{\cdot\cdot}{Cl}}\colon \longrightarrow \overset{\times\times}{\underset{\times\times}{Cl}}\times\overset{\cdot\cdot}{\underset{\cdot\cdot}{Cl}}\colon (Cl—Cl)$$

全部由共价键形成的化合物称为共价化合物。例如,HCl、H_2O、NH_3 等都是共价化合物。在共价化合物中,元素的化合价是该元素一个原子与其他原子间共用电子对的数目。共用电子对偏向的一方为负价,偏离的一方为正价。例如,HCl 中,H 为 +1 价、Cl 为 -1 价;H_2O 中,H 为 +1 价、O 为 -2 价;NH_3 中,H 为 +1 价、N 为 -3 价。

(二) 共价键的特点

共价键具有方向性和饱和性。因为原子核外的电子,除 s 轨道的电子云是球形对称外,p、d 等轨道的电子云都有一定的伸展方向。当有 p 电子或 d 电子参加形成共价键时,必须在一定的方向上才能使电子云有最大程度的重叠,形成的共价键才能稳定。因此，共价键的形成在尽可能范围内将沿着原子轨道最大重叠方向进行（如图2-9所示）。可见共价键有方向性。

图2-9　共价键的方向性

形成共价键时，一个未成对电子只能和另一个自旋方向相反的未成对电子配对成键。因此，一个原子有几个未成对电子，就只能和几个自旋方向相反的未成对电子配对成键，这说明共价键具有饱和性。如氯化氢分子中，氯原子和氢原子各有1个未成对电子，所以一个氯原子只能和一个氢原子结合生成氯化氢分子。

（三）共价键的键参数

能表征化学键性质的物理量称为键参数（bond parameter）。共价键的键参数主要有键能、键长和键角。

1. 键能（E）

在101.3 kPa，298.15 K下，将1 mol理想气态分子AB解离为理想的气态原子A和B所需的能量称为键能（bond energy）。一般来说，键能越大，键越牢固，由该化学键形成的分子也就越稳定。

2. 键长（L）

分子中两成键原子核间的平衡距离称为键长（bond length）。一般来说，两个原子之间形成的键越短，键越牢固。

3. 键角（θ）

分子中键和键之间的夹角称为键角（bond angle）。键角是反映分子空间结构的一个重要参数。如H_2O分子中的键角为104.5°，这就决定了水分子是V形结构；CO_2分子中的键角为180°，表明CO_2分子为直线形结构。一般来说，根据分子的键角和键长可确定分子的空间构型。

（四）配位键

在共价键中，共用电子对通常由成键的两个原子各提供1个电子配对而成。但还有一类共价键，其共用电子对是由一个原子单独提供而与另一个原子共用。这种由一个原子单独供给电子对为两个原子共用而形成的共价键，称为配位键（coordinate bond）。配位键是一种特殊的共价键，常用"→"表示，箭头方向由提供电子对的原子指向接受电子对的原子。

例如，氨分子与氢离子反应生成铵离子（NH_4^+）时，就形成配位键。在氨分子中，氮原子的价电子层上有一对没有与其他原子共用的电子,这对电子称为孤对电子。氢离子是氢原子失去 1 s 上的电子而形成的,具有一个 1 s 空轨道。当氨分子与氢离子作用时,氨分子中氮原子上的孤对电子进入氢离子的空轨道,这一对电子在氮、氢原子间共用,形成配位键。

在铵离子中,虽然 1 个 N→H 键和其他 3 个 N—H 键的形成过程不同,但一旦形成了铵离子,这 4 个氮氢键的性质则完全相同。

在由多种原子组成的分子中,往往不只含有一种化学键。如氯化铵中,NH_4^+ 与 Cl^- 之间是离子键,NH_4^+ 中有 3 个 N—H 共价键,1 个 N→H 配位键。

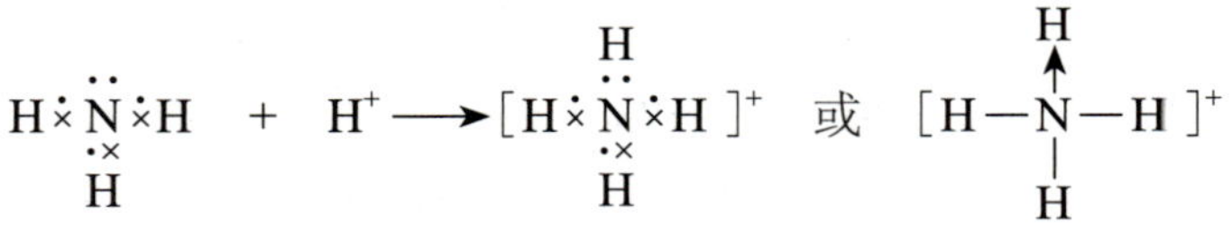

$$H \overset{..}{\underset{H}{\overset{\cdot\cdot}{N}}} H \;+\; H^+ \longrightarrow \left[H \overset{H}{\underset{H}{\overset{\cdot\cdot}{N}}} H \right]^+ \;\text{或}\; \left[H - \overset{H}{\underset{H}{\overset{|}{N}}} - H \right]^+$$

[化学与医药学]

共价键和药效的关系

共价键是药物和受体之间产生的最强的结合键,是不可逆的,它难以形成,但一旦形成,也不易断裂。多数抗感染药(如烷化剂类抗肿瘤药物),对 DNA 中鸟嘌呤碱基产生共价结合键,使癌细胞丧失活性(图 2-10)。

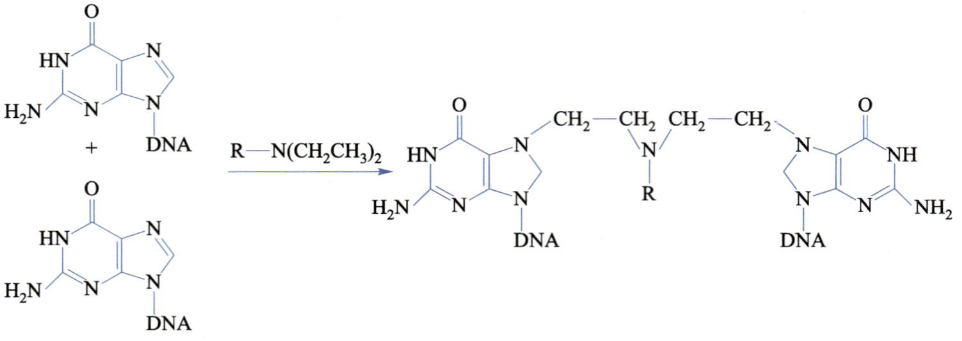

图 2-10 抗肿瘤药物与 DNA 结合的共价键作用

青霉素与微生物的酶以共价键结合,产生不可逆的抑制作用,发挥高效和持续的抗菌作用(图 2-11)。

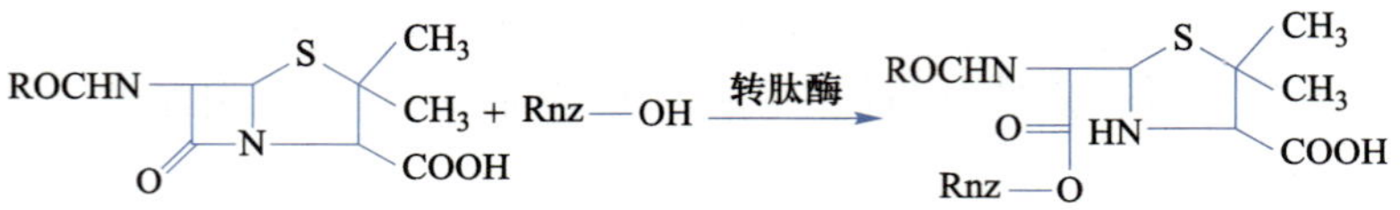

图 2-11 青霉素与转肽酶结合的共价键作用

第五节 分子的极性

一、极性共价键和非极性共价键

键的极性是由于成键原子的电负性不同而引起的。当成键的两个原子相同时，由于相同原子的电负性相同，吸引电子的能力相同，则共用电子对不偏向任何一个原子，成键的原子都不显电性，这种共价键称为非极性共价键，简称非极性键。如 H—H、Cl—Cl 等相同原子之间形成的共价键都是非极性键。

当成键的两个原子不同时，由于不同原子的电负性不同，吸引电子的能力不同，所以共用电子对必然偏向吸引电子能力较强的原子一方，使其带部分负电荷，而吸引电子能力较弱的原子则带部分正电荷，这种共价键称为极性共价键，简称极性键。如 H—Cl 键是极性键，共用电子对偏向 Cl 原子一端，使 Cl 原子带部分负电荷，H 原子带部分正电荷。

共价键极性的大小与成键原子电负性的差值有关，差值越大，极性越大。如 H—F 键的极性大于 H—Cl 键的极性。

二、极性分子和非极性分子

分子从总体上看是不显电性的。但因为分子内部电荷分布情况的不同，分子可分为非极性分子和极性分子（图 2-12）。非极性分子（non-polar molecule）是指分子内正、负电荷重心重合的分子，极性分子（polar molecule）是指分子内正、负电荷重心不重合的分子。

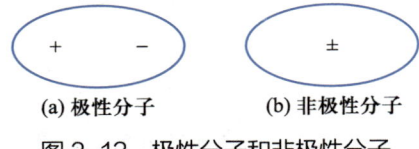

图 2-12 极性分子和非极性分子

（一）双原子分子

双原子分子的极性与键的极性是一致的。以非极性键相结合的双原子分子是非极性分子。如 H_2 分子，两个氢原子以非极性键相结合，共用电子对不偏向任何一个原子，整个分子中，电荷分布均匀，正、负电荷重心重合，所以 H_2 分子是非极性分子。以非极性键相结合的 Cl_2、O_2、N_2、I_2 等双原子分子都是非极性分子。

以极性键相结合的双原子分子是极性分子。如 HCl 分子，两个原子以极性键相结合，共用电子对偏向 Cl 原子，使 Cl 原子一端带部分负电荷，H 原子一端带部分正电荷，整个分子中，电荷分布不均匀，正、负电荷重心不重合，所以 HCl 分子是极性分子。以极性键相结合的 HF、HBr、HI 等双原子分子都是极性分子。

（二）多原子分子

多原子分子的极性取决于键的极性和分子的空间构型。完全由非极性键形成的多原子分子，一般是非极性分子。由极性键形成的多原子分子，如果分子的空间构型完全对称，则分子中正、负电荷重心重合，是非极性分子。例如，CO_2 分子是直线形分子，两个碳氧键之间的键角为 180°（ O=C=O ），两个氧原子对称地位于碳原子的两侧。虽然每一个 C=O 键都是极性键，但由于两个键的极性大小相等、方向相反，从整体来看，正、负电荷的重心都在两个氧原子连线的中点上，正好重合。所以 CO_2 分子是极性键结合的非极性分子。同理具有平面正三角形构型的 BF_3、正四面体构型的 CH_4 和 CCl_4 也是非极性分子。

如果分子的空间构型不对称，则分子中正、负电荷重心不重合，是极性分子。例如，水分子的空间构型为 V 形，两个氢氧键之间的键角为 104.5°（图 2-13），每一个 H—O 键都是极性键，共用电子对偏向氧原子，氧原子带部分负电荷，氢原子带部分正电荷。由于分子的空间构型不对称，从整体来看，负电荷重心在氧原子上，正电荷重心在两个氢原子连线的中点上，正、负电荷的重心不重合。因此，水分子是极性键结合的极性分子。同理具有三角锥形构型的 NH_3 也是极性分子（图 2-14）。

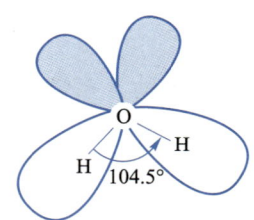
图 2-13　水分子的空间构型

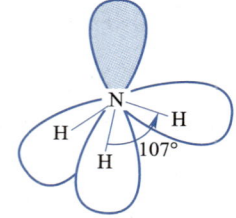
图 2-14　氨分子的空间构型

第六节　分子间作用力和氢键

一、分子间作用力

前面讨论的离子键、共价键都是粒子间强烈的相互作用，其键能为 100~800 kJ/mol。除了这种粒子间较强的作用力之外，在分子与分子之间还存在一种较弱的作用力，其大小在十几到几十千焦每摩尔，比化学键能小一两个数量级。它最早由荷兰物理学家范德华（van der Waals）提出，因此人们把分子与分子之间的作用力称为分子间作用力,又称范德华力。

分子通过范德华力所形成的有规则排列的晶体称为分子晶体。极性分子和非极性分子都可形成分子晶体,如 HCl、H_2O、NH_3、CO_2、O_2、H_2 等。由于分子之间范德华力很弱,所以分子晶体的硬度小,熔点和沸点都很低。

分子之间的范德华力是决定物质熔点、沸点等物理性质的一个重要因素。范德华力越大,物质的熔点、沸点越高。一般来说,组成和结构相似的物质,随着相对分子质量的增大,分子内的电子数目增多,范德华力就增强。所以同类物质的熔点、沸点(都是分子型物质)随相对分子质量增大而升高。例如,卤素的熔点、沸点按氟、氯、溴、碘的顺序依次升高,在常温下,氟、氯是气体,溴是液体,而碘则为固体。

二、氢键

按照范德华力来解释,同主族元素的氢化物的熔点和沸点一般随相对分子质量的增大而升高,H_2O 的熔点和沸点应低于 H_2S、H_2Se、H_2Te 的,但实际上 H_2O 的熔点和沸点却最高,这表明在 H_2O 分子之间除了存在一般的范德华力外,还存在一种特殊的作用力,这就是氢键。

(一) 氢键的形成

以水为例来说明氢键的形成。在水分子中,由于 O—H 键的极性很强,共用电子对强烈地偏向氧原子一端,使氢原子几乎变成了一个"裸露"的带正电荷的原子核。这个氢原子还可以和另一个水分子中带部分负电荷的氧原子产生较强的静电吸引作用,从而形成氢键。水分子间形成的氢键如图 2-15 所示。

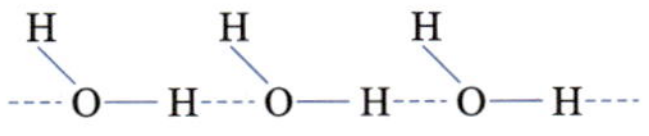

图 2-15 水分子间形成的氢键
(图中的虚线表示所形成的氢键)

凡是与非金属性很强、原子半径很小的原子(F、O、N)以共价键结合的氢原子,还可以再和这类元素的另一个原子结合,这种结合力称为氢键(hydrogen bond)。氢键不是化学键,而是一种特殊的分子间作用力。

(二) 氢键的类型

氢键可分为分子间氢键和分子内氢键两类。相同分子之间或不同分子之间形成的氢键称为分子间氢键,如水分子、氨分子、氟化氢分子间的氢键。同一分子内形成的氢键称为分子内氢键,如邻硝基苯酚中形成的分子内氢键(图 2-16)。

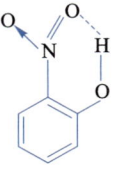

图 2-16 邻硝基苯酚中形成的分子内氢键

(三) 氢键的形成对化合物性质的影响

在同类化合物中,能形成分子间氢键的物质,其熔点、沸点比不能形成分子间氢键的物质要高,这是因为要使固体熔化或液体汽化需要消耗更多的能量来破坏分子间的氢键,如水(H_2O)的沸点高于硫化氢(H_2S)的沸点、氟化氢(HF)的沸点高于氯化氢(HCl)的沸点就是这个缘故;能形成分子内氢键的物质,其熔点、沸点比同类化合物要低,这是因为氢原子形成分子内氢键后,就不能再和其他分子形成分子间氢键,同时形成分子内氢键后,分子的极性减弱,所以其熔点、沸点比同类化合物的要低,如邻硝基苯酚(能形成分子内氢键)的熔点比对硝基苯酚(不能形成分子内氢键而只能形成分子间氢键)的熔点低。

如果溶质和溶剂分子之间能形成氢键,则溶质在该溶剂中的溶解度就会增大。

氢键的存在不仅影响化合物的物理性质,还与生物大分子空间结构的形成及其活性有关。如蛋白质、核酸中都存在分子内氢键,这些生物大分子之所以具有多种生理功能,其中氢键起着重要的作用。

[化学与医药学]

氢键和药效的关系

氢键是药物分子与受体最普遍的结合方式。药物分子中的 O、S、N、F 等原子中的孤对电子,可以和受体上与 O、S、N、F 共价结合的 H 形成氢键。氢键的键能约为共价键键能的 1/10,但氢键的存在数量往往较多,对药物的活性产生的影响较大。药物分子与溶剂形成氢键,可增加溶解度;若药物分子内部或分子之间形成氢键,则其在极性溶剂中的溶解度减少,而在非极性溶剂中的溶解度增加。如邻羟基和羧基间形成氢键,则可使酸性增加,如水杨酸的酸性比对羟基苯甲酸和间羟基苯甲酸强(图 2-17)。对羟基苯甲酸甲酯的抑菌作用比水杨酸强,是因为前者形成了分子间氢键,结构中存在游离的酚羟基有较强抑菌作用,而后者易形成分子内氢键,结构中游离酚羟基难以存在,所以抑菌作用较小(图 2-18)。

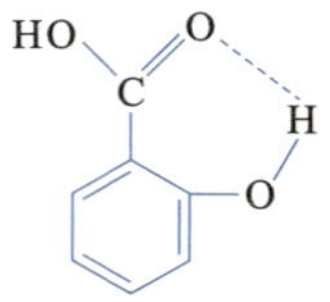

图 2-17 水杨酸分子内的氢键作用

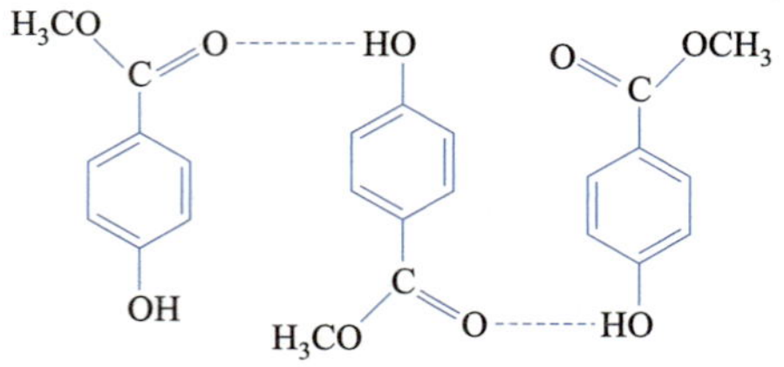

图 2-18 对羟基苯甲酸甲酯分子间的氢键作用

目标测试

1. $s, 2s, 2s^1$ 各代表什么意义？

2. $l=2$ 的轨道，空间伸展方向有几种？

3. 指出下列各元素的基态原子的电子排布式的写法违背了什么原理并予以改正。

　　(1) Be　$1s^2 2p^2$　　　　(2) B　$1s^2 2s^3$　　　　(3) N　$1s^2 2s^2 2p_x^2 2p_y^1$

4. 已知四种元素的原子的价电子层结构分别为：(1)$4s^1$，(2)$3s^2 3p^5$，(3)$3d^2 4s^2$，(4)$5d^{10} 6s^2$。试指出：它们在周期系中分别处于哪一区？哪一周期？哪一族？

5. 何为极性分子和非极性分子？分子的极性与化学键的极性有何联系？

6. 常温时 F_2、Cl_2 为气体，Br_2 为液体，I_2 为固体，为什么？

7. 为何 HCl，HBr，HI 熔点、沸点依次增高，而 HF 的熔点、沸点却高于 HCl？

8. 3p 符号表示主量子数为_____，有_____个原子轨道，最多可容纳电子数为_____。

9. 描述原子中各电子的运动状态，需四个量子数来描述，即_____、_____、_____、_____；原子核外电子排布必须遵守的三个原理是_____、_____、_____。

10. 从价键理论可知，与离子键不同，共价键具有_____性和_____性；共价键的类型有_____和_____。表征化学键的物理量有_____、_____、_____、_____等。

在线测试：
物质结构

第三章 溶液和胶体溶液

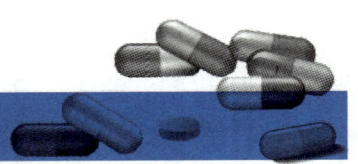

思维导图

- 溶液和胶体溶液
  - 分散系
    - 分散系的概念
    - 分散系的分类
      - 小分子或离子分散系
      - 胶体分散系
      - 粗分散系
    - 乳浊液在医学上的应用
  - 溶液组成标度的表示方法
    - 物质的量
    - 溶液组成的表示方法
      - 物质的量浓度
      - 质量摩尔浓度
      - 摩尔分数
      - 体积分数
      - 质量分数
      - 质量浓度
    - 溶液组成标度的换算
      - 质量分数与物质的量浓度之间的换算
      - 质量浓度与物质的量浓度之间的换算
    - 溶液的配制及有关计算
      - 一定质量溶液的配制
      - 一定体积溶液的配制
  - 稀溶液的依数性
    - 溶液的蒸气压下降
    - 溶液的沸点升高
    - 溶液的凝固点降低
    - 溶液的渗透压
      - 渗透现象和渗透压
      - 渗透压与浓度和温度的关系
      - 渗透压在医学上的意义
  - 胶体溶液
    - 溶胶的性质
      - 光学性质——丁铎尔现象
      - 动力学性质——布朗运动
      - 电学性质——电泳
    - 胶团的结构：胶核、吸附层、扩散层
    - 溶胶的稳定性和聚沉
      - 稳定因素：胶粒带电荷、溶剂化作用等
      - 聚沉方法：加入电解质、异性电荷溶胶互沉、加热
    - 高分子溶液
      - 特性：均相、稳定、黏度大、渗透压较大等
      - 盐析作用
      - 高分子溶液对溶胶的保护作用
      - 凝胶

学习目标

知识目标：掌握溶液组成的表示方法及计算，掌握溶液的稀释定律和溶液的配制，掌握渗透压的概念及渗透压的计算；熟悉分散系的概念和分类，熟悉溶胶的性质、稳定性和聚沉及高分子对胶体的保护作用；了解渗透压在医学上的意义。

能力目标：具有一定的计算能力，会进行常见的浓度及渗透浓度的计算，能准确配制一定质量和一定体积的溶液。

素质目标：培养严谨的职业素养，具有一定的质量意识。

第一节 分 散 系

一、分散系的概念

自然界中的物质多以混合物的形式存在。一种或几种物质以细小粒子的形式分散在另一种物质中所得到的体系叫作分散系。在分散系中，被分散成粒子的物质称为分散相或分散质，容纳分散质的物质称为分散介质或分散剂。例如，葡萄糖分散系中，葡萄糖以分子的形式分散在水中，葡萄糖为分散质，容纳葡萄糖分子的水为分散剂。

分散系可以是液态的，如生理盐水；也可以是气态的，如空气；还可以是固态的，如合金。分散系分为均相（单相）分散系和非均相（多相）分散系。凡只含有一个相的分散系称为单相分散系或均相分散系；而含有两个或两个以上个相的分散系称为多相分散系或非均相分散系。在多相分散系中相与相之间存在着明显的界面，非均相分散系的分散质和分散剂为不同的相，如云雾中的水滴和空气（液相和气相），泥浆中的泥土和水（固相和液相）。

二、分散系的分类

分散质粒子大小不同，常引起分散系的某些性质上的差异。因此，按分散质粒子的大小不同将分散系分为三类：小分子或离子分散系（粒子直径 <1 nm）、胶体分散系（粒子直径为 1~100 nm）和粗分散系（粒子直径 >100 nm）。

（一）小分子或离子分散系

小分子或离子分散系的分散质粒子为小分子或离子，与分散剂的亲和力极强，分散质粒子直径小于 1 nm。因其粒子很小，在分散质和分散剂之间没有界面，也不能阻止光线通过，分散系为均匀、透明的单相体系，且具有高度稳定性，无论放置多久，在密闭容器中分散质都不会从分散系中分离,这种均匀、稳定的分散系通常又叫作真溶液,简称溶液。

(二) 胶体分散系

胶体分散系又称为胶体溶液。分散质粒子的直径为 1~100 nm,根据分散质粒子聚集状态不同分为高分子溶液和溶胶。

1. 高分子溶液

高分子溶液中分散质粒子为单个高分子,分散质和分散剂之间没有界面,且分散质与分散剂的亲和力强,故高分子溶液是均匀、稳定、透明的单相体系。如蛋白质溶液、淀粉溶液、纤维素溶液等。

2. 溶胶

溶胶中分散质粒子称为胶粒,分散质和分散剂之间有界面,且分散质与分散剂的亲和力不强,故溶胶属于不均匀、相对稳定的多相体系。在外观上胶体溶液不浑浊,用肉眼或普通显微镜均看不见浑浊,超显微镜下可分辨。如 AgI、$Fe(OH)_3$、As_2S_3 胶体等。

(三) 粗分散系

粗分散系也称为浊液。分散质粒子直径大于 100 nm,用肉眼或普通显微镜就可观察到。由于其颗粒较大,分散质和分散剂之间有界面,能阻止光线通过,因而外观上是浑浊的,不透明的,粒子也不能透过滤纸或半透膜,且分散质易从分散系中分离,因此为极不稳定的多相体系。

按分散质状态的不同粗分散系可分为悬浊液和乳浊液。悬浊液是不溶性的固体粒子分散在液体分散剂中所形成的粗分散系,如泥浆水、炉甘石洗剂等。乳浊液是微小液滴分散在与之不相溶的另一种液体分散剂中所形成的粗分散系,如豆浆、牛奶、松节油擦剂等。密闭容器中静置一段时间,悬浊液会产生沉淀,乳浊液则会分层。

三类分散系的比较见表 3-1。

表 3-1 三类分散系的比较

比较项目	小分子或离子分散系	胶体分散系		粗分散系	
	真溶液	高分子溶液	溶胶	悬浊液	乳浊液
分散质	小分子或离子	单个高分子	分子、离子、原子的集聚体	固体粒子	微小液滴
粒子直径	<1 nm	1~100 nm		>100 nm	
性质	单相,透明,均匀,最稳定,无丁铎尔现象,粒子能透过滤纸和半透膜	单相,透明,均匀,稳定,丁铎尔现象微弱	多相,不均匀,有相对稳定性,有丁铎尔现象	多相,不透明,不稳定,不均匀,能透光的浊液有丁铎尔现象,粒子不能透过滤纸和半透膜	
		粒子能透过滤纸,但不能透过半透膜			
实例	生理盐水	淀粉溶液	$Fe(OH)_3$ 胶体	泥浆水	豆浆

以上三类分散系在性质上虽有明显差异,但是划分它们的界线是相对的,因此各分散系之间的性质和状态的差异也是逐步过渡的。

在分散系中,分散质和分散剂可以是气态、液态和固态三种聚集状态中的任何一种,故溶液可以是固态的(如合金、有色玻璃等)、液态的(如汽水、生理盐水等)或气态的(如空气、烟等),我们通常所说的溶液是指液态溶液。溶液中的分散质亦称溶质,分散剂亦称溶剂,故溶液是由溶质和溶剂两部分组成的。

若是由固态(或气态)物质与液态物质形成的溶液,常将固态(或气态)物质看作溶质,把液态物质看作溶剂;若是由两种液态物质组成的溶液,一般把含量较多的看作溶剂,含量较少的看作溶质。但也有特殊,如75%的消毒酒精,虽然乙醇的量多于水,但习惯上仍把乙醇作为溶质,水作为溶剂。

水是最常用的溶剂,通常若不指明溶剂的溶液,都是指水溶液,如临床上用的葡萄糖溶液,实验室用的98%硫酸溶液等。除水以外,乙醇、汽油、苯等也是常用的溶剂。由它们作溶剂所得到的溶液统称为非水溶液,如碘酒就是碘溶于乙醇中所形成的非水溶液。

[化学与医药学]

乳浊液在医学上的应用

乳浊液在医学上应用很广泛,又被称为乳剂。例如,胆汁中胆汁酸盐的乳化作用,可以加速油脂的水解,使水解产物易被小肠壁吸收;药用油类物质也常需乳化后才能作为内服药,因为药液制成乳剂后,分散质表面积大大增加,增加了药液与机体的接触面,改善了药物对皮肤、黏膜的渗透性,促进了药物的吸收,如鱼肝油乳剂,便于吸收且减小扰乱胃肠功能;另外某些有不良气味的药物制成乳剂后,其气味可被掩盖或改善,如鱼肝油制成乳剂后,既易于吸收又能掩盖鱼肝油的腥味。但是药物制成乳剂后,增大了表面积,也增加了与空气中氧气和其他杂质接触的机会,易氧化变质,所以乳剂一般不稳定,制作时常须加入稳定剂,且一般不宜久贮。

第二节　溶液组成标度的表示方法

溶液的组成标度是指一定量的溶液或溶剂中所含溶质的量,其表示方法有多种。在配制和使用溶液时,可以根据实际需要或工作的方便选择不同的表示方法。

一、物质的量

物质的量表示含有一定数目粒子的集合体,它是把一定数目的微观粒子与可称量的宏观物质联系起来的一种物理量,它是国际单位制(SI)7个基本物理量(长度、质量、时间、电流、热力学温度、物质的量、发光强度)之一,用符号 n 表示,基本单位为 mol(摩尔)。

国际单位制规定:1 mol 任何物质所含的基本单元数与 0.012 kg 碳 $-12(^{12}C)$ 所含的原子数目相等,基本单元可以是分子、离子、原子、电子、光子及其他粒子,也可以是这些粒子的特定组合体。

0.012 kg 碳 $-12(^{12}C)$ 所含的原子数称为阿伏伽德罗常数,符号为 N_A,经实验测定阿伏伽德罗常数约为 6.02×10^{23} 个。

由此可知,1 mol 任何物质所含的基本单元数约为 6.02×10^{23} 个,或者说某物质所含的基本单元数约为 6.02×10^{23} 个,该物质的物质的量就为 1 mol。

物质的量(n)与物质的基本单元数(N)成正比,它们的关系为

$$n = \frac{N}{N_A} \tag{3-1}$$

摩尔质量即 1 mol 物质所具有的质量,符号为 M,单位为 g/mol。其数学表达式为

$$M = \frac{m}{n} \tag{3-2}$$

式中,m 为质量,单位为 g;n 为物质的量,单位为 mol。

任何物质的摩尔质量,以 g/mol 为单位时,在数值上等于该物质基本单元的化学式量。例如,氢原子(H)的摩尔质量为 1 g/mol,水(H_2O)分子的摩尔质量为 18 g/mol。

二、溶液组成的表示方法

(一)物质的量浓度

物质的量浓度是指单位体积溶液中所含溶质 B 的物质的量,简称浓度,常用 c_B 表示。

$$c_B = \frac{n_B}{V} \tag{3-3}$$

式中,n_B 为溶质 B 的物质的量,单位为 mol;V 为溶液的体积,单位为 m^3、dm^3 或 L、mL;c_B 为物质 B 的物质的量浓度,国际单位为 mol/m^3,但化学和医药上常用的单位

mol/dm³ 或 mol/L。

[例 3-1] 将 2.0 g NaOH 溶于水中，配成 500 mL 的溶液，求该溶液的物质的量浓度。

解：

已知：

$$m_{NaOH} = 2.0 \text{ g}, \quad M_{NaOH} = 40 \text{ g/mol}, \quad V = 500 \text{ mL} = 0.5 \text{ L}$$

$$n_{NaOH} = \frac{m_{NaOH}}{M_{NaOH}} = \frac{2.0 \text{ g}}{40 \text{ g/mol}} = 0.05 \text{ mol}$$

$$c_{NaOH} = \frac{n_{NaOH}}{V} = \frac{0.05 \text{ mol}}{0.5 \text{ L}} = 0.1 \text{ mol/L}$$

该溶液的物质的量浓度为 0.1 mol/L。

(二) 质量摩尔浓度

质量摩尔浓度是指每千克溶剂中所含溶质的物质的量，通常用 b_B 表示。

$$b_B = \frac{n_B}{m_A} \tag{3-4}$$

式中，n_B 为溶质 B 的物质的量，单位为 mol；m_A 为溶剂的质量，单位为 kg；b_B 为溶质 B 的质量摩尔浓度，单位为 mol/kg。因物质的质量不受温度的影响，故质量摩尔浓度是一个与温度无关的物理量，通常用于稀溶液性质研究和一些精密测定中。

[例 3-2] 将 8.0 g NaCl 溶入 100 g 水中配成溶液，求该溶液中 NaCl 的质量摩尔浓度。

解：

$$m_{NaCl} = 8.0 \text{ g}, \quad M_{NaCl} = 58.44 \text{ g/mol}, \quad m_{H_2O} = 100 \text{ g}$$

$$n_{NaCl} = \frac{m_{NaCl}}{M_{NaCl}} = \frac{8.0 \text{ g}}{58.44 \text{ g/mol}} = 0.14 \text{ mol}$$

$$b_{NaCl} = \frac{n_{NaCl}}{m_{H_2O}} = \frac{0.14 \text{ mol}}{0.1 \text{ kg}} = 1.4 \text{ mol/kg}$$

该溶液中 NaCl 的质量摩尔浓度为 1.4 mol/kg。

(三) 摩尔分数

某组分 B 的物质的量占溶液中所有物质总物质的量的分数，为溶液中该组分 B 的摩尔分数，用 x_B 表示，量纲为 1。

$$x_B = \frac{n_B}{\sum n_i} \tag{3-5}$$

若溶液是由溶剂 A 和溶质 B 组成，则

$$x_B = \frac{n_B}{n_A + n_B} \tag{3-6}$$

$$x_A = \frac{n_A}{n_A + n_B} \tag{3-7}$$

$$x_A + x_B = 1, \quad 多组分体系 \sum x_i = 1$$

(四) 体积分数

某组分 B 的体积 V_B 占溶液总体积 V 的分数,为溶液中该组分 B 的体积分数,用 φ_B 表示,量纲为 1。

$$\varphi_B = \frac{V_B}{V} \tag{3-8}$$

体积分数可以用小数或分数表示,当溶液的溶质和溶剂都为液体时,一般用体积分数表示溶液的浓度,如消毒酒精的体积分数为 $\varphi_B=0.75$,也可用 75% 表示。

[例 3-3] 取 375 mL 纯乙醇配制医用消毒酒精 500 mL,计算所配制酒精溶液中乙醇的体积分数。

解:

$$V_{乙醇} = 375 \text{ mL}, \quad V = 500 \text{ mL}$$

$$\varphi_{乙醇} = \frac{V_{乙醇}}{V} = \frac{375 \text{ mL}}{500 \text{ mL}} = 0.75(或 75\%)$$

所配制酒精溶液中乙醇的体积分数为 0.75(或 75%)。

(五) 质量分数

溶质 B 的质量 m_B 占溶液总质量 $m_总$ 的分数,为溶质 B 的质量分数,用 w_B 表示,量纲为 1。

$$w_B = \frac{m_B}{m_总} \tag{3-9}$$

质量分数可以用小数或分数表示,如市售的 98% 浓硫酸即指其质量分数为 0.98。

[例 3-4] 将 80.0 g 葡萄糖溶于水,配制成 500 g 葡萄糖溶液,计算此溶液中葡萄糖的质量分数。

解:

$$m_{葡萄糖} = 80.0 \text{ g}, \quad m_总 = 500 \text{ g}$$

$$w_{葡萄糖} = \frac{m_{葡萄糖}}{m_总} = \frac{80.0 \text{ g}}{500 \text{ g}} = 0.160(或 16.0\%)$$

此溶液中葡萄糖的质量分数为 0.160(或 16.0%)。

(六)质量浓度

溶质 B 的质量 m_B 与溶液总体积 V 之比,称为溶质 B 的质量浓度,用 ρ_B 表示。

$$\rho_B = \frac{m_B}{V} \qquad (3-10)$$

式中,m_B 为溶质 B 的质量,单位为 kg 或 g;V 为溶液的体积,单位为 m^3、dm^3 或 L、mL 等;ρ_B 为溶质 B 的质量浓度,国际单位为 kg/m^3,但实际工作中常用的单位为 g/L 或 g/mL。例如,注射用生理盐水质量浓度为 9 g/L[①]。

[**例 3-5**] 临床上使用的生理盐水规格为 500 mL,含 4.5 g NaCl,求生理盐水的质量浓度。

解:

$$m_{NaCl} = 4.5 \text{ g}, \quad V = 500 \text{ mL} = 0.5 \text{ L}$$

$$\rho_{NaCl} = \frac{m_{NaCl}}{V} = \frac{4.5 \text{ g}}{0.5 \text{ L}} = 9.0 \text{ g/L}$$

生理盐水的质量浓度为 9.0 g/L。

微课

溶液组成及浓度的表示方法

三、溶液组成标度的换算

在实际运用中,根据溶液的用途和习惯,人们会采用不同的溶液组成表示方法,当进行溶液间的化学反应时,或是溶液的配制过程中就会涉及溶液浓度间的换算。

(一)质量分数与物质的量浓度之间的换算

推导公式为

$$m_B = \rho \times V \times w_B$$

$$c_B = \frac{m_B}{M_B V} = \frac{\rho \times V \times w_B}{M_B V}$$

$$c_B = \frac{m_B}{M_B V} = \frac{\rho \times w_B}{M_B} \qquad (3-11)$$

式中,ρ 为溶液的密度,单位为 g/mL 或 kg/L。

[**例 3-6**] 市售质量分数为 98% 的浓硫酸,密度为 1.84 kg/L,求该浓硫酸的物质的量浓度是多少。

解:

$$w_{硫酸} = 98\%, \quad \rho = 1.84 \text{ kg/L}, \quad M_{硫酸} = 98.078 \text{ g/mol}$$

---

① 《中华人民共和国药典》(2020 年版)[简称《中国药典》(2020 年版)]中也表示为 0.9%(g/mL)。

$$c_{硫酸} = \frac{w_{硫酸} \times \rho}{M_{硫酸}} = \frac{98\% \times 1.84 \text{ kg/L}}{98.078 \text{ g/mol}} \times 1\,000 \text{ g/kg} = 18.4 \text{ mol/L}$$

该浓硫酸的物质的量浓度是 18.4 mol/L。

（二）质量浓度与物质的量浓度之间的换算

推导公式为

$$c_B = \frac{n_B}{V} = \frac{\frac{m_B}{M_B}}{V} = \frac{m_B}{V \times M_B} = \frac{\rho_B}{M_B} \tag{3-12}$$

式中，ρ_B 为溶液的质量浓度，常用单位为 g/L 或 g/mL。

[例 3-7] 已知葡萄糖的相对分子质量是 180，50 g/L 的葡萄糖注射液的物质的量浓度是多少？

解：

$$M_{葡萄糖} = 180 \text{ g/mol}, \quad \rho_{葡萄糖} = 50 \text{ g/L}$$

$$c_{葡萄糖} = \frac{\rho_{葡萄糖}}{M_{葡萄糖}} = \frac{50 \text{ g/L}}{180 \text{ g/mol}} = 0.28 \text{ mol/L}$$

该葡萄糖注射液的物质的量浓度是 0.28 mol/L。

四、溶液的配制及有关计算

> **聚焦大赛**
> 在全国职业院校技能大赛 GZ022 化学实验技术、GZ040 中药传统技能、GZ025 食品安全与质量检测等赛项中，均涉及溶液的配制，溶液配制的准确性直接影响大赛的结果。

溶液的配制是化学和医药工作中常用的基本操作，溶液的基本配制方法一般分为两种。

（一）一定质量溶液的配制

一定质量溶液是指以一定质量的溶液中所含溶质的质量来表示溶液的组成，如以质量分数（w_B）、质量摩尔浓度（b_B）、摩尔分数（x_B）表示溶液的组成时一般采用这种方法配制。配制这种溶液时只需将一定量的溶质和一定量的溶剂混合均匀即可。

[例 3-8] 如何配制质量分数为 10% 的 NaCl 溶液（生理盐水）500 g。

解： 配制 500 g 10% 的 NaCl 溶液（生理盐水）需要溶质、溶剂的质量为

$$m_{NaCl} = 500 \text{ g} \times 10\% = 50 \text{ g}$$

$$m_{H_2O} = 500 \text{ g} - 50 \text{ g} = 450 \text{ g}$$

配制方法：分别称取 50 g NaCl 固体和 450 g 蒸馏水，将二者混合均匀即可得到 500 g 质量分数为 10% 的 NaCl 溶液。

（二）一定体积溶液的配制

一定体积溶液是指以一定体积的溶液中所含有的溶质的量（如物质的量、体积、质量等）来表示溶液的组成，如以物质的量浓度（c_B）、质量浓度（ρ_B）、体积分数（φ_B）表示溶液的组成时一般采用这种方法配制。配制这种溶液时先将一定量（质量或体积）的溶质与适量的溶剂混合，使溶质完全溶解，再加溶剂至所需体积混匀即可。

固体硫酸铜溶液的配制

根据溶质是固体还是液体又分为以下两种情况：一种是溶质为固体，可直接配成一定浓度的溶液，如 NaCl、KCl、$NaHCO_3$ 等溶液的配制；另一种是溶质为液态的浓溶液稀释成较低浓度的溶液，又常称为溶液的稀释，如浓盐酸、浓硫酸、乙醇等溶液的稀释。

1. 固体溶质

直接配成一定浓度的溶液的一般操作步骤为：计算、称量、溶解、定量转移、定容、混匀。

[例 3-9] 如何配制 100 mL 质量浓度为 50 g/L 的葡萄糖溶液？

解：配制 100 mL 50 g/L 的葡萄糖溶液需要溶质的质量为

$$m_{葡萄糖} = \rho_{葡萄糖} V = 50 \text{ g/L} \times 0.1 \text{ L} = 5 \text{ g}$$

配制方法：用托盘天平称取固体葡萄糖 5 g，放于 100 mL 烧杯中，先加入适量蒸馏水完全溶解，并用玻璃棒引流至 100 mL 量筒中，再用少量蒸馏水冲洗烧杯内壁和玻璃棒 2~3 次，冲洗液也倒入量筒中（此过程即为定量转移），最后加入蒸馏水使总体积为 100 mL，搅拌均匀。

配制溶液时，根据要求不同又可分为粗配和精配两种。粗配是用托盘天平称量，用量筒或量杯量取液体，在量筒中配制溶液；精配是用分析天平称量，用吸量管或移液管量取液体，用容量瓶配制溶液。

2. 液体溶质

在实际工作中，市售溶液的浓度都比较大而实际应用的溶液浓度都比较小，因此需要将溶液稀释。比如硫酸，市售的浓硫酸的物质的量浓度为 18 mol/L，实际使用的硫酸为稀硫酸，浓度为 1~5 mol/L。一般将浓溶液配制成低浓度的溶液有两种方法：一种是直接在浓溶液中加入适当体积的蒸馏水（稀释）；另一种是将浓的和稀的两种浓度的溶液按照一定比例混合，得到需要的浓度（混合）。

（1）溶液的稀释

稀释溶液的原则是：稀释前后溶质的量不变。

稀释公式为

$$c_1 V_1 = c_2 V_2 \tag{3-13}$$

式中，c_1、V_1 分别为稀释前浓溶液的浓度和体积，c_2、V_2 分别为稀释后稀溶液的浓度和体积。

必须注意：公式两边浓度的表达方式和体积的单位必须一致。c_1、c_2 可以是物质的量浓度(c_B)、质量浓度(ρ_B)或体积分数(φ_B)；V_1、V_2 的单位可以是 L 或者 mL。

[例 3-10] 用市售的 12 mol/L 的浓盐酸配制 1 mol/L 的稀盐酸 500 mL，需要 12 mol/L 的浓盐酸的体积是多少？

解： 据稀释公式 $c_1V_1 = c_2V_2$，则

$$V_1 = \frac{c_2V_2}{c_1} = \frac{1 \text{ mol/L} \times 500 \text{ mL}}{12 \text{ mol/L}} = 41.7 \text{ mL}$$

即配制 1 mol/L 的稀盐酸 500 mL，需要 12 mol/L 的浓盐酸的体积是 41.7 mL。

[例 3-11] 怎样用市售的 18 mol/L 的浓硫酸，配成 0.1 mol/L 的稀硫酸 500 mL？

解： 根据稀释公式 $c_1V_1 = c_2V_2$，则

$$V_1 = \frac{c_2V_2}{c_1} = \frac{0.1 \text{ mol/L} \times 500 \text{ mL}}{18 \text{ mol/L}} = 2.8 \text{ mL}$$

配制方法：用干燥量筒取浓硫酸 2.8 mL，慢慢加入盛有 200~300 mL 蒸馏水的烧杯中，边加边搅拌，冷却后，定量转移至量杯或量筒中，再加蒸馏水使溶液总体积为 500 mL，搅拌均匀。

配制溶液时，必须注意：

① 若溶质是含有结晶水的结晶化合物时，如 $CuSO_4 \cdot 5H_2O$、$MgSO_4 \cdot 7H_2O$ 等，一般要考虑结晶水的质量。

② 配制过程中放热效应大的（如浓硫酸）溶液或固体溶质溶解比较慢的（如硫酸钠）溶液，都应先在烧杯中溶解，冷至室温后再转移至量杯、量筒或容量瓶中，而不能直接在量杯或量筒中溶解。

③ 用浓硫酸配制稀硫酸时，将浓硫酸沿烧杯壁缓慢地加入水中，边加边用玻璃棒搅拌，不能将水加入浓硫酸中，且量取浓硫酸的量杯应干燥。

(2) 溶液的混合

用同一溶质的几种不同浓度的溶液配制所需浓度的溶液，经常使用一种简捷的经验方法——十字交叉法，即

```
浓溶液浓度 c₁ ╲         ╱ 浓溶液体积份数 (c - c₂)
              所需浓度 c
稀溶液浓度 c₂ ╱         ╲ 稀溶液体积份数 (c₁ - c)
```

将浓溶液与稀溶液按体积份数的比例混合，就得到所需浓度的溶液，再按照相应比例调整即得所需体积。

[例 3-12] 现有 $\varphi_1 = 0.85$ 和 $\varphi_2 = 0.05$ 的酒精，怎样配制 $\varphi = 0.75$ 的酒精 500 mL？

解： 根据十字交叉法，有

```
     0.85                 体积份数:0.75-0.05 = 0.70
            0.75
     0.05                 体积份数:0.85-0.75 = 0.10
```

配制方法:取 $\varphi_1 = 0.85$ 酒精 70 mL 与 $\varphi_2 = 0.05$ 酒精 10 mL 混合,得到 80 mL $\varphi = 0.75$ 酒精,或者把 $\varphi_1 = 0.85$ 与 $\varphi_2 = 0.05$ 的两种浓度的酒精按 70∶10(即 7∶1)的比例混合得到 $\varphi = 0.75$ 的酒精。例如,配制 500 mL $\varphi = 0.75$ 酒精时,两种浓度酒精的体积分别为

$$V_{\varphi_B(0.85)} = 500 \text{ mL} \times \frac{70}{70+10} = 437.5 \text{ mL}$$

$$V_{\varphi_B(0.05)} = 500 \text{ mL} \times \frac{10}{70+10} = 62.5 \text{ mL}$$

必须注意:

① 可用于加入溶剂稀释溶液或加入溶质(固体物质)增大溶液浓度以及两种不同浓度溶液混合。

② 十字交叉法适用于以质量分数表示的浓度形式。当用于以 c_B、ρ_B、φ_B 等浓度形式表示的溶液时,只能得到近似值。且三种溶液浓度的表示方法必须相同。

第三节　稀溶液的依数性

溶质溶解在溶剂中形成溶液,溶解作用使溶质和溶剂的某些性质发生了变化。溶液的性质可分为两类:一类取决于溶质的本性,如溶液的密度、颜色、体积、导电性、酸碱性、表面张力等;另一类与溶质的本性无关,只与溶液中所含溶质粒子数的多少有关,如溶液的蒸气压下降、沸点升高、凝固点降低和渗透压等,这类性质具有一定的规律性,但其变化规律只适用于稀溶液,故称为稀溶液的依数性。稀溶液的依数性对细胞内外物质的交换和运输、临床输液、水及电解质代谢等问题,具有一定的理论指导意义。本节重点讨论难挥发性非电解质稀溶液的依数性。

一、溶液的蒸气压下降

在一定温度下,将纯液体置于真空容器中,当液体蒸发速度与凝聚速度达到平衡时,液面上方蒸气的压强称该液体在该温度下的饱和蒸气压(p),简称蒸气压,常用单位为 kPa。蒸气压与温度和液体的本性有关,温度升高,蒸气压增大。易挥发性物质蒸气压大,难挥发性物质蒸气压小。固体物质也具有一定的蒸气压,但一般较小。

在一定的温度下,纯水的蒸气压是一个定值。若在纯水中溶入少量难挥发性非电解质(如蔗糖、甘油等)后,则发现在同一温度下,稀溶液的蒸气压总是低于纯溶剂

的蒸气压,这种现象称为蒸气压下降,如图 3-1 所示。

由于溶质是难挥发性的物质,因此溶液的蒸气压实际上是溶液中溶剂的蒸气压。稀溶液蒸气压下降的原因可以从两个方面来解释:一方面,溶质分子占据着一部分溶液表面,在单位时间内逸出液面的溶剂分子数目相对减少;另一方面,在溶剂中加入了难挥发性的非电解质后,每个溶质分子与若干个溶剂分子相结合,形成了溶剂化分子,溶剂化分子束缚了一些能量较高的溶剂分子。因此,达到平衡时,溶液的蒸气压低于纯溶剂的蒸气压,且浓度越大,蒸气压下降越多。

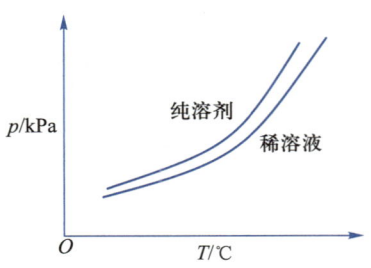

图 3-1　纯溶剂和稀溶液的饱和蒸气压曲线

若某温度下,纯溶剂的蒸气压为 p^*,溶液的蒸气压为 p,p^* 与 p 的差值就称之为溶液的蒸气压下降,一般用 Δp 表示,即

$$\Delta p = p^* - p \tag{3-14}$$

一定温度下,难挥发性非电解质稀溶液的蒸气压下降与溶质的质量摩尔浓度成正比,而与溶质的种类和本性无关,称拉乌尔定律,其数学表达式为

$$\Delta p = K \cdot b_B \tag{3-15}$$

式中的 b_B 为溶质的质量摩尔浓度(mol/kg),K 为比例常数。

二、溶液的沸点升高

液体的蒸气压随温度升高而增加,当液体的蒸气压等于外界压强时,液体就会沸腾,此时的温度就是液体的沸点,常用 T_b^* 表示。例如,纯水在标准大气压下即 101.3 kPa 时,沸点为 100 ℃。如果在纯水中加入一种难挥发性的弱电解质,则溶液的蒸气压下降,而沸点升高,如图 3-2 所示。由于溶液的蒸气压低于纯溶剂,所以在 T_b^* 时,溶液的蒸气压小于外界压强,温度需要继续升高到 T_b 时,溶液的蒸气压才等于外界压强,此时溶液沸腾。这种现象称为溶液的沸点升高。

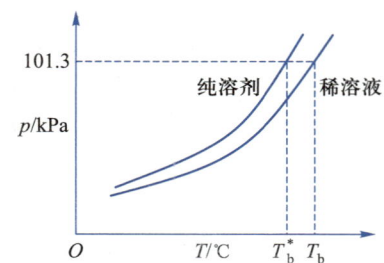

图 3-2　溶液的沸点升高曲线

溶液的沸点升高的数值 ΔT_b 等于溶液的沸点 T_b 与纯溶剂的沸点 T_b^* 之差,即

$$\Delta T_b = T_b - T_b^* \tag{3-16}$$

溶液的沸点升高根本原因是溶液的蒸气压下降,所以,溶液浓度越大,蒸气压下降得越多,沸点升高就越多。因此,难挥发性非电解质稀溶液的沸点升高也近似地与溶质的质量摩尔浓度成正比,即

$$\Delta T_b = K_b \cdot b_B \quad (3-17)$$

式中，K_b 称为沸点升高常数，单位为 K·kg/mol。几种常见溶剂的 T_b 和 K_b 值见表 3-2。这个数值只取决于溶剂，而与溶质无关。利用沸点升高，可以测定溶质的分子量。在实验中还常常利用沸点升高现象用较浓的盐溶液来作高温热浴。

表 3-2　几种常见溶剂的 T_b 和 K_b 值

溶剂	沸点 T_b/K（或 t/℃）	K_b/(K·kg·mol^{-1})
水	373.15(100)	0.512
乙醇	351.65(78.5)	1.22
丙酮	329.35(56.2)	1.71
四氯化碳	349.75(76.6)	5.03
乙酸	391.05(117.9)	3.07
苯	353.25(80.1)	2.53
萘	491.15(218.0)	5.80

微课

溶液的沸点升高

三、溶液的凝固点降低

液态纯物质的凝固点是指在一定的外压下（通常为 101.3 kPa），该物质的液相和固相的蒸气压相等时，即固-液两相平衡共存时的温度。如图 3-3 所示，纯溶剂的固态和液态达平衡点时的温度就称之为纯溶剂的凝固点，一般用 T_f^* 表示。对于纯水来说，这个点就是冰-水两相共存点，水和冰蒸气压相等时的蒸气压为 0.610 5 kPa，此时的温度为 273.15 K，即 0 ℃，这个温度就是水的凝固点。如果在纯水中加入一种难挥发性的非电解质，则会出现凝固点降低的现象。

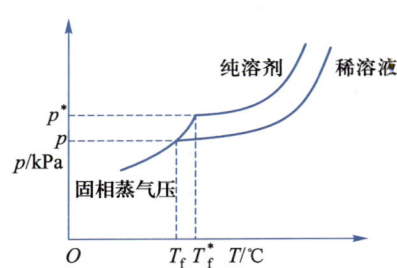

图 3-3　溶液的凝固点降低曲线

这是由于溶液的蒸气压低于纯溶剂，在温度为 T_f^* 时，固、液两相的蒸气压不相等，溶剂尚未凝固，需要温度继续降低到 T_f 时，固、液两相的蒸气压才相等。因此，溶液的凝固点比纯溶剂的凝固点低，这种现象称为溶液的凝固点降低。

溶液的凝固点降低的值 ΔT_f 等于纯溶剂的凝固点 T_f^* 与溶液的凝固点 T_f 之差，即

$$\Delta T_f = T_f^* - T_f \quad (3-18)$$

溶液的凝固点降低与沸点升高一样，本质上都是由于溶液的蒸气压下降所引起的。因此，对于难挥发性非电解质的稀溶液，凝固点降低值 ΔT_f 与溶液质量摩尔浓度成正比，而与溶质的种类和性质无关。即

$$\Delta T_f = K_f \cdot b_B \quad (3-19)$$

式中，K_f 称为凝固点降低常数，单位为 K·kg/mol。几种常见溶剂的 T_f 和 K_f 值见

表 3-3 中。由于凝固点降低常数一般较大,误差小,因此利用凝固点降低的方法测定分子量也是一种应用广泛的方法。

表 3-3 几种常见溶剂的 T_f 和 K_f 值

溶剂	沸点 T_f/K(或 t/℃)	K_f/(K·kg·mol^{-1})
水	273.15(0)	1.86
环己烷	279.65(6.5)	20.20
苯	278.50(5.35)	5.12
硝基苯	278.85(5.70)	6.90
乙酸	289.75(16.6)	3.90
四氯化碳	250.20(−22.95)	29.8
萘	353.45(80.30)	5.12

溶液的凝固点降低

四、溶液的渗透压

(一)渗透现象和渗透压

将一滴红墨水滴入一杯纯水中,不久杯子中的水就会变成红色,最后得到浓度均匀的溶液,此过程称为扩散。扩散是物质自发地由高浓度向低浓度迁移的现象,扩散现象不仅存在于溶质与溶剂之间,也存在于不同浓度的溶液之间。扩散是在直接接触时发生。若用一种只允许溶剂分子透过而溶质分子不能透过的半透膜,把纯溶剂和溶液隔开,会发生什么现象呢?

如图 3-4(a)所示的连通容器中,连通容器中间用只允许水分子自由透过的半透膜隔开,往左侧盛纯水,往右侧盛葡萄糖溶液,且使连通容器两侧的玻璃柱中所盛的液面高度相等。经过一段时间以后,可以观察到玻璃柱内的两液面高度不再相同,左侧纯水液面下降,右侧葡萄糖溶液液面升高,如图 3-4(b)所示,说明纯水中有一部分水分子透过半透膜进入了溶液。若将纯水换成稀溶液,浓溶液一侧的液面也会升高。这种溶剂分子透过半透膜从纯溶剂进入溶液或从稀溶液进入浓溶液的现象称为渗透

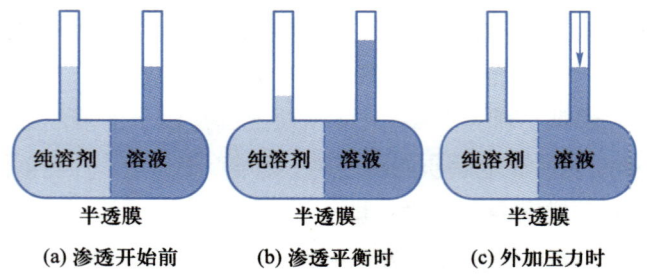

图 3-4 渗透现象和渗透压

现象,简称渗透。

由此可见,产生渗透现象必须具备两个必要条件:一是有半透膜存在;二是半透膜两侧溶液存在浓度差。半透膜是一种只允许某些物质透过,而不允许另一些物质透过的薄膜。半透膜的种类多种多样,通透性也不相同,动植物的细胞膜、毛细血管壁、膀胱膜、肠衣、人工制得的羊皮纸、火棉胶、玻璃纸等都具有半透膜的性质。

渗透现象之所以会产生,是由于膜两侧单位体积内水分子数目不等,水分子在单位时间内从纯水(或稀溶液)进入溶液(或浓溶液)的数目,要比溶液(或浓溶液)中水分子在同一时间内进入纯水(或稀溶液)的数目多,因而产生了渗透现象。然而随着渗透的进行,溶液端水柱逐渐升高,水柱产生的静水压使得单位时间内进、出的水分子数目渐趋接近,当溶剂分子透过半透膜向两个方向移动的速率相等时,液柱高度不再变化,体系达到渗透平衡。

为了阻止渗透现象的发生,须在溶液的液面上施加一额外的压力才能实现,如图3-4(c)所示。这种施加于溶液液面上恰能阻止渗透现象产生的压力称为渗透压,用符号 Π 表示,其单位是 Pa 或 kPa。如果被半透膜隔开的是两种不同浓度的溶液,这时液柱产生的静液压,既不是浓溶液的渗透压,也不是稀溶液的渗透压,而是这两种溶液渗透压之差。渗透压是溶液本身固有的性质之一,是通过膜指向溶液的单位面积上的力,不管是否额外施加,也不管半透膜两侧溶液浓度是多少,无论有无半透膜,它都始终存在,且为定值,只是不一定表现出来。因此,渗透压是溶液的一种重要性质,凡是溶液都有渗透压。

若选用一种高强度且耐高压的半透膜将纯溶剂与溶液隔开,在溶液的液面上施加一大于该溶液渗透压的外压,溶液中的溶剂将透过半透膜向纯溶剂渗透,这种渗透逆向进行的过程称为反向渗透。反向渗透可用于海水、苦咸水中提取淡水,硬水的软化处理,三废治理中污水处理,食品、医药和化学工业的物质提纯、浓缩、分离。医学上还利用反向渗透技术进行血液透析(洗肾)。

溶液的渗透现象和渗透压

(二)渗透压与浓度和温度的关系

渗透压的大小与溶液的浓度和温度有关。1886 年,荷兰物理学家范特霍夫(Van't Hoff)总结大量实验数据得出一条规律:难挥发性非电解质稀溶液的渗透压与溶液的浓度和热力学温度成正比,这条规律称为范特霍夫定律。用公式表示如下:

$$\Pi = c_B RT \qquad (3-20)$$

式中,Π 为溶液的渗透压,单位是 Pa 或 kPa;c_B 为难挥发性非电解质稀溶液的物质的量浓度,常用单位为 mol/L 或 mmol/L;T 为热力学温度,单位为 K;R 为摩尔气体常数,$R = 8.314$ kPa·L/(mol·K)。

范特霍夫公式表明,在一定温度下,稀溶液的渗透压与单位体积溶液中所含溶质的粒子数(分子数或离子数)成正比,而与溶质的本性无关。

微课

溶液的渗透压与浓度的关系

范特霍夫定律适用于难挥发性非电解质稀溶液渗透压的计算。对于电解质来说，由于电解质在溶液中发生解离，使得溶液中粒子总浓度大于电解质本身的浓度，所以在计算电解质溶液的渗透压时，需要考虑电解质的解离因素，为此在范特霍夫公式中引入一个校正系数 i（i 又称范特霍夫系数），即

$$\Pi = ic_B RT \tag{3-21}$$

对于非电解质来说，$i = 1$；对于强电解质来说，i 为 1 分子强电解质在溶液中解离出的离子总个数。例如，NaCl 溶液，$i = 2$；$CaCl_2$ 溶液，$i = 3$；Na_2CO_3 溶液，$i = 3$；Na_3PO_4 溶液，$i = 4$。

（三）渗透压在医学上的意义

渗透作用是自然界的一种普遍现象，广泛存在于动植物的生理活动中，对于人体保持正常的生理功能也具有十分重要的意义。

1. 渗透浓度

人体的体液是一个复杂的溶液体系，体液中有非电解质分子，也有电解质解离的离子，它们都具有渗透作用。医学上，将溶液中能产生渗透作用的所有溶质粒子的总浓度称为渗透浓度，用符号 c_{OS} 表示，其常用单位为 mol/L 和 mmol/L。正常人血浆、组织间液和细胞内液中各种渗透活性的浓度见表 3-4，正常人体血浆的渗透浓度平均值约为 303.7 mmol/L。通过实际测得，正常人体血浆的总渗透压为 720~820 kPa，考虑正常人体温为 37 ℃，将人体血浆中能产生渗透作用的所有溶质粒子的总浓度设为 c_B，代入式（3-20），求得正常人体血浆的总渗透浓度为 280~320 mmol/L。

表 3-4　正常人血浆、组织间液和细胞内液中各种渗透活性物质的浓度

渗透活性物质	血浆中的浓度 mmol/L	组织间液中的浓度 mmol/L	细胞内液中的浓度 mmol/L
Na^+	144	137	10
K^+	5	4.7	141
Ca^{2+}	2.5	2.4	—
Mg^{2+}	1.5	1.4	31
Cl^-	107	112.7	4
HCO_3^-	27	28.3	10
HPO_4^{2-} / $H_2PO_4^-$	2	2	11
SO_4^{2-}	0.5	0.5	1
磷酸肌酸	—	—	45
肌肽	—	—	14
氨基酸	2	2	8

续表

渗透活性物质	血浆中的浓度 mmol/L	组织间液中的浓度 mmol/L	细胞内液中的浓度 mmol/L
肌酸	0.2	0.2	9
乳酸盐	1.2	1.2	1.5
三磷酸腺苷	—	—	5
一磷酸己糖	—	—	3.7
葡萄糖	5.6	5.6	—
蛋白质	1.2	0.2	4
尿素	4	4	4
总计	303.7	302.2	302.2

2. 等渗、低渗和高渗溶液

以正常人血浆的渗透浓度为标准,医学上规定:渗透浓度为 280~320 mmol/L 的溶液称为等渗溶液,渗透浓度低于 280 mmol/L 的溶液称为低渗溶液;渗透浓度高于 320 mmol/L 的溶液称为高渗溶液。临床常用的生理盐水(9 g/L 的 NaCl 溶液)、50 g/L 的葡萄糖溶液和 12.5 g/L 的 $NaHCO_3$ 溶液均为等渗溶液。

临床上为病人输液时,通常使用等渗溶液。若输液时大量使用高渗溶液或低渗溶液,由于发生渗透作用,可使细胞变形或破坏,使其丧失正常的生理功能。这可通过红细胞在不同浓度 NaCl 溶液中形态变化为例加以说明,见图 3-5。

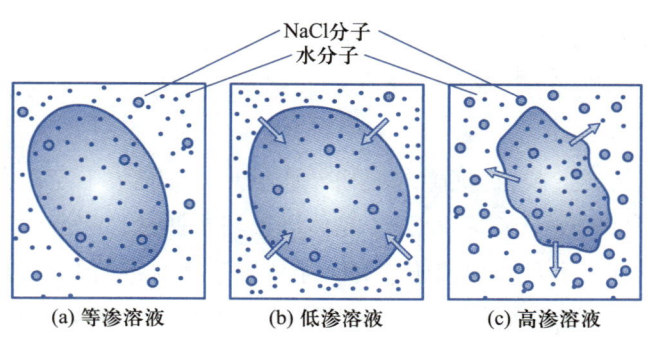

(a) 等渗溶液　　(b) 低渗溶液　　(c) 高渗溶液

图 3-5　红细胞在不同浓度 NaCl 溶液中的形态

将红细胞置于渗透浓度为 280~320 mmol/L 的 NaCl 等渗溶液中,在显微镜下观察,红细胞的形态没有发生变化[(图 3-5(a)]。这是由于 NaCl 等渗溶液与红细胞内液的渗透压相等,细胞内外处于渗透平衡状态。将红细胞置于渗透浓度低于 280 mmol/L 的 NaCl 低渗溶液中,在显微镜下观察,红细胞逐渐胀大,最后破裂[图 3-5(b)],释出血红蛋白使溶液呈浅红色,这种现象在医学上称为溶血。这是因为 NaCl 低渗溶液的渗透压小于红细胞内液的渗透压,NaCl 溶液中的水分子透过细胞内,而使红细胞胀破。将红细胞置于渗透浓度高于 320 mmol/L 的 NaCl 高渗溶液中,在显微镜下观察,红细胞逐渐皱缩[图 3-5(c)],这种现象称为胞浆分离。皱缩后的细胞失去了弹性,当它们相互碰撞时,就有可能粘连在一起而形成血栓。这是因为红细胞内液的渗透压低于 NaCl 高渗溶液的渗透压,红细胞内液中的水分子透过细胞膜进入 NaCl 溶液,而使红细胞皱缩。

溶血现象和血栓的形成在临床上都可能造成严重的后果。因此在临床治疗中,给病人大量输液时,应使用等渗溶液,以维持机体正常的渗透压,保持血管内外及细胞内外的渗透平衡,维持细胞的正常形态与功能。给病人换药时,通常用与组织细胞液等渗的生理盐水冲洗伤口,如用纯水或高渗盐水则会引起疼痛。配制的眼药水必须与房水渗透压相同,否则会刺激眼睛而引起疼痛。

由于临床上某些疾病治疗的需要,有时也使用高渗溶液,使用时,必须严格控制用量和滴注速度,避免治疗时发生意外。

3. 晶体渗透压和胶体渗透压

血浆等生物体液是电解质(如 NaCl、KCl、$NaHCO_3$ 等)、小分子物质(如葡萄糖、尿素、氨基酸等)和高分子物质(蛋白质、核酸等)溶解于水而形成的复杂的混合物。在医学上,习惯把电解质、小分子物质统称为晶体物质,它们产生的渗透压称为晶体渗透压;把高分子物质称为胶体物质,它们产生的渗透压称为胶体渗透压。血浆中小分子晶体物质质量浓度约为 7.5 g/L,高分子胶体物质的质量浓度约为 70 g/L。小分子晶体物质含量虽少,但由于它们的分子量小,有的又可解离成离子,单位体积血浆中的质点数多。因此,人体血浆的渗透压主要来源于晶体渗透压(约占 99.5%),胶体渗透压仅为 2.9~4.0 kPa。由于人体内的半透膜(如毛细血管壁和细胞膜)的通透性不同,晶体渗透压和胶体渗透压在维持体内水盐平衡功能上也不相同。

细胞膜是生物半透膜,将细胞内液和外液隔开。细胞膜不允许蛋白质等高分子自由通过,也不允许 Na^+、K^+ 等小分子晶体物质自由通过,只允许水分子自由通过。由于晶体渗透压远大于胶体渗透压,因此,晶体渗透压对维持细胞内、外水盐平衡起主要作用。如果人体由于某种原因而缺水时,细胞外液中盐的浓度将相对升高,晶体渗透压增大,于是使细胞内液的水分子通过细胞膜向细胞外液渗透,造成细胞失水。如果大量饮水或输入过多的葡萄糖溶液,则使细胞外液中盐的浓度降低,晶体渗透压减小,细胞外液的水分子向细胞内液中渗透,严重时可产生水中毒。

毛细血管壁也是一种半透膜,隔开血浆和组织间液,它能让小分子的水、葡萄糖、尿素、氨基酸和离子自由通过,因此,血浆和组织间液间渗透压差及水盐平衡取决于胶体渗透压。如果因某种原因导致血浆蛋白质减少,血浆的渗透压降低,血浆中的水分子和其他小分子、离子就会透过毛细血管壁进入组织间液,导致血容量(人体血液总量)降低,组织间液增多,这是形成水肿的原因之一。临床上对大面积烧伤或由于

渗透压在医学中的应用

失血过多而造成血容量降低的患者进行补液时,除补以生理盐水外,还须同时输入血浆或右旋糖酐等代血浆,才能恢复血浆胶体渗透压和增加血容量。

[化学与医药学]

血 液 透 析

肾是人体的重要器官,能生成尿液,借以清除体内代谢产物及某些废物、毒物,同时经重吸收功能保留水分及其他有用物质,如葡萄糖、蛋白质、氨基酸、钠离子、钾离子、碳酸氢钠等,以调节水、电解质平衡及维护酸碱平衡。同时,肾还能生成肾素、促红细胞生成素、活性维生素 D_3、前列腺素、激肽等内分泌激素。肾的这些功能,保证了机体内环境的稳定,使新陈代谢得以正常进行。肾病患者由于肾功能障碍,血液中大量的代谢废物,不能通过肾随尿液自然排出体外,致使其在血液中的浓度不断增高,严重时会由于尿毒症而危及生命。因此需要按时做血液透析排出废物。

血液透析,简称血透,是血液净化技术的一种。它是将患者的血液和透析液同时引进透析器(两者的流动方向相反),利用透析器的半透膜,通过弥散、超滤、吸附和对流原理进行物质交换,清除体内的代谢废物、维持电解质和酸碱平衡,同时清除体内过多的水分,并将经过净化的血液回输到人体,替代肾的排泄功能,达到净化血液和纠正水电解质及酸碱平衡的目的。

血液透析疗法是一种相对安全、简便易行、应用广泛的血液净化方法,常用于急性或慢性肾功能衰竭、急性药物或毒物中毒等的治疗。血液透析的目的,在于替代肾衰竭所失去的部分生理功能,维系生命。因此,血液透析并不能治愈尿毒症或肾衰竭。

第四节 胶体溶液

分散质粒子大小为 1~100 nm 的分散系称为胶体分散系,胶体分散系包括溶胶和高分子溶液。固态分散质分散到液态分散剂中形成的胶体分散系称为溶胶,溶胶的分散质粒子是由许多小分子、离子或原子聚集而成的胶粒,高度分散在不相溶的介质中,属于非均相体系,如 $Fe(OH)_3$ 溶胶、AgI 溶胶等。溶胶不是一类特殊的物质,而是任何物质都可能存在的一种状态。如 NaCl 溶解在水中是溶液,在苯中则可能形成溶胶。高分子溶液的分散质粒子是单个高分子,属于均相体系,如蛋白质溶液、核酸溶液等。在医学领域,胶体广泛应用于药物传递、诊断和组织工程等方面。

一、溶胶的性质

(一) 光学性质

将一束强光射入溶胶时,从光束的垂直方向可以看到一条发亮的光柱,这种现象称为丁铎尔现象。丁铎尔现象的本质是光的散射。当光线照射到分散质粒子上时,可以发生两种情况,一种是入射光的波长小于分散质粒子时,便会发生光的反射;另一种是入射光的波长大于分散质粒子时,便会发生光的散射。可见光波长为 400~760 nm,胶体粒子为 1~100 nm,可见光通过胶体时就会有明显的散射现象,每个粒子就成为一个发光点,从光束垂直方向可看到一条光柱。当光通过以小分子或离子存在的溶液时,由于溶质的粒子太小,散射现象不明显。因此,可以根据丁铎尔现象区分溶胶和真溶液。

(二) 动力学性质

在超显微镜下可以观察到溶胶中分散质粒子在不断地做无规则运动,这种运动称为布朗运动。布朗运动的产生是由于分散剂分子的热运动不断地从各个方向撞击这些胶粒,而在每一瞬间受到的撞击力在各个方向又是不同的,因而胶粒时刻以不同的速度、沿着不同方向做无规则的运动。胶粒质量越小,温度越高,布朗运动越激烈。布朗运动是溶胶稳定的原因之一。

(三) 电学性质

在外加电场的作用下,胶体的微粒在分散剂中向阴极(或阳极)做定向移动的现象称为电泳。电泳现象说明胶粒是带有电荷的,通常大多数金属氧化物、金属氢氧化物溶胶的胶粒带正电荷,如氢氧化铁、氢氧化铝等;金、银、铂、硫、硫化砷、硅胶等胶粒带负电荷。在临床检验中,常用电泳法分离血清中的各种蛋白质,为医生诊断疾病提供依据。

二、胶团的结构

溶胶的性质与其内部结构有关。溶胶分散质粒子的核心称为胶核,它是许多个原子或分子聚集成的固体粒子。胶核能够选择性地吸附和它组成相类似的离子,因而使胶核表面带电荷,这种决定胶体带电荷的离子称为电位离子,带有电位离子的胶核,由于静电引力的作用,能吸引溶液中部分带有相反电荷的离子(称为反离子)。电位离子、部分反离子和溶剂分子一同构成吸附层。胶核和吸附层合称胶粒。在胶粒中,由于吸附层的反离子不能完全中和电位离子的电荷,所以胶粒是带电荷的。在吸附层的外面,还有少量的反离子疏散地分布在胶粒周围,称为扩散层。吸附层和扩散层的整体称为扩散双电层。胶核、吸附层和扩散层共同构成胶团。在胶团中,扩散层与胶粒所带电荷相反、电量相等,使得整个胶团呈电中性。现以稀 $AgNO_3$ 与过量的稀 KI 溶液反应制备的 AgI 溶胶为例,来说明胶团的结构。$(AgI)_m$ 为胶核,由于 KI 过量,胶核表面优先吸附 n 个 I^- 而带负电荷,静电吸引 $n-x$ 个 K^+ 在周围的介质中形成吸附层。另外还有 x 个的 K^+ 疏散地分布在胶粒周围形成扩散层。KI 过量时形成的 AgI 胶团结构见图 3-6。

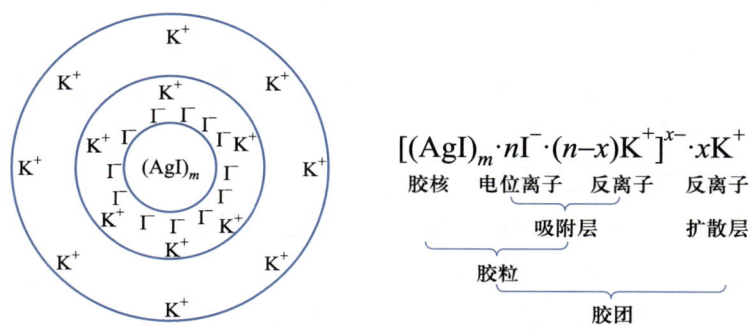

图 3-6　KI 过量时形成的 AgI 胶团结构示意图

常见的氢氧化铁、三硫化二砷和硅胶的胶团结构式可表示如下:

$$[(Fe(OH)_3)_m \cdot nFeO^+ \cdot (n-x)Cl^-]^{x+} \cdot xCl^-$$

$$[(As_2S_3)_m \cdot nHS^- \cdot (n-x)H^+]^{x-} \cdot xH^+$$

$$[(SiO_2)_m \cdot nSiO_3^{2-} \cdot 2(n-x)H^+]^{2x-} \cdot 2xH^+$$

三、溶胶的稳定性和聚沉

(一) 溶胶的稳定性

溶胶本质上是不稳定体系,但很多溶胶却能在较长时间内保持稳定,溶胶的相对稳定性,主要是由下述因素决定的。

1. 胶粒带电荷

胶核选择性地吸附溶液中的离子,同一溶胶中的胶粒带有同种电荷,带同种电荷的胶粒之间相互排斥而不易聚集。带电荷越多,斥力越大,胶粒越稳定。胶粒带电荷是溶胶相对稳定的主要原因。

2. 溶剂化作用

电位离子与反离子在水中能吸引水分子形成水合离子,所以胶核外面就形成了一层水化层,称为溶剂化作用。当胶粒相互接近时,将使水化层受到挤压而变形,即水化层表现出弹性,这成为胶粒接近的机械阻力,因此溶胶的稳定性与胶粒的水化层厚度有密切关系,水化层越厚,胶粒越稳定。

另外,布朗运动可使胶粒不因重力作用而沉降,这也是溶胶的稳定因素之一。

(二) 溶胶的聚沉

当溶胶的稳定因素受到破坏,胶粒相互碰撞聚集成较大的颗粒而沉降,从介质中沉淀出来,此现象称为溶胶的聚沉。引起溶胶聚沉的因素很多,如加热、辐射、加入电解质等。其中最主要的是加入电解质所引起的聚沉。

1. 加入电解质

溶胶对电解质非常敏感,电解质对溶胶的聚沉作用主要是改变胶粒的电位。电解质加入后,使扩散层中的反离子更多地进入吸附层,电位的绝对值随之降低,扩散层随之变薄,溶胶的稳定性下降,最终导致聚沉。

不同的电解质对溶胶的聚沉能力不同。电解质聚沉能力的大小,常用临界聚沉浓度(聚沉值)表示。临界聚沉浓度就是使一定量溶胶在一定时间内发生聚沉所需电解质溶液的最小浓度,单位为 mmol/L。显然,临界聚沉浓度越小,聚沉能力越强。舒茨 - 哈迪(Schulze-Hardy)研究了电解质离子的价数和浓度对溶胶聚沉的影响,得出:使溶胶聚沉的电解质有效部分是与胶粒带相反电荷的离子,反离子的价数越高,聚沉能力越强。对一价、二价、三价反离子而言,其聚沉值约与反离子价数的六次方成反比,即

$$Me^+ 聚沉值 : Me^{2+} 聚沉值 : Me^{3+} 聚沉值 \approx 1 : (1/2)^6 : (1/3)^6$$

例如,$NaCl$、$CaCl_2$、$AlCl_3$ 三种电解质对 As_2S_3 负溶胶的聚沉能力比为

$$Na^+ 聚沉能力 : Ca^{2+} 聚沉能力 : Al^{3+} 聚沉能力 \approx 1 : 80 : 500$$

2. 异性电荷溶胶互沉

将两种带相反电荷的溶胶以适当的数量混合,带异性电荷的胶粒会相吸、中和而发生聚沉。例如,净化天然水时,常在水中加入适量的明矾,因为天然水中悬浮的胶粒多带负电荷,而明矾水解产生的 $Al(OH)_3$ 溶胶的胶粒却是带正电荷的,它们的粒子互相中和凝结而聚沉,因而使水净化。

3. 加热

加热可以使胶粒运动加剧,增加胶粒相互接近或碰撞的机会,同时降低了胶核对离子的吸附作用和水合程度,促使溶胶聚沉。例如,将 $Fe(OH)_3$ 溶胶适当加热后,可观察到红褐色 $Fe(OH)_3$ 沉淀析出。

四、高分子溶液

(一) 高分子溶液的概念及特性

高分子化合物的分子量很大,通常为 $10^4 \sim 10^6$。蛋白质、核酸、糖原等都是与生命

有关的生物高分子,其他如天然橡胶、聚苯乙烯等高聚物和天然木质素等非高聚物。当高分子化合物溶解在适当的溶剂中,就形成高分子化合物溶液,简称高分子溶液。虽然高分子溶液因为其分散质粒子的直径与胶粒大小相近,某些性质与溶胶类似,如扩散速率慢、不能透过半透膜等,可是其本质是真溶液,性质在很大程度上取决于高分子化合物的结构特点及其在分散剂中的存在状态,因此与溶胶的性质又有不同。表3-5归纳比较了高分子溶液和溶胶性质的差异。

表3-5 高分子溶液与溶胶性质的比较

高分子溶液	溶胶
均相分散系	非均相分散系
稳定,不需加稳定剂	不稳定,需加稳定剂
黏度和渗透压较大	黏度和渗透压小
分散质与分散剂亲和力强	分散质与分散剂亲和力小
丁铎尔现象不明显	丁铎尔现象明显
加入少量电解质无影响,加入较多电解质时能引起盐析	加入少量电解质即可产生聚沉

(二) 高分子溶液的盐析和对溶胶保护作用

1. 高分子溶液盐析

高分子溶液具有一定的抗电解质聚沉能力,加入少量的电解质时,它的稳定性并不受影响。这是因为在高分子溶液中,本身带有较多的可解离或已解离的亲水基团,如—OH,—COOH,—NH_2等。这些基团具有很强的水化能力,它们能使高分子化合物表面形成较厚的水化膜,从而稳定地存在于溶液之中,不易聚沉。要使高分子化合物从溶液中聚沉出来,必须加入大量的电解质,破坏水化膜,使高分子溶液失去稳定性,而发生聚沉。像这种通过加入大量电解质使高分子化合物聚沉的作用称为盐析。加入乙醇、丙酮等溶剂,也能将高分子溶质沉淀出来。因为这些溶剂也像电解质的离子一样有强的亲水性,会破坏高分子化合物的水化膜。在研究天然产物时,常常用盐析和加入乙醇等溶剂的方法来分离蛋白质和其他的物质。

2. 高分子溶液对溶胶的保护作用

在溶胶中加入适量的高分子溶液,就会提高溶胶对电解质的稳定性,这就是高分子溶液对溶胶的保护作用。在溶胶中加入高分子化合物后,多个高分子化合物分子附着在胶粒表面一方面可提高胶粒的溶解度,另一方面可以在胶粒表面形成高分子保护膜,以增强溶胶的抗电解质的能力。所以高分子化合物经常被用来作溶胶的保护剂。高分子溶液对溶胶的保护作用在生理过程中具有重要的意义。例如,在健康人的血液中所含的碳酸镁、磷酸钙等难溶盐,都是以溶胶状态存在的,并被血清蛋白等保护着。当人生病时,保护物质在血液中的含量减少了,这样就有可能使溶胶发生聚沉而堆积在人身体的各个部位,使新陈代谢作用发生故障,形成肾、肝等结石。

如果在溶胶中加入的高分子化合物较少,就会出现一个高分子化合物同时吸附着几个胶粒的现象。此时非但不能保护溶胶,反而使胶粒互相粘连形成大颗粒,从而失去动力学稳定性而聚沉。这种由于加入高分子溶液,使溶胶稳定性减弱的作用称为絮凝。生产中常常利用高分子溶液对溶胶的絮凝作用进行污水处理和净化、回收矿泥中的有效成分及产品的沉淀分离。

(三) 凝胶

1. 凝胶的形成及分类

在一定条件下,温度下降或浓度增大时,高分子溶液的黏度会逐渐变大,最后失去流动性,形成具有网状结构的半固态物质,这个过程称为胶凝,所形成的半固态物质称为凝胶。例如,将琼脂、明胶、动物胶等物质溶解在热水中,静置冷却后,即变成凝胶。凝胶中包含的溶剂量可以很大,如固体琼脂的含水量仅约0.2%,而琼脂凝胶的含水量可达99.8%。又如凝结的血块中含有大量的水分。其他如人体的肌肉、组织等在某种意义上来说均是凝胶。一方面它们具有一定强度的网状骨架,维持一定的形态;另一方面又可使代谢物质在其间进行物质的交换。

凝胶可分为刚性凝胶和弹性凝胶两大类。刚性凝胶粒子间的交联强,网状骨架坚固,若将其干燥,网孔中的液体可被驱出,而凝胶的体积和外形无明显变化,如硅胶、氢氧化铁凝胶等就属于此类。由柔性高分子化合物形成的凝胶一般是弹性凝胶,如明胶、琼脂等,这类凝胶经干燥后,体积明显缩小而变得有弹性,但如将其干的凝胶再放到合适的液体中,它又会溶胀变大,甚至完全溶解。

2. 凝胶的性质

凝胶的性质与它的网状结构密切相关。凝胶主要有下面的一些性质。

(1) 溶胀

把干燥的弹性凝胶放于合适的液体中,它会自动吸收液体而使其体积增大的现象称为溶胀。如果这种溶胀作用进行到一定的程度便停止,则称为有限溶胀。有的凝胶在液体中的溶胀可一直进行下去,最终使凝胶的网状骨架完全消失而形成溶液,这种溶胀称为无限溶胀。

影响溶胀的内因是凝胶的结构,即高分子化合物的柔性强弱及其交联的连接力强弱。如葡聚糖凝胶以化学键桥连而成的网状骨架相当牢固,这种凝胶在水中仅做有限溶胀。影响凝胶溶胀的外因有温度、介质的pH及溶液中电解质的存在。一般说来,增高温度会加速分子的热运动,削弱交联分子链间的连接强度,使凝胶的溶胀程度增大。有时甚至可使凝胶的网状骨架破裂而成无限溶胀,如琼脂在热水中就是无限溶胀。介质的pH对蛋白质构成的凝胶有很大的影响,通常在偏离蛋白质等电点时,溶胀作用增强;在等电点时,溶胀最小。这与蛋白质在等电点时的水合程度最低有关。

(2) 结合水

凝胶溶胀吸收了水分,与凝胶结合得相当牢固的那部分水称结合水。结合水的介电常数低于纯水,在相同条件下其蒸气压低于纯水,凝固点和沸点也偏离正常值。对凝胶中结合水的研究在生物学中很有意义,如植物的抗旱、抗寒能力可能和上述特征有关。人体肌肉组织中的结合水量随年龄的增加而减小,老年人肌肉组织中的结合水量就低于青壮年。

(3) 脱液收缩(离浆)

将弹性凝胶露置一段时间,一部分液体会自动从凝胶中分离出来,凝胶的体积也逐渐缩小,这种现象称为脱液收缩或称离浆。例如,将琼脂凝胶置于密闭容器内,过相当一段时间,凝胶会收缩并有液体分泌出,临床化验用的人血清就是从放置的血液凝块中慢慢分离出来的。脱液收缩可看成高分子溶液胶凝过程的继续,即组成网状骨架的高分子化合物间的连接点在继续发展增多,使凝胶的体积进一步缩小,于是把液体全挤出网状骨架。

凝胶制品在医学上有广泛应用。如中成药"阿胶"是凝胶制剂;干硅胶是实验室常用的干燥剂。其他如人工半透膜、皮革等都是干凝胶。凝胶在生命科学实验中用得最多的是作为支持介质用于电泳及色谱分离。

目 标 测 试

1. 取 2 g 氢氧化钠溶于 500 mL 水中,求该溶液的物质的量浓度和质量摩尔浓度。

2. 某患者需要补充 0.5 mol 葡萄糖,应输入 50 g/L 葡萄糖溶液多少毫升?

3. 已知浓硫酸的质量分数为 0.96,密度 ρ=1.84 g/mL,试计算浓硫酸的物质的量浓度和质量摩尔浓度。

4. 欲配制 0.2 mol/L 氯化钠溶液 250 mL,需要 5 mol/L 氯化钠溶液多少毫升?如何配制?

5. 计算 9 g/L 生理盐水、50 g/L 葡萄糖溶液、12.5 g/L 碳酸氢钠($NaHCO_3$)溶液和 18.7 g/L 乳酸钠($NaC_3H_5O_3$)溶液的渗透浓度,分析其分别在临床上属于等渗、低渗还是高渗溶液。

6. 什么叫稀溶液的依数性?难挥发性非电解质稀溶液的依数性之间有什么联系?

7. 将 0.02 mol/L 氯化钾溶液 12 mL 和 0.05 mol/L 硝酸银溶液 100 mL 混合以制备氯化银溶胶,试写出此溶胶的胶团结构式。

8. 溶胶具有稳定性的因素有哪些?用什么方法可使溶胶聚沉。

在线测试:
溶液和胶体溶液

第四章 电解质溶液

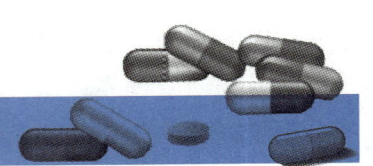

思维导图

电解质溶液
- 电解质
  - 强电解质
  - 弱电解质
    - 解离度
    - 解离平衡
      - 弱酸
      - 弱碱
- 酸碱理论
  - 酸碱电离理论
  - 酸碱质子理论
    - 酸
    - 碱
    - 两性物质
    - 共轭关系
    - 酸碱反应
  - 酸碱电子理论
- 水的解离和溶液的pH
  - 水的解离
    - 水的解离平衡
    - 水的离子积常数
  - 溶液的pH
    - 计算公式
    - 酸碱性判断
      - 酸性
      - 中性
      - 碱性
    - 酸碱指示剂
- 离子反应和盐类的水解
  - 离子反应
    - 离子反应和离子反应方程式
    - 离子反应方程式的书写
    - 离子反应发生的条件
      - 生成难溶性物质
      - 生成难解离物质
      - 生成挥发性物质
  - 盐类的水解
    - 实质：生成弱电解质
    - 类型
      - 强碱弱酸盐
      - 强酸弱碱盐
      - 弱酸弱碱盐
      - 强酸强碱盐
    - 影响因素
    - 意义
- 难溶电解质的沉淀-溶解平衡
  - 沉淀-溶解平衡和溶度积
  - 溶度积规则
    - $Q=K_{sp}$ 平衡
    - $Q>K_{sp}$ 沉淀
    - $Q<K_{sp}$ 溶解

学习目标

知识目标：掌握强弱电解质、水的离子积常数、电离平衡、电离度和盐的水解等基本概念；熟悉酸碱电离理论、酸碱质子理论和酸碱反应的实质，熟悉酸碱指示剂的变色原理；了解盐水解的影响因素及其应用，了解溶度积规则。

能力目标：具有判断电解质强弱及书写电离方程式的能力，会进行溶液酸碱性判断及相关 pH 计算，会使用常见的酸碱指示剂，会判断不同类型盐是否水解及其水溶液的酸碱性。

素质目标：培养举一反三的逻辑思维及严谨求实的科学素养。

电解质是指在熔融状态下或在水溶液中能够导电的化合物，常见的电解质主要有酸、碱、盐三大类。电解质溶液是医学、药学等相关专业的学生不可缺少的知识，人体内有大量的水，还有许多无机盐，这些无机盐大多是强电解质，常以离子的形式存在于人体的组织和体液中，如 K^+、Na^+、Ca^{2+}、Mg^{2+}、Cl^-、HCO_3^-、CO_3^{2-}、$H_2PO_4^-$ 等，它们在维持人体体内酸碱平衡、渗透平衡、体液平衡，以及在肌肉、神经等组织中的生理、生化过程中发挥着重要的作用。因此，学习电解质在溶液中的特性及其变化规律等基本知识具有实际意义。

第一节　弱电解质的解离平衡

一、强电解质和弱电解质

根据在水溶液中或熔融状态下解离程度的大小，电解质可分为强电解质和弱电解质。

（一）强电解质

强电解质是指在水溶液中或熔融状态下完全解离的电解质。其解离过程不可逆，溶液具有较强的导电能力。主要包括离子型化合物（如 NaCl、KCl）和强极性化合物（如 KCl）两大类。例如：

$$NaCl == Na^+ + Cl^- \text{（离子型化合物）}$$

$$HCl == H^+ + Cl^- \text{（强极性化合物）}$$

强电解质在水溶液中完全解离，解离度应为 100%，但实验测得的数据却小于 100%。为了解释上述实验事实，1923 年德拜（Debye）和休克尔（Hückel）提出了离子相互作用理论。该理论认为，强电解质在溶液中是完全解离的，但由于每个离子都处在带相反电荷的离子的包围中,使离子的行动受到了限制。德拜和休克尔将包围在中心离子周围的那些带相反电荷的离子群称为"离子氛"。因此,每个阳离子周围都有一个带负电荷的离子氛;同样在每一个阴离子周围也有一个带正电荷的离子氛。倘若给电解质溶液通电,阳离子应该向负极移动,但它带负电荷的"离子氛"却向正极移动。因此,阳离子向负极迁移的速率显然要减慢,所以表现出来的离子浓度小于强电解质全部解离时应有的浓度,因此导电性测得的解离度小于100%。

此外,在强电解质溶液中,还存在离子缔合的现象,阴、阳离子会部分缔合成离子对。离子对的存在也使自由离子浓度降低,导致溶液的导电性下降。

(二) 弱电解质

在水溶液中或熔融状态下部分解离的电解质称为弱电解质。其解离过程可逆,解离出来的离子和未解离的分子最终将达到动态平衡,溶液导电能力较弱。常见的弱电解质有弱酸(如 HAc、H_2CO_3、HCN 等)、弱碱(如 $NH_3·H_2O$、$Mg(OH)_2$ 等)、水。例如:

电解质的分类

$$HAc \rightleftharpoons H^+ + Ac^-$$

$$NH_3 + H_2O \rightleftharpoons NH_4^+ + OH^-$$

$$H_2O \rightleftharpoons H^+ + OH^-$$

需要注意的是电解质的强弱与溶解度无关,其本质的区别在于它们在水溶液中或熔融状态下的解离程度。例如,有些电解质易溶于水,但却是弱电解质,如醋酸(HAc);有些电解质微溶于水,但却是强电解质,如钡餐($BaSO_4$)、溴化银(AgBr)。

二、弱电解质的解离度和解离平衡

(一) 解离度

弱电解质在一定温度下,当解离反应达到平衡时,溶液中已解离的分子数与电解质分子总数(已解离和未解离)之比,用希腊字母 α 表示。

$$\alpha = \frac{已解离的分子数}{分子总数} \times 100\%$$

解离度单位为 1,省略不写,习惯上用百分率来表示。

解离度是弱电解质解离程度的标志,解离度越大,电解质解离的程度越大。对同一种电解质,解离度也不是恒定的,解离度的大小与下列各因素有关:

① 电解质的性质　不同的电解质解离度不同,电解质解离度主要取决于其分子结构,离子型化合物和强极性共价化合物在水溶液中离子间吸引力减弱,水分子的

吸引力较大,故能完全解离;弱极性共价化合物,由于极性小,水分子对它的吸引力较小,而分子中原子与原子之间结合牢固,不容易解离,所以解离度小。极性越小,化合物解离度越小。

② 溶液的浓度　溶液的浓度越小,电解质的解离度越大。原因是浓度越小,离子间相互碰撞重新结合变成分子的概率越小,所以解离度较大。相反,增大溶液的浓度,则使解离度减小。因此,讨论电解质的解离度时必须指明溶液的浓度。

③ 溶剂的性质　在解离过程中,溶剂所起的作用是很大的,同一种电解质在不同种溶剂中的解离度也不一样。例如,氯化氢在水溶液中解离度很大,因为水是极性分子,但氯化氢在有机溶剂苯中就几乎不解离、因为苯是非极性分子。所以溶剂的极性越大,电解质的解离度也越大。

④ 温度　解离是吸热的过程,所以升高温度解离度会增大。

⑤ 同离子效应(第五章讨论)　相同条件下相同浓度的不同弱电解质溶液,解离度越大,越容易解离。因此,可利用解离度来比较不同电解质解离能力的相对强弱。例如,25 ℃时,0.1 mol/L HAc 和 HCN 的解离度分别为 1.34% 和 0.01%,可以判断 HAc 的解离度大于 HCN 的解离度。

(二) 解离平衡

和所有的化学平衡一样,弱电解质水溶液中同时存在着分子解离成离子和离子结合成分子两个方向的过程,如 HAc 溶于水,解离平衡可以表示为

$$HAc \rightleftharpoons H^+ + Ac^-$$

溶液中一部分 HAc 分子解离为 H^+ 和 Ac^-,随着反应的进行,少量 H^+ 和 Ac^- 又重新结合为 HAc 分子。当解离速度逐渐减慢,结合速度逐渐加快,二者速率相等时,达到弱电解质的解离平衡,平衡时溶液中各离子浓度不再变化。已解离的离子浓度系数次方的乘积与未解离分子浓度的比值是一个常数,即解离平衡常数,用 K_i 表示。弱酸则为酸常数,用 K_a 表示;弱碱则为碱常数,用 K_b 表示。

如 HAc 的酸常数 K_a 的表达式为

$$K_a = \frac{[H^+][Ac^-]}{[HAc]}$$

同样,$NH_3 \cdot H_2O$ 在水溶液中存在以下解离平衡:

$$NH_3 \cdot H_2O \rightleftharpoons NH_4^+ + OH^-$$

$NH_3 \cdot H_2O$ 的碱常数 K_b 表达式为

$$K_b = \frac{[NH_4^+][OH^-]}{[NH_3 \cdot H_2O]}$$

K_a 和 K_b 的大小反映了弱酸、弱碱解离程度的大小,K_a 和 K_b 越大,表示弱酸、弱碱解离程度越大,对应的酸或碱就越强。常见弱酸、弱碱解离平衡常数见附录1。

弱电解质的解离度和解离平衡常数都可以用来表示弱电解质的相对强弱,但解离平衡常数不会受到浓度的影响,只会随弱电解质本性及温度的改变而改变。对于同一种电解质,温度越高,对应的解离平衡常数越大。弱电解质的解离平衡常数和解离度之间的关系为

$$\alpha \approx \sqrt{\frac{K_a}{c}}$$

由上式可知,当 K_a 一定时,溶液浓度越小,α 越大,该式称为稀释定律。

一些弱酸(或弱碱)的 K_a(或 K_b)值很小,使用起来不方便,因此常用 pK_a(pK_b)来代替,它等于酸(或碱)解离平衡常数的负对数:

$$pK_a = -\lg K_a, \quad pK_b = -\lg K_b$$

K_a(或 K_b)越大,pK_a(或 pK_b)越小,酸性(或碱性)越强。

(三) 关于解离平衡的计算

进行解离平衡计算,关键是熟悉解离平衡移动原理和应用化学平衡的计算方法。解离平衡常数的计算与化学平衡常数的计算方法相似,溶液中离子浓度的计算与化学平衡时平衡浓度的计算方法相似,解离度的计算与化学平衡体系中反应物的转化率的计算方法相似。

[**例 4-1**] 已知 25 ℃时,0.1 mol/L 的醋酸解离度 α=1.34%,计算醋酸的解离平衡常数。

解:已知醋酸的起始浓度 $c(HAc) = 0.1$ mol/L,解离度 $\alpha=1.34\%$,则解离平衡时:

$$[H^+] = [Ac^-] = c(HAc) \cdot \alpha = 0.1 \text{ mol/L} \times 1.34\% = 1.34 \times 10^{-3} \text{ mol/L}$$

$$[HAc] = c(HAc) - c(HAc) \cdot \alpha = 0.1 \text{ mol/L} - 0.1 \text{ mol/L} \times 1.34\% = 0.098\ 66 \text{ mol/L}$$

$$K_a = \frac{[H^+][Ac^-]}{[HAc]} = \frac{(0.001\ 34)^2}{0.098\ 66} = 1.8 \times 10^{-5}$$

或直接用上述公式,近似计算:

$$K_i = c_B \alpha^2 = 0.1 \times 0.013\ 4^2 = 1.8 \times 10^{-5}$$

[**例 4-2**] 计算 0.1 mol/L 醋酸中氢离子浓度及解离度($K_a=1.76 \times 10^{-5}$)。

解:已知醋酸的起始浓度为 $c_{始} = 0.1$ mol/L,设解离平衡时,已解离的醋酸浓度为 x mol/L,则醋酸的平衡浓度为

$$[HAc] = c_{始} - x = (0.1-x) \text{ mol/L}$$

$$HAc \rightleftharpoons H^+ + Ac^-$$

起始浓度：$c_{始}/(mol \cdot L^{-1})$　　　0.1　　　0　　0

平衡浓度：$c_{平}/(mol \cdot L^{-1})$　　　0.1$-x$　　x　　x

$$K_a = \frac{[H^+][Ac^-]}{[HAc]} = \frac{x^2}{0.1-x} = 1.76 \times 10^{-5}$$

解此一元二次方程得　　$x = [H^+] = 1.32 \times 10^{-3}$ mol/L。

由于醋酸是弱酸，它的解离度相当小，平衡时未解离的醋酸浓度近似等于醋酸的起始浓度，即 $[HAc] = c_{始} - x \approx c_{始}$。这样上述计算式可简化为

$$K_a = \frac{x^2}{0.1} = 1.76 \times 10^{-5}$$

$$[H^+] = x = \sqrt{1.76 \times 10^{-5} \times 0.1} = 1.33 \times 10^{-3}\ (mol/L)$$

$$\alpha = \frac{x}{c_{始}} \times 100\% = \frac{1.33 \times 10^{-3}}{0.1} \times 100\% = 1.33\%$$

把上式计算推广到一般，则浓度为 $c_{酸}$ 的一元弱酸溶液中，满足 $K_i \cdot c_{酸} \geqslant 20 K_w$ 且 $c_{酸}/K_i \geqslant 500$ 时，计算 $[H^+]$ 的近似公式为

$$[H^+] \approx \sqrt{K_a c_{酸}} \qquad (4-1)$$

可用同样的方法计算弱碱溶液中的 $[OH^-]$，满足 $K_i \cdot c_{碱} \geqslant 20 K_w$ 且 $c_{碱}/K_i \geqslant 500$ 时，导出计算弱碱溶液中 $[OH^-]$ 的近似公式为

$$[OH^-] \approx \sqrt{K_b c_{碱}} \qquad (4-2)$$

[知识拓展]

拉平效应和区分效应

1. 拉平效应

通过溶剂的作用，使不同强度的酸或碱显示同等强度的效应称为拉平效应，具有拉平效应的溶剂称为拉平溶剂。如 $HClO_4$、H_2SO_4、HCl 和 HNO_3 都是强酸，但其强度并不相同，但在水溶液中，这四种酸的强度是基本相等的，因为这四种酸在水溶液中容易给出质子，而水的碱性又足以接受给出的质子，因此它们的酸强度被拉平到 H_3O^+ 的水平了，水称为这四种酸的拉平溶剂。

2. 区分效应

把各种不同强度的酸（或碱）区分开来的效应称为区分效应，具有区分效应的溶剂称

为区分溶剂。例如,在水溶液中上述四种酸的强度基本相等,但在冰醋酸中它们的强度不同,表现为 $HClO_4>H_2SO_4>HCl>HNO_3$,这是因为冰醋酸是弱酸,接受质子的能力较弱,因此这四种酸按照给出质子的能力被区分开,冰醋酸是上述四种酸的区分溶剂。

一般情况下,酸性溶剂是碱的拉平溶剂、酸的区分溶剂;碱性溶剂是碱的区分溶剂、酸的拉平溶剂。

三、多元弱酸的分步解离

在水溶液中能解离出两个或两个以上 H^+ 的弱酸称为多元弱酸,如 H_3PO_4、H_2S、H_2CO_3、H_2SO_3 等。多元弱酸的解离是分步进行的,一级解离得到的酸根叫酸式酸根,如 H_2CO_3 的一级解离产物是 HCO_3^-,叫作酸式碳酸根离子(碳酸氢根离子)。一级解离后的产物还会继续发生二级、三级解离。一般来说,一级解离生成的 H^+ 会对后一级的解离产生同离子效应,使后一级解离出的 H^+ 更少,解离平衡常数大幅度减少。例如:

$$H_2S(aq)+H_2O(l) \rightleftharpoons HS^-(aq)+H_3O^+(aq)$$

$$K_{a1}=\frac{[HS^-][H_3O^+]}{[H_2S]}=1.3\times 10^{-7}$$

$$HS^-(aq)+H_2O(l) \rightleftharpoons S^{2-}(aq)+H_3O^+(aq)$$

$$K_{a2}=\frac{[S^{2-}][H_3O^+]}{[HS^-]}=7.1\times 10^{-15}$$

可见,$K_{a1} \gg K_{a2}$。

[化学与医药学]

防腐剂苯甲酸钠

苯甲酸钠多为白色颗粒,无臭或微带安息香气味,味微甜,有收敛性,易溶于水。苯甲酸钠有杀菌、抑菌作用,是内服液体药剂的防腐剂,有防止药剂变质、延长药剂保质期的效果,也常作为食品的添加剂使用。

苯甲酸钠是弱酸强碱盐,溶于水水解为苯甲酸。苯甲酸钠起防腐作用的是未解离的苯甲酸分子。苯甲酸亲油性强,易通过细胞膜进入细胞内,干扰霉菌和细菌等微生物细胞膜的通透性,阻碍细胞膜对氨基酸的吸收,进入细胞内的苯甲酸分子,酸化细胞内的储碱,抑制微生物细胞内的呼吸酶系的活性从而起到防腐作用。酸性环境能抑制苯甲酸的解离,所以其防腐最佳 pH 是 2.5~4.0。苯甲酸是一种广谱抗微生物试剂,对酵母菌、霉菌、部分细菌作用效果很好。但作为食品防腐剂，用量要严格按照《食品添加剂使用卫生标准》执行，因为用量过多会对人体肝产生危害，甚至致癌。

第二节　酸 碱 理 论

一、酸碱电离理论

19世纪末，瑞典科学家阿伦尼乌斯（Arrhenius）提出了酸碱电离理论。该理论认为：在解离时所产生的阳离子全部是 H^+ 的化合物称为酸；解离时所产生的阴离子全部是 OH^- 的化合物称为碱。H^+ 是酸的特征，OH^- 是碱的特征。酸碱反应的实质就是 H^+ 和 OH^- 反应生成水。水可以解离出 H^+ 和 OH^-，其解离度很小，而且解离出的 $[H^+]=[OH^-]$，所以水既不显酸性，也不显碱性。习惯上把酸碱反应称为酸碱中和反应。

酸碱电离理论从物质的化学组成上揭示了酸碱的本质。但是，它把酸碱反应只限于在水溶液中进行，按酸碱电离理论，离开了水溶液就没有酸碱反应。事实上，有许多酸碱反应是在非水溶液或无溶剂条件下进行的。因此，酸碱电离理论有很大的局限性。

二、酸碱质子理论

（一）酸碱质子理论的基本概念

1923年，丹麦化学家布朗斯特（Bronsted）和英国科学家劳莱（Lowry）提出了酸碱质子理论。酸碱质子理论认为：凡能给出质子（H^+）的物质就是酸，凡能接受质子（H^-）的物质就是碱。例如，HCl、NH_4^+、H_2CO_3 等都能给出质子，它们都是酸；而 Cl^-、NH_3、CO_3^{2-} 等都能接受质子，它们都是碱。

按照酸碱质子理论。酸和碱不是彼此孤立的，它们通过给出或得到质子可以相互转化。例如：

$$酸 \rightleftharpoons 质子 + 碱$$
$$HCl \rightleftharpoons H^+ + Cl^-$$
$$HAc \rightleftharpoons H^+ + Ac^-$$
$$H_2CO_3 \rightleftharpoons H^+ + HCO_3^-$$
$$NH_4^+ \rightleftharpoons H^+ + NH_3$$
$$H_2O \rightleftharpoons H^+ + OH^-$$

酸碱的这种相互依存、相互转化的关系称为共轭关系。通常将在组成上仅差一个质子的一对酸碱称为共轭酸碱对。酸的酸性越强,其共轭碱的碱性就越弱。

有些物质既能给出质子,也能接受质子,这些物质称为两性物质。如 H_2O、HCO_3^-、HPO_4^{2-} 等都是两性物质。氨基酸由于分子中同时含有氨基和羧基,也属于两性物质。

在酸碱质子理论中没有盐的概念,如在酸碱电离理论中 Na_2CO_3 是盐,而在酸碱质子理论中,则认为 CO_3^{2-} 是碱。

(二) 酸碱反应的实质

质子是不能单独存在的,酸失去的质子必须由一种碱来接受,碱只能从其他酸中获得质子。酸给出质子形成其共轭碱,碱得到质子形成其共轭酸。例如,HAc 与 NH_3 的反应:

$$\underset{\text{酸1}}{HAc} + \underset{\text{碱2}}{NH_3} \rightleftharpoons \underset{\text{酸2}}{NH_4^+} + \underset{\text{碱1}}{Ac^-}$$

上述反应中,HAc 将质子传递给 NH_3 而分别转化为 Ac^- 和 NH_4^+。HAc 和生成的 Ac^- 组成一对共轭酸碱对,NH_3 和生成的 NH_4^+ 组成另一对共轭酸碱对。所以,酸碱反应的实质是两对共轭酸碱对之间的质子传递反应。

酸碱反应总是由较强的酸与较强的碱作用,生成较弱的酸和较弱的碱。相互作用的酸、碱越强,反应进行得就越完全。这种质子传递反应可以在水溶液中进行,也可以在非水溶液中或气相中进行。

酸碱质子理论扩大了酸碱的含义及范围,摆脱了酸碱反应必须在水溶液中进行的局限性。但是,酸碱质子理论只限于质子的给出和接受,所以必须含有氢。这就不能解释不含氢的一些化合物的反应。

三、酸碱电子理论

在酸碱质子理论提出的同时,美国化学家路易斯(Lewis)提出了酸碱电子理论。该理论将酸碱定义为:凡是可以接受电子对的物质称为酸(又称路易斯酸),凡是可以给出电子对的物质称为碱(又称路易斯碱)。酸是电子对的接受体,碱是电子对的给予体,酸碱反应的实质是

$$酸 + 碱 \longrightarrow 酸碱配合物$$

例如:

$$H^+ + :OH^- \rightleftharpoons H:OH$$

$$Ni + 4:CO \rightleftharpoons Ni(CO)_4$$
$$Cu^{2+} + 4:NH_3 \rightleftharpoons [Cu(NH_3)_4]^{2+}$$
$$SiF_4 + 2:F^- \rightleftharpoons [SiF_6]^{2-}$$

上述反应中,H^+、Ni、Cu^{2+}、SiF_4 都是电子对的接受体,是路易斯酸;而 $:OH^-$、$:CO$、$:NH_3$、$:F^-$ 都是电子对的给予体,是路易斯碱。

由于化合物中配位键普遍存在,因此酸碱电子理论中酸、碱的范围极其广泛,但难以掌握酸、碱的特征。

第三节　水的解离和溶液的 pH

物质最重要的分类法之一是依据其酸性和碱性来分。研究电解质溶液时也往往涉及溶液的酸碱性,溶液的酸碱性对物质的性质、生理作用和药物的稳定性都具有重大的作用,而且许多药物的本身就是酸或碱。药物的合成、含量的测定及临床工作中的许多操作都需要控制一定的酸碱条件,而电解质溶液的酸碱性与水的解离有着密切的关系。为了从本质上认识溶液的酸碱性,就要了解水的解离情况。

一、水的解离

人们通常认为纯水是不导电的。但用精密仪器测定时,发现水有微弱的导电性,表明水是极弱的电解质,能解离出极少量的 H^+ 和 OH^-。水的解离方程式如下:

$$H_2O \rightleftharpoons H^+ + OH^-$$

精密实验测得:25 ℃时,1 L 纯水(55.5 mol)中只有 1×10^{-7} mol 的 H_2O 发生解离,生成 1×10^{-7} mol 的 H^+ 和 OH^-,即 $[H^+] = [OH^-] = 1 \times 10^{-7}$ mol/L。两个离子浓度的乘积是一个常数值,用 K_w 表示,则

$$K_w = [H^+][OH^-] = 1 \times 10^{-7} \times 1 \times 10^{-7} = 1 \times 10^{-14}$$

K_w 称为水的离子积常数,简称水的离子积。实验表明,在相同条件下,纯水及任何一种稀溶液中的 H^+ 和 OH^- 浓度的乘积都是一个常数。因此,无论是中性、酸性或碱性溶液,只要知道了 H^+ 或 OH^- 其中的一种离子浓度,就能计算出另一种离子的浓度。例如:

$$[H^+] = 1 \times 10^{-3} \text{ mol/L},\text{则}[OH^-] = \frac{K_w}{H^+} = \frac{10^{-14}}{10^{-3}} = 10^{-11} \text{ (mol/L)}$$

水的离子积虽然是常数,但它是相对的,当外界条件改变时,这一数值也要发生变化。水的离子积常数主要受温度的影响,因为水的解离反应是吸热反应,所以水的离子积随温度的升高而增大,随温度的降低而减小。如不指明温度,一律按常温(25 ℃)考虑(即 K_w=[H^+][OH^-]=$1×10^{-14}$)。

二、溶液的 pH

(一) 溶液的酸碱性和 pH

常温下,在纯水的解离平衡体系中,由于[H^+]=[OH^-]=$1×10^{-7}$ mol/L,所以纯水既不显酸性也不显碱性,它是中性的。

若向纯水中加酸(如盐酸),酸解离出的 H^+ 使溶液中[H^+]增大,使水的解离平衡向逆反应方向移动,达到新的平衡时,使得溶液中[OH^-]比原来减小,[H^+]比原来增大,即[OH^-]<$1×10^{-7}$ mol/L,[H^+]>$1×10^{-7}$ mol/L,[H^+]>[OH^-],溶液呈酸性。所以对于任何水溶液,只要[H^+]>[OH^-],该溶液就呈酸性。

如果向纯水中加碱(如氢氧化钠),碱解离出的 OH^- 使溶液中[OH^-]增大,导致水的解离平衡向逆反应方向移动,达到新的平衡时,使得溶液中[H^+]比原来减小,[OH^-]比原来增大,即[H^+]<$1×10^{-7}$ mol/L,[OH^-]>$1×10^{-7}$ mol/L,[OH^-]>[H^+],溶液呈碱性。所以对于任何水溶液,只要[OH^-]>[H^+],该溶液就呈碱性。

综上所述,溶液的酸碱性与[H^+]和[OH^-]的关系可表示为

中性溶液　[H^+]=[OH^-]=$1×10^{-7}$ mol/L
酸性溶液　[H^+]>$1×10^{-7}$ mol/L>[OH^-]
碱性溶液　[OH^-]>$1×10^{-7}$ mol/L>[H^+]

由此可见,在任何水溶液中,由于存在着水的解离平衡,[H^+]和[OH^-]都是共存的,溶液显酸性或碱性,取决于[H^+]和[OH^-]的相对大小。当[H^+]>[OH^-]时,溶液显酸性;当[H^+]<[OH^-]时,溶液显碱性;当[H^+]=[OH^-]时,溶液显中性。且[H^+]越大,溶液酸性越强;[OH^-]越大,溶液碱性越强。

溶液的酸碱性可用[H^+]或[OH^-]表示,习惯上常用[H^+]表示,但当溶液中[H^+]很小时,如血浆中[H^+]=$3.98×10^{-8}$ mol/L,用[H^+]表示溶液的酸碱性则比较麻烦。因此,常用 pH 表示溶液的酸碱性。通常规定 pH 即为氢离子浓度的负对数(常用对数)。数学表达式为

$$\mathrm{pH} = -\lg[H^+]$$

[H^+]、pH 与溶液的酸碱性的关系见表 4-1。

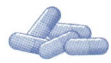

表 4-1　[H^+]、pH 与溶液的酸碱性的关系

[H^+]	10^0	10^{-1}	10^{-2}	10^{-3}	10^{-4}	10^{-5}	10^{-6}	10^{-7}	10^{-8}	10^{-9}	10^{-10}	10^{-11}	10^{-12}	10^{-13}	10^{-14}
pH	0	1	2	3	4	5	6	7	8	9	10	11	12	13	14
	←　　　　酸性增强							中性	碱性增强　　　　→						

溶液的酸碱性和 pH 的关系是

中性溶液　　pH=7

酸性溶液　　pH<7

碱性溶液　　pH>7

由此可见,溶液的 pH 越小,酸性越强;溶液的 pH 越大,碱性越强。pH 和[H^+]的关系是:[H^+]越大,pH 越小;[H^+]越小,pH 越大。pH 减小 1 个单位,则[H^+]扩大 10 倍;pH 增大 2 个单位,则[H^+]缩小为原来的 1/100。应当注意,pH 的应用范围为 0~14,如果溶液的[H^+]>1 mol/L,即 pH<0 时,一般不用 pH 而直接用[H^+]表示溶液的酸性;pH>14 时,直接用[OH^-]表示溶液的碱性。

正常人体各种体液都有一定的 pH 范围,见表 4-2。

表 4-2　正常人体各种体液的 pH

体液	血液	脑脊液	唾液	成人胃液	婴儿胃液	泪水
pH	7.35~7.45	7.35~7.45	6.35~6.85	0.9~1.5	5.0	约 7.4
体液	乳汁	大肠液	小肠液	胰液	尿液	肝胆汁
pH	6.0~6.9	8.3~8.4	约 7.6	7.5~8.0	4.8~7.5	6.8~7.4

数据来源:杨艳杰.化学.2 版.北京:人民卫生出版社,2013;李炳诗.医学化学.2 版.北京:高等教育出版社,2014。

(二) 溶液的 pH 计算

利用公式 pH=-lg[H^+]可计算各类溶液的 pH。强酸强碱溶液计算时较简单。弱酸弱碱溶液计算时,可利用解离平衡公式先计算出溶液的[H^+]或[OH^-],然后再求溶液的 pH。

[例 4-3]　分别计算 0.1 mol/L 盐酸,0.1 mol/L 氢氧化钠溶液,0.1 mol/L 醋酸和 0.1 mol/L 氨水的 pH。

解:(1) 0.1 mol/L 盐酸的[H^+]=0.1 mol/L

pH=-lg[H^+]=-lg 0.1= 1.0

(2) 0.1 mol/L 氢氧化钠溶液的[OH^-]= 0.1 mol/L

$$[H^+] = \frac{K_w}{[OH^-]} = \frac{1 \times 10^{-14}}{0.1} = 1 \times 10^{-13} (mol/L), \quad pH = -\lg(1 \times 10^{-13}) = 13.0$$

(3) 0.1 mol/L 醋酸

$$[H^+] \approx \sqrt{K_a c_a} = \sqrt{1.75 \times 10^{-5} \times 0.1} = 1.32 \times 10^{-3} (mol/L)$$

$$pH = -\lg(1.32 \times 10^{-3}) = 2.88$$

(4) 0.1 mol/L 氨水

$$[OH^-] \approx \sqrt{K_b c_b} = \sqrt{1.75 \times 10^{-5} \times 0.1} = 1.32 \times 10^{-3} (mol/L)$$

$$pOH = -\lg(1.32 \times 10^{-3}) = 2.88, \quad pH = 14 - pOH = 14 - 2.88 = 11.12$$

若已知溶液的 pH,则也很容易算出相应的 $[H^+]$。

[**例 4-4**] 已知某溶液的 pH 为 8.8,求算该溶液的 $[H^+]$。

解:
$$pH = -\lg[H^+] = 8.8$$
$$[H^+] = 10^{-pH} = 10^{-8.8} = 1.58 \times 10^{-9} (mol/L)$$

[**化学与医药学**]

pH 在医学、药学上的用途

pH 在医学中有重要的意义,如人体血液的 pH 可直接影响全身各部分的机能。如果血液的 pH 不正常,细胞的功能就不能正常发挥。正常人体血液的 pH 总是维持在 7.35~7.45。临床上把人体血液的 pH 小于 7.35 时称为酸中毒,pH 大于 7.45 时称为碱中毒。无论是酸中毒还是碱中毒,都会引起严重的后果,pH 偏离正常范围 0.4 个单位以上,就会有生命危险,必须采取适当的措施纠正血液的 pH。静脉输液时溶液的 pH 最好与血液的相差不大,以免引起血液 pH 改变。但考虑到药物的稳定性、溶解度和药效,故对各种注射液的 pH 做了一些硬性的规定,如盐酸普鲁卡因注射液规定 pH 在 3.5~5.0,吗啡在 pH<4 时稳定性较好,三磷酸腺苷注射液在 pH=9 时最稳定等。

三、酸碱指示剂

有一类化合物,在不同的 pH 溶液中能呈现出不同的颜色,化学上通常利用其颜色变化来判断溶液的酸碱性。像这种借助颜色改变来指示溶液酸碱性的物质称为酸碱指示剂。

酸碱指示剂的本质是有机弱酸或有机弱碱,其分子和解离出的离子因结构不同而具有不同的颜色。当溶液 pH 发生变化时,其解离平衡发生移动,分子与离子的浓度发生变化,溶液颜色也随之发生变化。如石蕊是一种有机弱酸,用 HIn 代表石蕊的分子,其颜色称为酸色;用 In^- 代表石蕊分子在水溶液中解离出的离子,其

颜色称为碱色,酸色成分和碱色成分各具有不同的颜色。在石蕊水溶液中存在下列解离平衡:

$$HIn \rightleftharpoons H^+ + In^-$$
石蕊分子　　　　石蕊离子
（红色）　　　　（蓝色）

由于溶液中同时存在石蕊分子(HIn)和石蕊离子(In^-),所以溶液显示红色和蓝色的混合色紫色。如果向此溶液中加入酸,溶液中 H^+ 浓度增加,解离平衡向逆反应方向移动,即向生成 HIn 的方向移动,导致 In^- 浓度减小,HIn 浓度增加,当 H^+ 浓度增大到 pH≤5 时,溶液以 HIn 的颜色(酸色)为主,显红色。反之,向此溶液中加入碱,溶液中 OH^- 浓度增加,H^+ 的浓度因中和 OH^- 而减小,解离平衡向正反应方向移动,即向生成 In^- 的方向移动,导致 HIn 浓度减小,In^- 浓度增加,当 OH^- 浓度增大到 pH≥8 时,溶液以 In^- 的颜色(碱色)为主,显蓝色。可见石蕊指示剂由红色变为蓝色时,溶液的 pH 是从 5.0 变化到 8.0。溶液颜色的变化取决于溶液的 pH,化学上把指示剂由一种颜色过渡到另一种颜色时溶液 pH 的变化范围,称为指示剂的变色范围。常用指示剂的变色范围见表 4-3 和附录。

利用酸碱指示剂的颜色变化,可以粗略地判断溶液的 pH。例如,在某一溶液中加入甲基橙指示剂,若显示黄色,则可知此溶液的 pH>4.4;若呈红色,则说明溶液的 pH<3.1;若显橙色,则表示溶液的 pH 介于 3.1~4.4。

表 4-3　常用酸碱指示剂及其配制

指示剂名称	变色范围(pH)	颜色变化	配制方法
酚酞	8.0~10.0	无色~红色	0.1% 乙醇(60%)溶液
石蕊	5.0~8.0	红色~蓝色	一般作试纸,不配试液
甲基橙	3.1~4.4	红色~黄色	0.1% 水溶液
甲基红	4.4~6.2	红色~黄色	0.1% 乙醇(60%)溶液
溴百里酚蓝	6.2~7.6	黄色~蓝色	0.1% 乙醇(20%)溶液
溴酚蓝	3.0~4.6	黄色~蓝紫色	0.1% 乙醇(20%)溶液
中性红	6.8~8.0	红色~黄色	0.1% 乙醇(60%)溶液
百里酚蓝	9.4~10.6	无色~蓝色	0.1% 乙醇(90%)溶液

数据来源:HG/T 4015—2008《化学试剂 酸碱指示剂 pH 变色域测定通用方法》。

上述指示剂都是单一指示剂,它们的变色范围一般较宽,不能准确地测定溶液的 pH。在实际工作中,往往用几种指示剂的混合液配成通用指示剂,其变色范围较窄,在各种不同的溶液中能呈现不同的颜色,变色明显,测得溶液 pH 较准确。

测定溶液的 pH 可直接用广泛 pH 试纸,其方法是:将一滴待测溶液滴加在一片

pH 试纸上,将试纸呈现的颜色和该试纸所附的系列标准比色卡对照,即可测出溶液的近似 pH。也可用点滴板来测定溶液的 pH,其方法是:取待测溶液 3~4 滴置点滴板的凹穴内,用 pH 试纸一端浸入待测溶液中,立即取出,将试纸呈现的颜色与标准比色卡对照,即可测出溶液的近似 pH。

酸碱指示剂除用于测定溶液的酸碱性外,还可用于指示酸碱滴定反应的终点,详细知识可参见"分析化学"课程中酸碱滴定法相关内容。而精确测定溶液的 pH 的方法是用 pH 计(酸度计),详细知识见第七章氧化还原和电极电势。

第四节 离子反应和盐类的水解

一、离子反应

(一) 离子反应和离子反应方程式

电解质溶于水后能够解离成自由移动的离子,所以电解质在溶液中所发生的反应实质上是离子之间的反应。凡有离子参加的化学反应称为离子反应。如氯化钠溶液与硝酸银溶液的反应:

$$NaCl + AgNO_3 = AgCl\downarrow + NaNO_3$$

氯化钠、硝酸银和硝酸钠都是易溶于水的强电解质,在溶液中都以离子形式存在,AgCl 是难溶于水的物质,在溶液中主要以沉淀的形式存在,用分子式来表示,因此该离子反应方程式可表示为

$$Na^+ + Cl^- + Ag^+ + NO_3^- = AgCl\downarrow + Na^+ + NO_3^-$$

可以看出,反应前后 Na^+ 和 NO_3^- 没有变化,删去后,可得到如下反应方程式:

$$Ag^+ + Cl^- = AgCl\downarrow$$

即氯化钠和硝酸银两溶液的反应实质上是 Ag^+ 和 Cl^- 之间的反应。

像这种用实际参加化学反应的离子符号来表示离子反应的式子,称为离子反应方程式,简称离子方程式。离子反应方程式不仅能说明一个反应的实质,而且也能反映出一类化学反应的规律。上述离子反应方程式除可以说明氯化钠和硝酸银的反应实质外,还可以用来表示任何可溶性氯化物与任何可溶性银盐之间的离子反应。如氯化钾(KCl)溶液与硝酸银溶液的反应,其离子反应方程式也是如此。

因此,离子反应方程式与一般化学反应方程式不同,它不仅能表示某个特定物质

间的离子反应,也能表示所有同一实质类型的离子反应。

(二) 离子反应方程式的书写

书写离子反应方程式的基本要求是:以化学反应为基础,用实际参加反应的离子来表示化学反应的实质,既要遵守质量守恒定律,也要遵守电荷守恒。现以氯化钡溶液与硫酸钠溶液的反应为例,说明书写离子反应方程式的步骤。

第一步,正确书写反应的化学方程式。

$$BaCl_2 + Na_2SO_4 = BaSO_4\downarrow + 2NaCl$$

第二步,改写化学方程式。把易溶于水且易解离的电解质改写成离子形式,对于难溶于水的物质、难解离的物质(弱电解质)、气体等仍用其化学式来表示。

$$Ba^{2+} + 2Cl^- + 2Na^+ + SO_4^{2-} = BaSO_4\downarrow + 2Na^+ + 2Cl^-$$

第三步,删去反应方程式两边没参加反应的离子。

$$Ba^{2+} + SO_4^{2-} = BaSO_4\downarrow$$

第四步,检查离子反应方程式两边各元素的原子个数和电荷数是否相等,即配平离子反应方程式。

需要强调的是,在改写化学方程式时,易溶且易解离的物质改写成离子形式,而难溶的物质、难解离的物质、气体、单质等仍写成化学式。易溶且易解离的物质有:强酸(如 HCl、HNO_3、H_2SO_4 等)、强碱(如 NaOH、KOH、$Ba(OH)_2$ 等)、可溶性盐(如 NH_4^+、Na^+、K^+ 等的盐。可参阅相关化学手册中溶解性表);难溶、难解离物质有:难溶性酸、碱、盐,如 $BaSO_4$、AgCl、$CaCO_3$、$Cu(OH)_2$、$Fe(OH)_3$、$Al(OH)_3$ 等;难解离物质有:弱酸(如 CH_3COOH)、弱碱(如 $NH_3·H_2O$)及水等。

(三) 离子反应发生的条件

离子反应发生的过程,是溶液中某些离子数目减少的过程。其反应的表观现象为:生成难溶性物质、生成难解离的物质或生成挥发性物质(气体)等。

1. 生成难溶性物质

如氯化钙与碳酸钠溶液的反应:

$$CaCl_2 + Na_2CO_3 = CaCO_3\downarrow + 2NaCl$$

离子反应方程式为

$$Ca^{2+} + CO_3^{2-} = CaCO_3\downarrow$$

该离子反应方程式表明了氯化钙与碳酸钠反应的实质是 Ca^{2+} 和 CO_3^{2-} 反应生成 $CaCO_3$ 沉淀,且反映了任何可溶性钙盐与可溶性碳酸盐反应的实质都是 Ca^{2+} 和 CO_3^{2-} 反应生成 $CaCO_3$ 沉淀。

2. 生成难解离物质

如盐酸与氢氧化钠溶液的反应：

$$NaOH + HCl = NaCl + H_2O$$

离子反应方程式为

$$H^+ + OH^- = H_2O$$

该离子反应方程式可表示强酸强碱中和的一类反应，即强酸强碱中和反应的实质是强酸解离出来的 H^+ 与强碱解离出来的 OH^- 结合生成了弱电解质 H_2O。需要注意的是，对于弱（强）酸和强（弱）碱的中和反应，以及既有水生成又有沉淀生成的中和反应，离子反应方程式需要根据物质的存在形式书写。

3. 生成挥发性物质

如碳酸钠溶液与盐酸的反应：

$$Na_2CO_3 + 2HCl = 2NaCl + H_2O + CO_2\uparrow$$

离子反应方程式为

$$CO_3^{2-} + 2H^+ = H_2O + CO_2\uparrow$$

二、盐类的水解

[观察与思考]

取少量 0.1 mol/L 的醋酸钠、氯化铵、氯化钠、碳酸氢钠的溶液分别滴入白瓷点滴板的 4 个凹穴内。然后用 pH 试纸分别测其溶液的 pH，并与标准比色卡对照。

实验结果表明，醋酸钠溶液，pH=9，显碱性；氯化铵溶液，pH=5，显酸性；氯化钠溶液，pH=7，显中性；碳酸氢钠溶液，pH=11，显碱性。

为什么醋酸钠、氯化铵、氯化钠和碳酸氢钠这些强电解质分子中，既不含 H^+，也不含 OH^-，其水溶液却显示不同的酸碱性呢？现以醋酸钠溶液为例来说明。

醋酸钠是由强碱（NaOH）和弱酸（CH_3COOH）反应生成的盐，在它的水溶液中，存在着下列几种平衡：

$$CH_3COONa = Na^+ + \boxed{CH_3COO^-} \rightleftharpoons CH_3COOH$$
$$H_2O \rightleftharpoons OH^- + \boxed{H^+}$$

可以看出，由于醋酸钠解离生成的 CH_3COO^- 与水解离的 H^+ 反应，降低了 H^+ 的浓度,生成了弱酸(醋酸),打破了水的解离平衡,促使水的解离平衡向右移动,达到新平衡后,溶液中[OH^-]>[H^+],使醋酸钠溶液显碱性。其离子反应方程式为

$$CH_3COO^- + H_2O \rightleftharpoons OH^- + CH_3COOH$$

这种在水溶液中,盐解离出的离子与水解离出的 H^+ 或 OH^- 结合生成弱电解质(弱酸或弱碱)的反应,称为盐类的水解。由于生成盐的酸或碱的强弱不同,因此盐的种类也各不相同,其水解的情况也各有特点。

(一) 盐类的水解的类型

1. 强碱和弱酸所生成的盐(强碱弱酸盐)的水解

以碳酸氢钠为例,碳酸氢钠是由弱酸碳酸和强碱氢氧化钠发生中和反应形成的盐,是强电解质,在水溶液中全部解离成 Na^+ 和 HCO_3^-,同时水分子解离出极少量的 H^+ 和 OH^-。

$$NaHCO_3 = Na^+ + \boxed{HCO_3^-}$$
$$H_2O \rightleftharpoons OH^- + \boxed{H^+} \rightleftharpoons H_2CO_3$$

HCO_3^- 和水解离出的 H^+ 结合生成较难解离的弱电解质 H_2CO_3,使溶液中 H^+ 浓度减小,破坏了水的解离平衡,使水的解离平衡向正反应方向移动,直到新平衡的建立,溶液中[OH^-]>[H^+],所以碳酸氢钠溶液显碱性。

$NaHCO_3$ 的水解反应方程式为

$$NaHCO_3 + H_2O \rightleftharpoons NaOH + H_2CO_3$$

$NaHCO_3$ 的水解离子反应方程式为

$$HCO_3^- + H_2O \rightleftharpoons OH^- + H_2CO_3$$

强碱弱酸盐能水解,水解反应的实质是弱酸根阴离子和水解离的 H^+ 结合生成弱酸分子。水解后,溶液中[OH^-]>[H^+],呈碱性。如 CH_3COOK、Na_2CO_3、$NaHCO_3$、Na_2S、Na_3PO_4 等,都属于强碱弱酸盐,其水溶液都呈碱性。

多元弱酸正盐的水解是分步进行的,如碳酸钠的水解分两步进行,其水解的离子反应方程式如下:

第一步水解:

$$CO_3^{2-} + H_2O \rightleftharpoons OH^- + HCO_3^-$$

第二步水解:

$$HCO_3^- + H_2O \rightleftharpoons OH^- + H_2CO_3$$

两步水解都使溶液中的 OH^- 浓度增大,结果导致[OH^-]>[H^+],溶液显碱性。但溶液中 OH^- 浓度主要来自第一步水解。

2. 强酸和弱碱所生成的盐(强酸弱碱盐)的水解

以氯化铵为例,氯化铵是由弱碱氨水和强酸盐酸发生中和反应形成的盐,是强电

解质,在水溶液中全部解离成 NH_4^+ 和 Cl^-,同时水分子解离出极少量的 H^+ 和 OH^-。

$$NH_4Cl \Longrightarrow Cl^- + NH_4^+$$
$$H_2O \rightleftharpoons H^+ + OH^- \rightleftharpoons NH_3 \cdot H_2O$$

其中 NH_4^+ 能与 OH^- 结合生成较难解离的弱电解质氨水,使溶液中 OH^- 浓度减小,破坏了水的解离平衡,使水的解离平衡向正反应方向移动,导致 H^+ 浓度不断增大,直到新平衡的建立,结果[H^+]>[OH^-],溶液呈酸性。

氯化铵的水解反应方程式:

$$NH_4Cl + H_2O \rightleftharpoons NH_3 \cdot H_2O + HCl$$

氯化铵的水解离子反应方程式:

$$NH_4^+ + H_2O \rightleftharpoons NH_3 \cdot H_2O + H^+$$

强酸弱碱能水解,水解反应的实质是弱碱的阳离子与水解离的氢氧根离子结合生成弱碱分子,水解后,溶液中[H^+]>[OH^-],溶液呈酸性。如 NH_4NO_3、$Cu(NO_3)_2$、$(NH_4)_2SO_4$、$AlCl_3$、$FeCl_3$、$CuSO_4$ 等都属于强酸弱碱盐,其水溶液都呈酸性。

3. 弱酸和弱碱所生成的盐(弱酸弱碱盐)的水解

以醋酸铵为例,醋酸铵是由弱酸醋酸和弱碱氨水发生中和反应所生成的盐,是强电解质,在水溶液中完全解离成 NH_4^+ 和 CH_3COO^-,同时水分子解离出极少量的 H^+ 和 OH^-。

$$CH_3COONH_4 \Longrightarrow NH_4^+ + CH_3COO^-$$
$$H_2O \rightleftharpoons OH^- + H^+$$
$$\downarrow\uparrow \quad \downarrow\uparrow$$
$$NH_3 \cdot H_2O \quad CH_3COOH$$

溶液中的 NH_4^+ 能与水解离的 OH^- 结合生成较难解离的氨水,同时溶液中的 CH_3COO^- 也能与水解离的 H^+ 结合生成较难解离的醋酸,在更大程度上破坏了水的解离平衡。所以这类盐的水解程度要比前两类盐的水解程度大。

醋酸铵的水解反应方程式:

$$CH_3COONH_4 + H_2O \rightleftharpoons NH_3 \cdot H_2O + CH_3COOH$$

醋酸铵的水解离子反应方程式:

$$CH_3COO^- + NH_4^+ + H_2O \rightleftharpoons NH_3 \cdot H_2O + CH_3COOH$$

弱酸弱碱盐能水解,水解的实质是盐解离出的弱碱的阳离子、弱离子分别与水解离的氢氧根离子、氢离子结合生成弱碱、弱酸。水解程度较其他盐类更大,如 NH_4CN、$(NH_4)_2S$ 等都属于这种类型的盐。弱酸弱碱盐水解后溶液是显示酸性、碱性还是中性,取决于水解后生成的弱酸和弱碱的相对强弱(即它们解离常数的相对大小)。情况比较复杂,在此不作讨论。

4. 强酸和强碱所生成的盐（强酸强碱盐）不水解

以氯化钠为例，氯化钠是由强酸盐酸和强碱氢氧化钠形成的盐，是强电解质。在水中完全解离成 Na^+ 和 Cl^-，同时水分子解离出极少量的 H^+ 和 OH^-。

$$NaCl = Na^+ + Cl^-$$

$$H_2O \rightleftharpoons OH^- + H^+$$

由于溶液中 Cl^- 和 Na^+ 都不能分别与水分子解离出的 H^+ 和 OH^- 结合生成弱酸或弱碱或气体或难溶性物质，因此水的解离平衡保持不变，溶液中 $[H^+]=[OH^-]$，溶液呈中性。即氯化钠不能发生水解。

由此可见，像这类强酸强碱盐在溶液中解离出阴离子和阳离子，不能与水解离的 H^+ 或 OH^- 结合生成弱酸或弱碱或气体或难溶性物质，水的解离平衡不发生移动，所以不会发生水解，溶液显中性。如 $NaCl$、$NaNO_3$、Na_2SO_4、$BaCl_2$ 等都属于这种类型的盐，它们的水溶液都呈中性。

由以上分析可知，盐类的水解的实质是溶液中盐解离出来的离子与水所解离出来的 H^+ 或 OH^- 结合生成弱电解质。盐的水溶液的酸碱性取决于水解生成的酸和碱中较强的那一种。盐类的水解是酸碱中和反应的逆反应。

$$盐 + H_2O \rightleftharpoons 酸 + 碱$$

必须指出，因为盐类的水解是酸碱中和反应的逆过程，水解程度都比较小，所以书写水解离子反应方程式时，应注意以下几点：

① 判断盐类组成中是否有弱酸根阴离子或弱碱阳离子，弱酸根阴离子和弱碱阳离子与水解离出来的 H^+ 或 OH^- 结合生成弱酸或弱碱。

② 水解反应是可逆的，书写时一般用"$\rightleftharpoons$"而不用"$=$"。

③ 盐类的水解程度都比较小，生成的弱酸或弱碱浓度很小，通常不生成气体或沉淀，也不发生分解，书写时产物后一般不标出气体符号"↑"或沉淀符号"↓"。

④ 多元弱酸生成的盐水解时，分步水解。

（二）盐类的水解的影响因素

同一种盐在不同条件下，水解的情况也不一样。具体影响因素如下：

1. 温度

由于中和反应是放热反应，所以水解反应是吸热反应。升高温度有利于水解反应的进行。例如，$FeCl_3$ 稀溶液加热时生成红棕色的 $Fe(OH)_3$ 溶胶。所以，在配制容易水解的盐溶液时，一般不宜加热溶解。

2. 溶液的浓度

稀释可促进水解。因为对于水解平衡，例如：

$$Ac^- + H_2O \rightleftharpoons OH^- + HAc$$

稀释时，生成物 $[HAc]$、$[OH^-]$ 都减小，反应物中只有 $[Ac^-]$ 减小，故平衡向右移

动。又如,硝酸铋的水解:

$$Bi(NO_3)_3 + H_2O \rightleftharpoons (BiO)NO_3 + 2HNO_3$$

3. 溶液的酸度

由于盐类的水解能改变溶液的酸度,反之,可以通过调节溶液的酸度来控制盐类的水解。例如:

$$FeCl_3 + 3H_2O \rightleftharpoons Fe(OH)_3 + 3HCl$$

加入盐酸可以抑制水解。因此,在配制 $FeCl_3$、$Bi(NO_3)_3$、$SnCl_2$ 等盐溶液时,通常是溶于较浓的酸中,然后再加水至所需的体积。注意,不可先加水后加酸,否则水解产物很难溶解。

(三)盐类的水解的意义

盐类的水解在日常生活和医药卫生方面都有着重要意义。临床上纠正酸中毒或治疗胃酸过多时用碳酸氢钠,就是利用了它水解后溶液呈碱性的原理。

$$HCO_3^- + H_2O \rightleftharpoons OH^- + H_2CO_3$$

治疗碱中毒时用氯化铵,是利用该盐水解后呈酸性的原理。

$$NH_4^+ + H_2O \rightleftharpoons NH_3 \cdot H_2O + H^+$$

明矾[$KAl(SO_4)_2 \cdot 12H_2O$]用作净水剂,是利用 Al^{3+} 水解生成 $Al(OH)_3$ 溶胶,氢氧化铝溶胶能吸附水中的杂质一起沉淀下来,从而能快速使浑浊水变澄清。

$$Al^{3+} + 3H_2O \rightleftharpoons Al(OH)_3 + 3H^+$$

但是盐类的水解也会带来不利的影响。如某些药物容易因水解而变质,对这些药物应密闭保存在干燥处,以防止吸湿水解变质。在药物配制方面,应注意配制过程中的水解反应对药物疗效的影响等。

第五节 难溶电解质的沉淀-溶解平衡

一、沉淀-溶解平衡和溶度积

(一)沉淀-溶解平衡和溶度积的概念

任何难溶电解质在水溶液中总是或多或少能溶解,绝对不溶的物质是不存在的。通常将溶解度小于 0.01 g/(100 g 水)的电解质称为难溶电解质。难溶电解质在水中的溶解过程是可逆的。例如,将 AgCl 固体放入水中,AgCl 固体表面的 Ag^+、Cl^- 在水分子的作用下,不断从固体表面进入水中,形成水合离子,此即溶解过程。由于水合离子的热运动,当碰到 AgCl 固体的表面时又会重新沉积于固体表面,此即沉淀过程。

可表示如下：

$$AgCl(s) \underset{沉淀}{\overset{溶解}{\rightleftharpoons}} Ag^+ + Cl^-$$

未溶解的固体　　溶液中的离子

当溶解的速率和沉淀的速率相等时，该可逆反应体系处于平衡状态，称为沉淀－溶解平衡。在一定温度下处于沉淀－溶解平衡时的溶液，称为饱和溶液，溶液中有关离子的浓度不再随时间而变化。根据化学平衡原理，则

$$K_{sp}(AgCl) = [Ag^+][Cl^-]$$

$K_{sp}(AgCl)$ 称为 AgCl 的溶度积常数，简称溶度积。

若难溶电解质为 A_mB_n 型，在一定温度下其饱和溶液中的沉淀－溶解平衡为

$$A_mB_n(s) \rightleftharpoons mA^{n+}(aq) + nB^{m-}(aq)$$

溶度积常数的表达式为

$$K_{sp} = [A^{n+}]^m[B^{m-}]^n$$

由此可见，在一定条件下，难溶电解质溶于水形成饱和溶液时，即溶液达到沉淀－溶解平衡状态，各离子浓度保持不变，且离子浓度系数次方的乘积为一个常数。

溶度积 K_{sp} 与难溶电解质的本性和温度有关，而与离子浓度无关。在一定温度下，K_{sp} 的大小可以反映物质的溶解能力和生成沉淀的难易。K_{sp} 的值越大，表明该物质在水中溶解的趋势越大，生成沉淀的趋势越小。常见难溶电解质溶度积，见附录 5。

（二）溶度积和溶解度的关系

溶解度是指一定温度下一定量的饱和溶液中溶质的含量。例如，以难溶电解质在水中溶解部分所形成的溶液的物质的量浓度（即该饱和溶液的物质的量浓度）表示溶解度，其单位为 mol/L。

溶度积和溶解度都反映了物质的溶解能力，二者之间有一定的联系，单位统一时，可以相互换算。例如，某难溶强电解质 A_mB_n，在一定温度下其溶解度为 s(mol/L)，其沉淀－溶解平衡为

$$A_mB_n(s) \rightleftharpoons mA^{n+}(aq) + nB^{m-}(aq)$$

平衡浓度 /(mol·L^{-1})　　　　　ms　　　　ns

溶度积 $K_{sp} = [A^{n+}]^m[B^{m-}]^n = (ms)^m(ns)^n = m^m n^n s^{m+n}$

即
$$s = \sqrt[m+n]{\frac{K_{sp}}{m^m n^n}} \tag{4-3}$$

[例 4-5] 25 ℃ 时，AgBr 在水中的溶解度为 $1.37×10^{-4}$ g/L，求该温度下 AgBr 的溶度积。

解： 查得 AgBr 的摩尔质量为 187.8 g/mol，则

$$s = \frac{1.37 \times 10^{-4} \text{ g/L}}{187.8 \text{ g/mol}} = 7.29 \times 10^{-7} \text{ mol/L}$$

$$AgBr(s) \rightleftharpoons Ag^+ + Br^-$$

平衡浓度 $/(\text{mol} \cdot \text{L}^{-1})$ $\quad\quad\quad\quad\quad s \quad\quad s$

故 $K_{sp} = [Ag^+][Cl^-] = s^2 = (7.29 \times 10^{-7})^2 = 5.3 \times 10^{-13}$

[**例 4-6**] 25 ℃时，AgCl 的 K_{sp} 为 1.8×10^{-10}，Ag_2CO_3 的 K_{sp} 为 8.5×10^{-12}，求 AgCl 和 Ag_2CO_3 的溶解度。

解：设 AgCl 的溶解度为 x mol/L，$K_{sp} = [Ag^+][Cl^-] = x^2$，则

$$x = \sqrt{1.8 \times 10^{-10}} = 1.3 \times 10^{-5} \text{ (mol/L)}$$

设 Ag_2CO_3 的溶解度为 y mol/L，$K_{sp} = [Ag^+]^2[CO_3^{2-}] = (2y)^2 y = 4y^3$，则

$$y = \sqrt[3]{\frac{K_{sp}}{4}} = \sqrt[3]{\frac{8.5 \times 10^{-12}}{4}} = 1.3 \times 10^{-4} \text{ (mol/L)}$$

溶度积和溶解度都可表示物质的溶解能力，从例 4-6 可以看出，AgCl 比 Ag_2CO_3 的溶度积大，但 AgCl 比 Ag_2CO_3 的溶解度反而小。由此可见，溶度积大的难溶电解质其溶解度不一定也大，这与其类型有关。同种类型难溶电解质（如 AgCl、AgBr、AgI 都属于 AB 型），可直接用 K_{sp} 的数值大小来比较其溶解度大小。但不同类型时（如 AgCl 是 AB 型，Ag_2CO_3、Ag_2CrO_4 是 A_2B 型），其溶解度的大小须经计算才能进行比较。

二、溶度积规则

难溶电解质的沉淀-溶解平衡是一种暂时的、有条件的动态平衡。一旦条件改变，平衡就会发生移动。

在难溶电解质的水溶液中，有关离子浓度系数次方的乘积，称为离子积，用符号 Q 表示，即

$$A_mB_n(s) \rightleftharpoons mA^{n+}(aq) + nB^{m-}(aq)$$

$$Q = (c_{A^{n+}})^m (c_{B^{m-}})^n$$

Q 和 K_{sp} 的表达式完全一样，但 Q 表示任意情况下的有关离子浓度系数次方的乘积，其数值不定；而 K_{sp} 仅表示到达沉淀-溶解平衡时有关离子浓度系数次方的乘积，K_{sp} 是 Q 的一个特例。

在一定条件下，通过比较难溶电解质溶液的离子积 Q 与溶度积 K_{sp} 的相对大小，可以判断难溶电解质沉淀生成或溶解情况，具体判断如下：

(1) $Q = K_{sp}$，为饱和溶液，沉淀与溶解处于动态平衡。

(2) $Q > K_{sp}$，为过饱和溶液，有沉淀生成，随着沉淀的生成，溶液中离子浓度下降，直至 $Q = K_{sp}$，溶液呈饱和状态。$Q > K_{sp}$ 是沉淀生成的条件。

(3) $Q<K_{sp}$，为不饱和溶液，无沉淀析出。若体系中有难溶电解质固体存在，则固体将溶解直至溶液饱和为止。$Q<K_{sp}$ 是沉淀溶解的条件。

以上三种情况称为溶度积规则，反映了 Q 与 K_{sp} 的相对大小与难溶电解质沉淀生成和溶解的关系。据此可以判断难溶电解质溶液中是否有沉淀生成或溶解，也可以在实际工作中通过控制离子的浓度，从而控制 Q 的大小，使沉淀－溶解平衡向着人们需要的方向移动。

三、溶度积规则的应用

[观察与思考]

向装有 0.01 mol/L NaCl 溶液的试管中逐滴加入 $AgNO_3$ 溶液，观察随着 $AgNO_3$ 溶液的加入试管中有什么现象发生。原来澄清的试管中溶液出现白色浑浊。随后改向试管中滴加 $NH_3 \cdot H_2O$ 溶液，可以观察到试管中的白色浑浊消失，试管中溶液又重新变得澄清。

开始试管内出现白色浑浊，是 NaCl 溶液和滴加的 $AgNO_3$ 溶液发生反应生成了 AgCl 沉淀，反应方程式如下：

$$NaCl + AgNO_3 === AgCl\downarrow + NaNO_3$$

后来试管中溶液又重新变澄清，是因为 AgCl 沉淀与加入的 $NH_3 \cdot H_2O$ 溶液生成了配合物，反应方程式如下：

$$AgCl + 2NH_3 \cdot H_2O === [Ag(NH_3)_2]Cl + 2H_2O$$

实验结果：向装有 NaCl 溶液的试管中滴加 $AgNO_3$ 溶液，生成了 AgCl 沉淀，是因为 Ag^+ 浓度不断增加，使得 $Q=c_{Ag^+}c_{Cl^-}>K_{sp(AgCl)}$，根据溶度积规则从而生成 AgCl 沉淀；随后向试管中加入 $NH_3 \cdot H_2O$ 溶液，AgCl 沉淀与 $NH_3 \cdot H_2O$ 生成 $[Ag(NH_3)_2]Cl$ 配合物，溶液中游离 Ag^+ 浓度降低，$Q=c_{Ag^+}c_{Cl^-}<K_{sp(AgCl)}$，沉淀溶解，试管中溶液又重新变澄清。

（一）沉淀的生成和分步沉淀

根据溶度积规则，在难溶电解质的溶液中，$Q>K_{sp}$ 就有沉淀生成。

1. 单一离子的沉淀

[例 4-7] 20 mL 0.02 mol/L $CaCl_2$ 溶液与 40 mL 0.03 mol/L Na_2CO_3 溶液混合。(1) 是否会产生 $CaCO_3$ 沉淀？ (2) 反应后溶液中 Ca^{2+} 浓度为多少？

解：(1) 混合后各离子的浓度为

$$c_{Ca^{2+}}=(0.02 \text{ mol/L} \times 20 \text{ mL})\div 60 \text{ mL}= 0.006\,67 \text{ mol/L}$$

$$c_{CO_3^{2-}} = (0.03 \text{ mol/L} \times 40 \text{ mL}) \div 60 \text{ mL} = 0.02 \text{ mol/L}$$

$$Q = c_{Ca^{2+}} \cdot c_{CO_3^{2-}} = 0.006\ 67 \times 0.02 = 1.334 \times 10^{-4} > K_{sp(CaCO_3)} = 2.8 \times 10^{-9}$$

所以有 $CaCO_3$ 沉淀生成。

(2) 设平衡体系中 CO_3^{2-} 浓度为 x mol/L,则

$$CaCO_3(s) \rightleftharpoons Ca^{2+}(aq) + CO_3^{2-}(aq)$$

起始浓度 /(mol·L^{-1})　　　　　　　　0.006 67　　0.02

平衡浓度 /(mol·L^{-1})　　　　　　　　x　　0.02 − (0.006 67 − x) = 0.013 33 + x

由于　　　　　$K_{sp(CaCO_3)} = [Ca^{2+}][CO_3^{2-}] = 2.8 \times 10^{-9}$

有　　　　　　$x(0.013\ 33 + x) = 2.8 \times 10^{-9}$

由于 $K_{sp(CaCO_3)}$ 很小,即 x 很小,$0.013\ 33 + x \approx 0.013\ 33$,代入上式,解得

$$x = 2.1 \times 10^{-7} \text{ mol/L}$$

即平衡时溶液中 Ca^{2+} 浓度为 2.1×10^{-7} mol/L。

由于没有绝对不溶于水的物质,所以任何一种沉淀的析出,实际上都不能绝对完全,因为溶液中沉淀 − 溶解平衡总是存在的,即溶液中总会含有极少量的待沉淀的离子残留。一般认为,当残留在溶液中某种离子浓度小于 10^{-5} mol/L 时,就可认为这种离子已完全沉淀。

2. 分步沉淀

在生产实践中常会遇到溶液中同时存在着多种离子,当加入某种沉淀剂时,可与溶液中几种离子都能发生反应生成沉淀。离子积 Q 数值先达到溶度积 K_{sp} 的沉淀先析出,离子积 Q 数值后达到溶度积 K_{sp} 的沉淀则后析出。这种由于难溶电解质溶度积不同,加入同一种沉淀剂后使混合离子按顺序先后沉淀下来的现象称为分步沉淀。

[**例4-8**]　将 $AgNO_3$ 溶液逐滴加入含 Cl^-、Br^-、I^-(浓度均为 0.10 mol/L)的溶液中,则三种沉淀产生的先后顺序是怎样的?

解: 以 AgCl 沉淀为例,$AgCl(s) \rightleftharpoons Ag^+ + Cl^-$,若要有 AgCl 沉淀生成,则离子积 $Q = c_{Ag^+} c_{Cl^-} > K_{sp(AgCl)}$,即开始生成 AgCl 沉淀所需 Ag^+ 的最低浓度为

$$c_{Ag^+} = \frac{K_{sp(AgCl)}}{c_{Cl^-}} = \frac{1.8 \times 10^{-10}}{0.10} = 1.8 \times 10^{-9} \text{ (mol/L)}$$

同样 Br^-、I^- 与 Ag^+ 开始生成相应沉淀所需 Ag^+ 的最低浓度分别为

$$c_{Ag^+} = \frac{K_{sp(AgBr)}}{c_{Br^-}} = \frac{5.3 \times 10^{-13}}{0.10} = 5.3 \times 10^{-12} \text{ (mol/L)}$$

$$c_{Ag^+} = \frac{K_{sp(AgI)}}{c_{I^-}} = \frac{8.3 \times 10^{-17}}{0.10} = 8.3 \times 10^{-16} \text{ (mol/L)}$$

I^- 开始沉淀时所需的 Ag^+ 浓度最小,Cl^- 开始沉淀时所需的 Ag^+ 浓度最大,所以在含 Cl^-、Br^-、I^-(浓度相同)的溶液中逐滴加入 $AgNO_3$ 溶液,最先生成黄色 AgI 沉淀,其次生成淡黄色 AgBr 沉淀,最后生成白色 AgCl 沉淀。

[**例 4-9**] 计算溶液中的 Cl^- 和 CrO_4^{2-}（浓度均为 0.10 mol/L）开始沉淀时各自所需 Ag^+ 的最低浓度是多少。

解： 开始生成 AgCl 沉淀所需 Ag^+ 的最低浓度如例 4-8 中所示为 1.8×10^{-9} mol/L。

开始生成 Ag_2CrO_4 沉淀所需 Ag^+ 的最低浓度如下：

$$c_{Ag^+} = \sqrt{\frac{1.1 \times 10^{-12}}{0.10}} = 3.3 \times 10^{-6} (\text{mol/L})$$

沉淀 Cl^- 所需的 Ag^+ 浓度比沉淀 CrO_4^{2-} 所需的 Ag^+ 浓度要小，所以 AgCl 沉淀先析出，当 Ag^+ 浓度增大到 3.3×10^{-6} mol/L 时，开始生成 Ag_2CrO_4 沉淀。

在分析化学和工业生产中，可以根据具体情况，适当地控制条件，利用分步沉淀，达到分离离子的目的。

（二）沉淀的溶解和转化

1. 沉淀的溶解

根据溶度积规则，在难溶电解质溶液中，若降低有关离子的浓度，使 $Q < K_{sp}$，沉淀-溶解平衡就要向溶解的方向移动，从而使沉淀溶解。常用方法如下：

(1) 利用生成弱电解质

例如，氢氧化物沉淀如 $Mg(OH)_2$、$Fe(OH)_3$ 等，能溶于强酸或铵盐中，反应生成弱电解质 H_2O 或 $NH_3 \cdot H_2O$，使溶液中 OH^- 浓度显著降低，以致 $Q < K_{sp}$，沉淀溶解。

$$\begin{array}{c} Mg(OH)_2(s) \rightleftharpoons Mg^{2+} + \boxed{2OH^-} \\ + \\ 2HCl \longrightarrow 2Cl^- + \boxed{2H^+} \end{array} \rightleftharpoons 2H_2O$$

$$\begin{array}{c} Mg(OH)_2(s) \rightleftharpoons Mg^{2+} + \boxed{2OH^-} \\ + \\ 2NH_4Cl \longrightarrow 2Cl^- + \boxed{2NH_4^+} \end{array} \rightleftharpoons 2NH_3 \cdot H_2O$$

又如，碳酸盐、亚硫酸盐和某些硫化物等难溶盐，能溶于强酸，生成微溶于水的气体，使溶液中 CO_3^{2-}、SO_3^{2-}、S^{2-} 浓度显著降低，以致 $Q<K_{sp}$，沉淀溶解。

$$\begin{array}{c} CaCO_3(s) \rightleftharpoons Ca^{2+} + \boxed{CO_3^{2-}} \\ + \\ 2HCl \longrightarrow 2Cl^- + \boxed{2H^+} \end{array} \rightleftharpoons H_2CO_3 \longrightarrow H_2O + CO_2\uparrow$$

(2) 利用生成配合物

在难溶电解质溶液中，加入适当的配位剂与某一离子生成稳定的配合物，离子浓度降低，使沉淀溶解。例如，AgCl 沉淀可溶解在氨水中，因为生成了配离子 $[Ag(NH_3)_2]^+$。

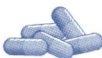

$$AgCl(s) \rightleftharpoons Ag^+ + Cl^-$$
$$+ 2NH_3 \rightleftharpoons [Ag(NH_3)_2]^+$$

(3) 利用氧化还原反应

加入氧化剂或还原剂到难溶电解质溶液中,某一离子发生氧化还原反应而浓度降低,进而沉淀溶解。例如,将稀 HNO_3 加入难溶电解质 CuS 中,S^{2-} 被氧化为 S,CuS 沉淀溶解。

$$CuS(s) \rightleftharpoons Cu^{2+} + 3S^{2-}$$
$$+ 2NO_3^- \rightleftharpoons 3S\downarrow + 2NO\uparrow + 4H_2O$$
$$+ 8H^+$$

2. 沉淀的转化

在难溶电解质沉淀的溶液中,加入适当试剂,使其与相关离子结合生成更难溶的物质,即由一种沉淀转化为另一种沉淀,称为沉淀的转化。例如,向含有 $PbSO_4$ 沉淀的溶液中逐滴加入 Na_2S 溶液,可观察到白色 $PbSO_4$ 沉淀逐渐消失,生成黑色 PbS 沉淀。

$$PbSO_4(s) \rightleftharpoons SO_4^{2-} + Pb^{2+}$$
$$+$$
$$Na_2S = 2Na^+ + S^{2-} \rightleftharpoons PbS\downarrow$$

上述反应之所以能发生,是因为 PbS 的溶解度比 $PbSO_4$ 的小,生成了更难溶的 PbS 沉淀,降低了溶液中 Pb^{2+} 浓度,使 $PbSO_4$ 沉淀转化为 PbS 沉淀。即溶解度大的沉淀可以转化为溶解度小的沉淀,两种沉淀溶解度相差越大转化越完全。

[化学与医药学]

溶度积规则在医药上应用

分析药物含量时,常采用沉淀滴定法,就是将待测药物制成溶液,再加入沉淀剂,使之与待测药物中的某一离子反应生成沉淀,然后根据所消耗试剂的浓度和体积,计算待测药物的含量。其操作原理和注意事项都与溶度积规则有关。例如,《中国药典》(2020 年版,四部)中关于生物制品中氯化钠含量测定方法如下:

精密量取供试品 1.0 mL,精密加入 0.1 mol/L 硝酸银溶液 5 mL,混匀,加 8.0 mol/L 硝酸 10 mL,加热消化至溶液澄清,冷却,加水 50 mL、8% 硫酸铁铵指示液 1 mL,用硫氰酸铵滴定液(0.05 mol/L)滴定至溶液呈淡棕红色,振摇后仍不褪色,即为终点。将滴定的结果用空白试验(可不消化)校正。

按下式计算：

$$\text{氯化钠含量}(g/L) = (V_O - V_X) \times c \times 58.45 \text{ g/mol}$$

式中，V_O 为空白试验消耗硫氰酸铵滴定液的体积，mL；

V_X 为供试品消耗硫氰酸铵滴定液的体积，mL；

c 为硫氰酸铵滴定液浓度，mol/L；

58.45 为氯化钠的分子量。

该法系用硝酸破坏供试品中的蛋白质后，再加入过量的硝酸银溶液，使之与供试品中的 Cl^- 完全反应，生成氯化银沉淀，过量的硝酸银用硫氰酸铵滴定液滴定，根据硫氰酸铵滴定液消耗的量，可计算出供试品中氯化钠含量。

目 标 测 试

1. 基本概念

电解质　强电解质和弱电解质　解离度　解离平衡　离子方程式　盐的水解　沉淀 − 溶解平衡　溶度积

2. 已知 $BaCO_3$ 在 25 ℃时的 $K_{sp}=5.1 \times 10^{-9}$，计算 $BaCO_3$ 在 25℃ 时的溶解度是多少（mol/L）。

3. 在含有 Ba^{2+}、Pb^{2+} 和 Ag^+（浓度均为 0.01 mol/L）的混合溶液中，逐滴加入 K_2CrO_4 溶液，三种离子沉淀的先后顺序是怎样的？

4. 已知 25 ℃时 $Mg(OH)_2$ 的 $K_{sp}=5.61 \times 10^{-12}$，试计算：$Mg(OH)_2$ 在水中的溶解度（mol/L）；$Mg(OH)_2$ 饱和溶液中的 $[Mg^{2+}]$ 和 $[OH^-]$；$Mg(OH)_2$ 在 0.01 mol/L NaOH 溶液中的 $[Mg^{2+}]$ 和溶解度。

在线测试：
电解质溶液

第五章
缓冲溶液

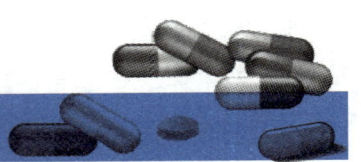

思维导图

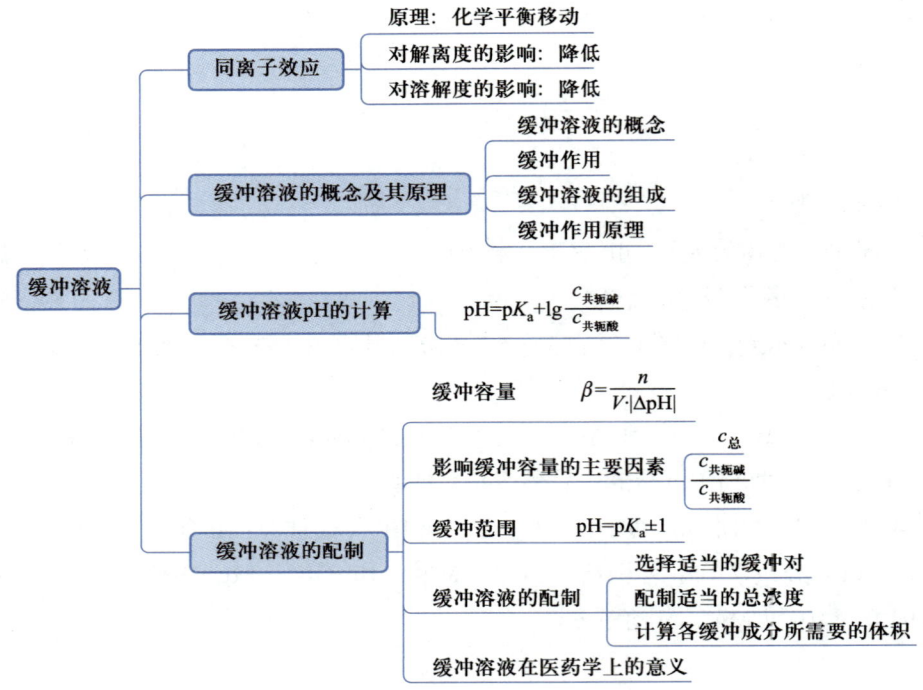

学习目标

知识目标：掌握同离子效应对解离度及溶解度的影响，掌握缓冲溶液的原理；熟悉同离子效应和缓冲溶液的概念；了解缓冲溶液在医学上的意义。

能力目标：会计算缓冲溶液的 pH，能配制缓冲溶液。

素质目标：培养崇尚科学、善于思考的科学态度。

人体的各种体液都需要维持一定的 pH 范围，这样体内的一些化学反应才能正常进行。如人体血液正常的 pH 为 7.35~7.45，改变 0.1 个单位以上，就会出现酸中毒或碱中毒。但是生活中我们总会摄入一些酸性食物和碱性食物，人体新陈代谢中也会产生如碳酸、乳酸、磷酸等酸性物质。为什么这些物质没有明显改变体液 pH

呢？这说明人的体液具有维持 pH 相对稳定的作用。本章主要讨论缓冲溶液的问题。

第一节 同离子效应

化学平衡是暂时的、相对稳定的动态平衡，当外界条件改变时，将发生平衡的移动，直到建立新的平衡。促使平衡移动的主要因素是离子浓度的改变，其中，同离子效应对离子浓度影响显著。

向弱电解质溶液中加入一种与该弱电解质具有相同离子的强电解质，使弱电解质的解离度降低的现象称为同离子效应（common ion effect）。

一、同离子效应对解离度的影响

在酸碱平衡中，向弱电解质溶液中加入与该弱电解质含有相同离子的强电解质，使弱电解质的解离平衡向生成弱电解质分子的方向移动，从而降低弱电解质的解离度。

例如，在醋酸中，存在如下质子传递平衡：

$$HAc + H_2O \rightleftharpoons \boxed{Ac^-} + H_3O^+$$
$$NaAc = \boxed{Ac^-} + Na^+$$

当加入少量 NaAc 时，由于 NaAc 是强电解质，全部解离为 Na^+ 和 Ac^-，醋酸中 Ac^- 浓度增大，促使 HAc 在水中的质子传递平衡向左移动，从而降低了 HAc 的解离度。建立新的平衡后，$[H_3O^+]$ 减小，溶液的酸性减弱。实验证明，1 L 0.1 mol/L HAc 溶液中加入 0.1 mol NaAc 固体后，HAc 的解离度由 1.33% 下降为 0.018%。同理，在 $NH_3 \cdot H_2O$ 中，加入固体氯化铵，也会导致氨水的解离度下降。

二、同离子效应对溶解度的影响

在沉淀－溶解平衡中，向难溶电解质溶液中加入与该电解质含相同离子的强电解质，导致难溶物的化学平衡向生成难溶物方向移动，从而使难溶物增多。

例如，在硫酸钡饱和溶液中，存在如下沉淀－溶解平衡：

$$BaSO_4(s) \rightleftharpoons \boxed{Ba^{2+}} + SO_4^{2-}$$
$$BaCl_2 = \boxed{Ba^{2+}} + 2Cl^-$$

在硫酸钡饱和溶液中加入氯化钡，由于氯化钡完全解离，溶液中 $[Ba^{2+}]$ 增大，原来的平衡遭到破坏，使平衡向硫酸钡沉淀生成的方向移动，硫酸钡的溶解度降低。

盐 效 应

向弱电解质的溶液中加入与弱电解质没有相同离子的强电解质时,由于溶液中离子总浓度增大,离子间相互牵制作用增强,使得弱电解质解离的阴、阳离子结合形成分子的机会减小,从而使弱电解质分子浓度减小,离子浓度相应增大,当建立新的平衡时,弱电解质的解离度略微增大,这种效应称为盐效应(salteffect)。当溶解度降低时为盐析效应(saltingout);反之为盐溶效应(saltingin)。

实验发现,如果在 1 L 0.1 mol/L HAc 溶液中加入 0.1 mol NaCl 固体,HAc 的解离度将由 1.33% 增至 1.68%。

需要强调的是,在发生同离子效应时,由于外加了强电解质,所以已伴随有盐效应的发生,只是这时同离子效应远大于盐效应,所以可以忽略盐效应的影响。

第二节 缓 冲 溶 液

一、缓冲溶液的概念及其原理

(一) 缓冲溶液及缓冲作用

缓冲作用验证

在纯水和 HAc-NaAc 混合溶液中分别加入少量强酸、强碱或水后,水溶液的 pH 改变了 4 个单位,而 HAc-NaAc 混合溶液的 pH 几乎保持不变,说明 HAc-NaAc 混合溶液具有稳定溶液 pH 的作用。这种具有抵抗外来少量强酸、强碱或适当稀释而保持其 pH 基本不变的溶液称为缓冲溶液(buffer solution)。缓冲溶液对强酸、强碱或稀释的抵抗作用称为缓冲作用(buffer effect)。

(二) 缓冲溶液的组成

缓冲溶液具有缓冲作用的原因是由于缓冲溶液中同时含有抗酸成分和抗碱成分。如 HAc-NaAc 混合溶液中,NaAc 是抗酸成分,HAc 是抗碱成分,这两种成分称为缓冲对或缓冲系。按照酸碱质子理论,缓冲对实际上是一对共轭酸碱对,共轭碱是抗酸成分,共轭酸是抗碱成分。常见的缓冲对主要有三种类型:弱酸及其对应的盐,如 HAc-NaAc;弱碱及其对应的盐,如 $NH_3 \cdot H_2O-NH_4Cl$;多元酸的酸式盐及其对应的次级盐,如 $NaHCO_3-Na_2CO_3$、$NaH_2PO_4-Na_2HPO_4$。

(三) 缓冲作用原理

以 HAc-NaAc 缓冲溶液为例,说明缓冲作用的原理。在 HAc-NaAc 混合溶液中,NaAc 是强电解质,在水中完全解离成 Na^+ 和 Ac^-。HAc 是弱电解质,解离度很小,只有部分解离,因溶液中有 Ac^-,存在同离子效应,使其解离度更小,HAc 几乎完全以分子状态存在。溶液中 H_3O^+ 的浓度很小,而 HAc 和 Ac^- 的浓度很大。HAc 和 Ac^- 是一对共轭酸碱对,质子转移平衡如下:

$$HAc + H_2O \rightleftharpoons Ac^- + H_3O^+$$

当向缓冲溶液中加入少量强酸时,H_3O^+ 的浓度瞬间增大,共轭碱 Ac^- 接受质子生成 HAc,平衡向左移动。由于加入的强酸的量很小,仅少量的 Ac^- 发生反应,达到新的平衡后,Ac^- 的浓度略有减小,HAc 的浓度略有增加,而 H_3O^+ 的浓度几乎不变,所以溶液的 pH 保持不变。可见,缓冲对中共轭碱 Ac^- 发挥了抵抗外来强酸的作用,是抗酸成分。

当向缓冲溶液中加入少量强碱时,此时溶液中的 H_3O^+ 与加入的 OH^- 结合生成水,导致 H_3O^+ 浓度减小,平衡向右移动,HAc 解离以补充消耗掉的 H_3O^+。达到新的平衡后,溶液中 HAc 的浓度略有减小,Ac^- 的浓度略有增加,但 H_3O^+ 浓度几乎不变,所以溶液的 pH 保持不变。可见,缓冲对中共轭酸 HAc 发挥了抵抗外来强碱的作用,是抗碱成分。

当向缓冲溶液中加入少量水时,H_3O^+ 的浓度略有降低,但 Ac^- 和 HAc 的浓度同时也降低,同离子效应减弱,HAc 的解离度增加,溶液中 H_3O^+ 的浓度得到补充,溶液的 pH 保持不变。

总之,由于缓冲溶液中同时含有大量的抗碱成分和抗酸成分,它们通过质子转移平衡的移动以达到消耗外来的少量强酸、强碱或适当稀释的作用,使溶液 H_3O^+ 或 OH^- 浓度未有明显的变化,因此具有缓冲作用。

缓冲溶液的概念、组成与作用原理

二、缓冲溶液 pH 的计算

每一种缓冲溶液都有一定的 pH,其大小由组成它的共轭酸碱对的性质和浓度决定。用 $HA-A^-$ 代表任意一共轭酸碱对,其质子转移平衡可用通式表示如下:

$$HA + H_2O \rightleftharpoons H_3O^+ + A^-$$

$$K_a = \frac{[H_3O^+][A^-]}{[HA]}$$

则

$$[H_3O^+] = K_a \cdot \frac{[HA]}{[A^-]}$$

两边取负对数,得

$$-\lg[H_3O^+] = -\lg\left(K_a \cdot \frac{[HA]}{[A^-]}\right)$$

$$pH = pK_a + \lg\frac{[A^-]}{[HA]}$$

缓冲溶液中的共轭酸 HA 是弱酸，解离度很小，加上 A^- 的同离子效应，使 HA 的解离度更小，而共轭碱 A^- 全部解离。为便于计算，通常将共轭酸、共轭碱的平衡浓度近似等于它们的起始浓度。即 $[HA] = c_{共轭酸}$，$[A^-] = c_{共轭碱}$，代入上式得

$$pH = pK_a + \lg\frac{c_{共轭碱}}{c_{共轭酸}} \tag{5-1}$$

式(5-1)是计算缓冲溶液 pH 的近似公式。由式(5-1)可知：

① 缓冲溶液的 pH 主要取决于缓冲对的本性，不同的缓冲对具有不同的 pK_a；其次取决于缓冲比 $\frac{c_{共轭碱}}{c_{共轭酸}}$。当缓冲溶液的缓冲对确定后，缓冲溶液的 pH 仅取决于缓冲比。改变缓冲比，溶液的 pH 随之改变，因此可以通过改变缓冲比来配制一定 pH 范围的缓冲溶液。当缓冲比为 1 时，$pH = pK_a$。

② 对缓冲溶液进行适当稀释时，共轭酸和共轭碱的浓度同时降低，缓冲比不变，因此缓冲溶液的 pH 保持不变。

缓冲溶液的抗酸抗碱的能力可以通过计算实例进一步加以说明。

[例 5-1] 将 0.1 mol/L HAc 溶液和 0.2 mol/L NaAc 溶液等体积混合配制 1 L 的缓冲溶液，已知 HAc 的 $pK_a = 4.75$，计算此缓冲溶液的 pH。并分别计算在此缓冲溶液中加入 0.005 mol HCl、0.005 mol NaOH 后，该缓冲溶液的 pH 变化值。

解：（1）原缓冲溶液的 pH：$pK_a = 4.75$

$$c(HAc) = 0.1 \text{ mol/L}/2 = 0.050 \text{ mol/L}$$
$$c(Ac^-) = 0.2 \text{ mol/L}/2 = 0.10 \text{ mol/L}$$

则

$$pH = pK_a + \lg\frac{c_{共轭碱}}{c_{共轭酸}} = 4.75 + \lg\frac{0.10}{0.05} = 4.75 + 0.3 = 5.05$$

（2）加入 0.005 mol HCl 后缓冲溶液的 pH 变化值

$$c(HAc) = \frac{(0.05 + 0.005)\text{ mol}}{1 \text{ L}} = 0.055 \text{ mol/L}$$

$$c(Ac^-) = \frac{(0.10 - 0.005)\text{ mol}}{1 \text{ L}} = 0.095 \text{ mol/L}$$

则

$$pH = pK_a + \lg\frac{c_{共轭碱}}{c_{共轭酸}} = 4.75 + \lg\frac{0.095}{0.055} = 4.75 + 0.24 = 4.99$$

缓冲溶液的 pH 由原来的 5.05 下降至 4.99,仅下降了 0.06 个 pH 单位。

（3）加入 0.005 mol NaOH 后缓冲溶液的 pH 变化值

$$c(HAc) = \frac{(0.05-0.005) \text{ mol}}{1 \text{ L}} = 0.045 \text{ mol/L}$$

$$c(Ac^-) = \frac{(0.10+0.005) \text{ mol}}{1 \text{ L}} = 0.105 \text{ mol/L}$$

则

$$pH = pK_a + \lg\frac{c_{共轭碱}}{c_{共轭酸}} = 4.75 + \lg\frac{0.105}{0.045} = 4.75 + 0.37 = 5.12$$

缓冲溶液的 pH 由原来的 5.05 上升至 5.12,仅升高了 0.07 个 pH 单位。

[例 5-2] 将 100 mL 0.1 mol/L HCl 溶液与 400 mL 0.1 mol/L $NH_3 \cdot H_2O$ 混合,求混合后溶液的 pH(已知 $NH_3 \cdot H_2O$ 的 $pK_b = 4.75$)。

解: 盐酸与氨水混合后,由于 $n(NH_3) > n(HCl)$,所以加入的盐酸完全反应,与氨水反应生成 NH_4Cl,剩余的 NH_3 与生成的 NH_4Cl 组成缓冲溶液。

$n(NH_4Cl) = 10$ mmol, $n(NH_3) = 30$ mmol,总体积为 500 mL。

$NH_3 \cdot H_2O$ 的 $pK_b = 4.75$,则 NH_4^+ 的 $pK_a = pK_w - pK_b = 14 - 4.75 = 9.25$。

$$pH = pK_a + \lg\frac{c_{共轭碱}}{c_{共轭酸}} = 9.25 + \lg\frac{30/500}{10/500} = 9.25 + 0.48 = 9.73$$

三、缓冲溶液的配制

（一）缓冲容量

1. 缓冲容量的概念

为了定量地表示缓冲溶液的缓冲能力,采用缓冲容量(也称为缓冲指数或缓冲值) β 来衡量。

使 1 L 或 1 mL 缓冲溶液的 pH 改变一个单位所需加入的一元强酸或一元强碱的物质的量(mol 或 mmol),称为该缓冲溶液的缓冲容量,表示如下：

$$\beta = \frac{n}{V \cdot |\Delta pH|} \tag{5-2}$$

式中, n 为加入的一元强酸或一元强碱的物质的量, V 为缓冲溶液的体积, $|\Delta pH|$ 为缓冲溶液 pH 改变的绝对值。通常缓冲容量的单位为 mol/(L·pH),缓冲容量均为正值。

由式(5-2)可知:改变一定体积的缓冲溶液 1 个 pH 单位,所需加入的强酸或强碱的物质的量越多,缓冲容量越大,缓冲能力越强。

2. 影响缓冲容量的主要因素

同一缓冲对组成的缓冲溶液,缓冲容量跟缓冲溶液的总浓度($c_总=c_{共轭酸}+c_{共轭碱}$)和缓冲比 $\dfrac{c_{共轭碱}}{c_{共轭酸}}$ 决定缓冲容量的大小有关,具体如下:

① 缓冲溶液的总浓度 $c_总$:当缓冲比一定时,$c_总$ 越大,缓冲容量越大。

② 缓冲比 $\dfrac{c_{共轭碱}}{c_{共轭酸}}$:$c_总$ 一定时,缓冲比不同的缓冲溶液,其 pH 不同,缓冲容量也不同。当缓冲比为 1 时,缓冲容量最大,此时溶液的 pH=pK_a。缓冲比越远离 1,pH 偏离 pK_a 越远,缓冲容量越小。

(二)缓冲范围

实验和计算表明,当缓冲比为 1/10~10/1 时,其 pH 在 pK_a-1 和 pK_a+1 之间,溶液具有较大的缓冲能力。把具有缓冲作用的 pH 范围,即 pH=$pK_a\pm1$ 称为缓冲溶液的理论缓冲范围。如 HAc 的 pK_a 为 4.75,则 HAc-NaAc 缓冲溶液的理论缓冲范围为 3.75~5.75。

不同的缓冲对,共轭酸的 pK_a 不同,缓冲溶液的缓冲范围也不同。表 5-1 及附录列出几种常用的缓冲溶液的 pK_a 及缓冲系的缓冲范围。

表 5-1 常用缓冲溶液的 pK_a 及其缓冲范围

缓冲溶液的组成	弱酸的 pK_a	缓冲范围
$H_2C_8H_4O_4$(邻苯二甲酸)-NaOH	2.89(pK_{a1})	2.2~4.0
$KHC_8H_4O_4$(邻苯二甲酸氢钾)-NaOH	5.41(pK_{a2})	4.0~5.8
HAc-NaAc	4.75	3.7~5.6
$KH_2PO_4-Na_2HPO_4$	7.21(pK_{a2})	5.8~8.0
H_3BO_3-NaOH	9.24	8.0~10.0
$NH_3 \cdot H_2O-NH_4^+$	9.25	8.3~10.2
$NaHCO_3-Na_2CO_3$	10.25(pK_{a2})	9.2~11.0

(三)缓冲溶液的配制

实际工作中,常需要配制一定 pH 的缓冲溶液。配制缓冲溶液应按照以下原则和步骤进行:

1. 选择适当的缓冲对

使所选缓冲对中共轭酸的 pK_a 与欲配制的缓冲溶液的 pH 尽可能相等或接近,偏离的数值不应超过缓冲溶液的理论缓冲范围。组成缓冲对的物质应稳定、无毒、不能与反应物和生成物发生化学反应。在选择药用缓冲对时,还要考虑是否与主药发生配伍禁忌等。

2. 配制适当的总浓度

一般在 0.05~0.5 mol/L 为宜,其相应的 β 值为 0.01~0.1 mol/(L·pH)。

3. 计算各缓冲成分所需要的体积

实际工作中,常常使用相同浓度的共轭酸、共轭碱溶液,分别量取所需的体积后混合即可。此时缓冲溶液的 pH 的计算公式为

$$pH = pK_a + \lg \frac{V_{共轭碱}}{V_{共轭酸}}$$

4. 校正

理论计算得出的缓冲溶液 pH 与实验测得的 pH 存在一定差异。这是因为计算公式中忽略了溶液中各种离子、分子间的相互影响。在需要比较准确 pH 的缓冲溶液时,在按上述方法配制后,应用 pH 计精确测定并加以校正。

在实际应用中,常常不需要计算,而是按缓冲溶液的经验配方配制,经验配方可在化学手册中查到。

[例 5-3] 用 0.1 mol/L HAc 溶液和 0.1 mol/L NaAc 溶液配制 pH=4.95 的缓冲溶液 100 mL,计算所需溶液的体积。

解: 已知 $c(A^-) = c(HA) = 0.1$ mol/L,$pK_a = 4.75$,pH=4.95,$V_总 = 100$ mL,设需要 HAc 溶液体积为 $V(HAc)$,则需要 NaAc 溶液体积为 $100\ mL - V(HAc)$,代入缓冲溶液 pH 计算公式,得

$$4.95 = 4.75 + \lg \frac{100\ mL - V(HAc)}{V(HAc)}$$

解得 $V(HAc) = 38.8$ mL, $V(NaAc) = 61.2$ mL

将 38.8 mL 0.1 mol/L HAc 溶液和 61.2 mL 0.1 mol/L NaAc 溶液混合,即可配制 100 mL pH 为 4.95 的缓冲溶液。

微课

缓冲溶液的配制与应用

四、缓冲溶液在医药学上的意义

人体各种体液都具有较稳定的 pH 范围,否则组织和细胞无法进行正常的物质代谢和生理活动。如胃蛋白酶适宜的 pH 范围为 1.5~2.0,人体血液正常的 pH 为 7.35~7.45。人体由于食物消化、吸收和组织新陈代谢产生大量的酸性物质和碱性物质,但血液的 pH 仍然维持在正常范围内,是因为血液中存在多种缓冲系的原因。

血浆中的缓冲系主要有 H_2CO_3-$NaHCO_3$、NaH_2PO_4-Na_2HPO_4、血浆蛋白 - 血浆蛋白钠;红细胞中的缓冲系主要有 H_2CO_3-$KHCO_3$、KH_2PO_4-K_2HPO_4、血红蛋白 - 血

红蛋白钾、氧合血红蛋白－氧合血红蛋白钾；其中 H_2CO_3-HCO_3^- 缓冲系在血液中的浓度最高，缓冲能力最强，对维持血液正常 pH 发挥了很大的作用。

当酸性物质进入人体的血液时，消耗大量的抗酸成分 HCO_3^-，H_2CO_3 的量增加，机体通过加快呼吸作用将 H_2CO_3 以 CO_2 的形式呼出，同时通过肾的调节，延长 HCO_3^- 在体内停留时间，使血液中的 HCO_3^- 和 H_2CO_3 浓度没有明显的变化，从而维持血液的 pH 几乎不变；当碱性物质进入血液时，H_2CO_3 的量减少，HCO_3^- 的量增加，机体通过降低肺部的 CO_2 的呼出量，加快肾对 HCO_3^- 的排泄来调节，使血液中的 HCO_3^- 和 H_2CO_3 浓度没有明显的变化，进而维持血液的 pH 正常。

总之，由于体内各种缓冲对的缓冲作用及肺部的呼吸作用和肾的调节作用使得正常人体的血液 pH 维持在 7.35~7.45。由于某种疾病导致体内积累过多的酸或碱，超出体内缓冲溶液的缓冲能力，就会发生酸中毒或碱中毒，可通过服用含盐的药物来进行治疗。

[例 5-4]　某医院检验科有两份血液样品，测定其中 H_2CO_3 和 HCO_3^- 的浓度分别如下：

第一份血样 $[H_2CO_3]$=1.5 mmol/L，$[HCO_3^-]$= 25 mmol/L；第二份血样 $[H_2CO_3]$= 1.25 mmol/L，$[HCO_3^-]$= 30 mmol/L。

判断这两份血液样品是否正常，如何治疗？

解：

$$第一份血样\quad pH=6.10+\lg\frac{25}{1.5}=7.32$$

$$第二份血样\quad pH=6.10+\lg\frac{30}{1.25}=7.48$$

第一份血样属于 pH<7.35，病人出现酸中毒，可使用含有碳酸氢钠或乳酸钠的药物治疗；第二份血样 pH>7.45，病人出现碱中毒，可使用含氯化铵的药物进行治疗。

[化学与医药学]

药物溶液的稳定性与 pH

一些药物溶液由于其自身的理化特性，必须控制在一定的 pH 范围内，才能保持其稳定性。如青霉素 G 在 pH6.0~6.5 的水溶液中最稳定，在 pH<5.0 或 pH>8.0 时极易分解。5% 乳酸红霉素水溶液的 pH 在 6.5~7.5，pH>8.0 或 pH<4.0 时易水解失效。为了使这类药物溶液保持稳定，需要加入适当的缓冲剂。缓冲剂中含有抗酸成分和抗碱成分，具有缓冲作用，使药物溶液的 pH 保持恒定。缓冲剂的选择一般根据主药的性质来选择，注意不得

和主药有配伍禁忌。

由于人体血液中存在多种缓冲系,能维持正常的 pH 在 7.3~7.45。如果 pH<7.35 则引起酸中毒,临床上使用乳酸钠林格注射液纠正;如果 pH>7.45 则引起碱中毒,使用氯化铵纠正。当向体内注入适量的酸性或碱性药物溶液时,血液会自行调节,不会影响其 pH。因此,《中国药典》上所记载的各种注射剂的 pH 并未规定一定要与体液一致,其本身稳定性不受 pH 影响者,也不需加缓冲剂。

目 标 测 试

1. 在 $NH_3 \cdot H_2O$ 溶液中加入 1 滴酚酞,溶液呈红色,再向其中加入氯化铵晶体,溶液颜色变化。这是因为 $NH_3 \cdot H_2O$ 的解离平衡向_____移动,解离度发生变化,这种现象称为_____。

2. 在一水合氨溶液中分别加入盐酸、氯化铵、氢氧化钠,解离平衡分别向_____、_____、_____移动;其中发生同离子效应的是加入_____。

3. 欲配制 500 mL pH=5 的缓冲溶液,则需要 0.1 mol/L HAc 和 NaAc 溶液各多少毫升?

4. 将 0.5 mol/L $NH_3 \cdot H_2O$ 溶液和 0.1 mol/L HCl 溶液等体积混合,求该溶液的 pH。

在线测试:
缓冲溶液

第六章 化学反应速率和化学平衡

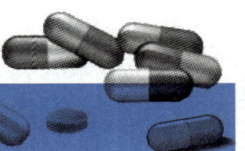

思维导图

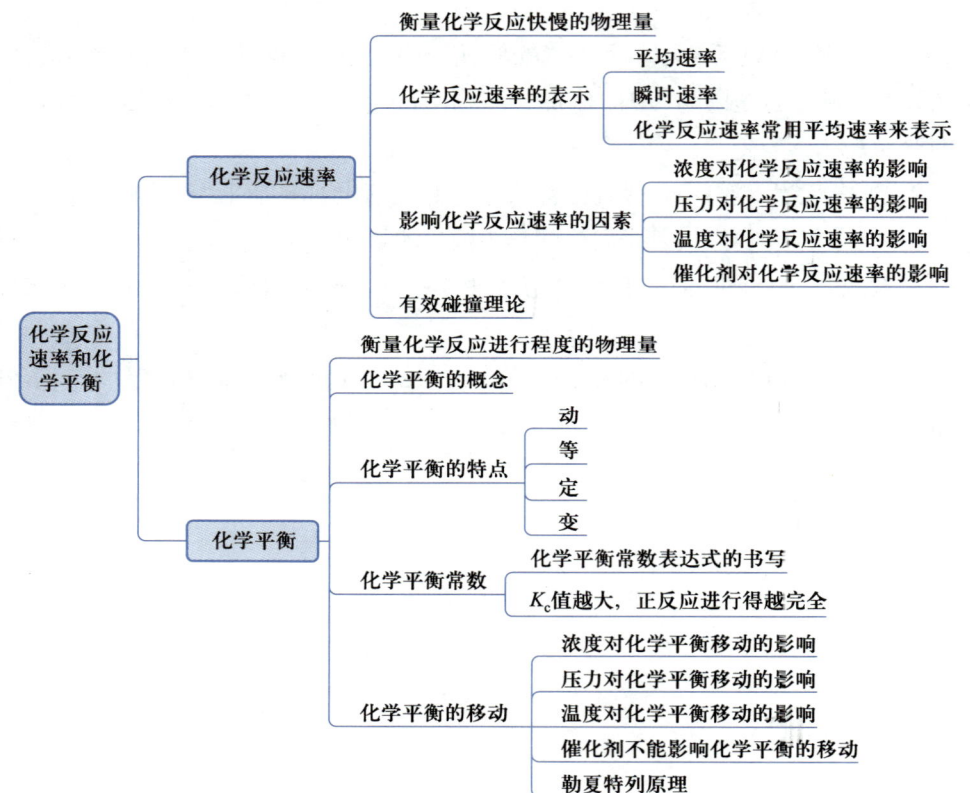

学习目标

知识目标：掌握化学平衡的基本概念、特点及影响因素；熟悉化学反应速率的表示方法和影响因素，熟悉化学平衡移动原理及其在医学上的应用；了解半衰期、生物催化剂和有效碰撞理论等。

能力目标：会进行有关化学平衡的计算，会判断化学平衡移动方向。

素质目标：培养辩证思维，建立辩证唯物主义思想与思维方法。

研究任何化学反应一般涉及两个方面问题：一是化学反应能否发生，进行到什么程度，它属于化学平衡研究的范畴；二是化学反应的快慢，它属于化学反应速率研究的范畴。要学习医学的基础理论，认识体内的生理变化，了解药物的制备及其在体内的代谢等，都必须掌握化学反应速率和化学平衡的基本理论。

第一节　化学反应速率

一、化学反应速率的概念及表示方法

在医学上或者生活中，常常会发生各种化学反应，有的进行得快，如炸药爆炸、照相底片感光、酸碱中和反应等瞬时就能完成；有的进行得慢，如铁的生锈、塑料的老化、药品和食品的变质等需要较长时间才能完成。对化学反应快慢的要求，要根据具体情况具体分析。化学反应的快慢在化学上常用化学反应速率（chemical reaction rate）来表示。

化学反应速率通常用单位时间内反应物浓度的减少或生成物浓度的增加来表示。其中，物质的浓度常用物质的量浓度表示，其单位为 mol/L，时间单位可根据具体反应进行的快慢用秒（s）、分（min）或小时（h）表示。

$$\bar{v} = \frac{|c_2 - c_1|}{t_2 - t_1}$$

假定某一瞬间（t_1）、某一反应物的浓度为 c_1=2 mol/L，经过 2 min 后（t_2-t_1=2 min）测得该反应物的浓度为 c_2=1.6 mol/L，在 2 min 内该反应物浓度变化 0.4 mol/L，这 2 min 内该反应的平均速率为 0.2 mol/(L·min)。

计算过程：

$$\bar{v} = \frac{|c_2 - c_1|}{t_2 - t_1} = \frac{|1.6 - 2.0|\text{ mol/L}}{2\text{ min}} = 0.2\text{ mol/(L·min)}$$

[例 6-1]　对于合成氨的反应，在某一条件下，若在时间 t_1 时测得[N_2]=5 mol/L，[H_2]=10 mol/L，[NH_3]=3 mol/L；2 min 后，测得[N_2]=4 mol/L，[H_2]=7 mol/L，[NH_3]=5 mol/L，则此反应在该条件下反应速率是多少？

解：　　　　　　　　　　$N_2 + 3H_2 \rightleftharpoons 2NH_3$

t_1 时 $c_1/(\text{mol·L}^{-1})$　　5　　10　　3

t_2 时 $c_2/(\text{mol·L}^{-1})$　　4　　7　　5

此反应在该条件下的反应速率可以从下列几种物质浓度的变化来表示。

若以 N_2 浓度的变化来计算：

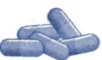

$$\bar{v}(N_2) = \frac{|c_2-c_1|}{t_2-t_1} = \frac{|4-5|\ \text{mol/L}}{2\ \text{min}} = 0.5\ \text{mol/(L·min)}$$

若以 H_2 浓度的变化进行计算:

$$\bar{v}(H_2) = \frac{|c_2-c_1|}{t_2-t_1} = \frac{|7-10|\ \text{mol/L}}{2\ \text{min}} = 1.5\ \text{mol/(L·min)}$$

若以 NH_3 浓度的变化进行计算:

$$\bar{v}(NH_3) = \frac{|c_2-c_1|}{t_2-t_1} = \frac{|5-3|\ \text{mol/L}}{2\ \text{min}} = 1.0\ \text{mol/(L·min)}$$

从以上计算结果可以看出:

① 若一个反应中有多种反应物参加反应,生成多种生成物,此时以不同的物质浓度变化进行计算所得速率的数值可能不同,因此,表示化学反应速率时必须指出研究对象。

② 对某一个化学反应,不论以什么物质的变化进行计算,所得速率数值可能不同,但一定与反应式中系数成比例。

以上所讨论的反应速率都是某一段时间内的平均反应速率。某一时刻的化学反应速率称为瞬时速率,即当 Δt 趋于零时,则可求出瞬时速率,计算公式如下:

$$v = \lim_{\Delta t \to 0} \frac{|c_2-c_1|}{t_2-t_1}$$

二、影响化学反应速率的因素

影响化学反应速率的因素分为内因和外因。不同的化学反应其速率差别很大。例如,氢气与氟气在低温、黑暗处就能迅速化合,发生猛烈爆炸,而在同样条件下,氢气与氯气反应就非常缓慢。这种反应速率的差别,是由反应物本身结构和性质即内因的不同所造成的。内因是决定化学反应速率的主要因素。此外,化学反应速率还受外界条件的影响。例如,氢气与氯气,用强光照射或点燃时,就能迅速化合。影响化学反应速率的外界因素很多,对均相体系来说,主要有浓度、压力、温度和催化剂。

(一) 浓度对化学反应速率的影响

浓度对化学反应速率的影响很大。例如,硫、磷等在纯氧中燃烧比在空气中燃烧剧烈得多,这是因为纯氧中氧气的浓度比空气中氧气的浓度大的缘故。

[观察与思考]

在一支试管中加入 0.1 mol/L 硫代硫酸钠($Na_2S_2O_3$)溶液 4 mL,在另一支试管中加入 0.1 mol/L 硫代硫酸钠溶液和蒸馏水各 2 mL。另取两支试管,向每支试管中加入 0.1 mol/L 硫酸(H_2SO_4溶液)各 4 mL。然后,同时将硫酸分别倒入两支盛有硫代硫酸钠溶液的试管中,观察两支试管中出现浑浊的顺序。

在硫代硫酸钠溶液中加入稀硫酸,发生如下反应:
$$Na_2S_2O_3 + H_2SO_4 = Na_2SO_4 + SO_2\uparrow + S\downarrow + H_2O$$

溶液变浑浊的原因是生成了不溶于水的硫。当用不同浓度的硫代硫酸钠溶液与硫酸反应时,出现浑浊现象的快慢会不同。两支试管中硫酸的浓度相同,但第一支试管中硫代硫酸钠溶液的浓度比第二支试管中的大,反应进行得快,先出现浑浊,第二支试管后出现浑浊。

实验证明:当其他条件不变时,增大反应物的浓度,反应速率加快;减小反应物的浓度,反应速率减慢。

19 世纪中期,挪威化学家古德堡(Guldberg)和瓦格(Waage)在总结了大量实验的基础上,概括了化学反应速率与反应物浓度之间的定量关系:在恒定温度下,对于一步完成的简单反应(基元反应),化学反应速率与各反应物浓度的幂的乘积成正比。这个规律称为质量作用定律(law of mass action)。对于基元反应:

$$mA + nB = C$$
$$v = kc_A^m c_B^n$$

式中,v 为反应速率;c_A、c_B 分别表示反应物 A 和 B 的浓度(mol/L);k 是反应速率常数。在给定条件下,当反应物浓度都是 1 mol/L 时,$v = k$,即反应速率常数在数值上等于单位浓度时的反应速率。k 与温度有关,不随浓度而变化。对于同一反应,在一定条件(如温度、催化剂)下,k 是一个定值。不同的化学反应,k 值不同。k 值越大,反应速率越快,反之,则越慢。例如:

$$NO_2 + CO = NO + CO_2$$
$$v = kc_{NO_2}c_{CO}$$

注意:在质量作用定律数学表达式中,不包括固态和纯液态反应物。例如:

$$C(s) + O_2 = CO_2$$
$$v = kc_{O_2}$$

大多数反应是由两个或者两个以上的基元反应构成的,称为复杂反应,在复杂反应中,各步反应的速率不同,整个反应的反应速率取决于最慢的那一步反应。例如:

$$H_2(g) + I_2(g) = 2HI(g)$$

反应分两步完成：

第一步　　　　　$I_2(g) \rightleftharpoons 2I(g)$　　　　　快

第二步　　　　　$H_2(g)+2I(g) \rightleftharpoons 2HI(g)$　　　　　慢

对于复杂反应，每个基元反应根据反应式都有自己的速率方程，但总反应的速率方程是由实验确定的，如上述反应的反应速率为

$$v = kc_{H_2}c_I^2$$

因此，质量作用定律只适用于基元反应，不适用于复杂反应的总反应。

（二）压力对化学反应速率的影响

对于气体来说，当温度一定时，一定量气体的体积与其所受的压力成反比。即气体所受的压力增大到原来的两倍，气体的体积就缩小到原来的二分之一，单位体积内的气体分子数增加到原来的两倍，如图6-1所示。所以，对于有气体参加或生成的反应，增大压力，气体的体积缩小，单位体积内反应物的物质的量增加，反应物浓度增大，反应速率加快；减小压力，气体的体积扩大，反应物浓度减小，反应速率减慢。综上所述，对于有气体参加或生成的反应，增大压力可以增大反应速率；反之，减小压力可以减小反应速率。

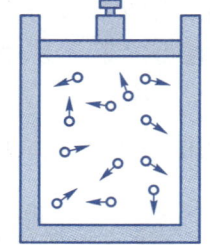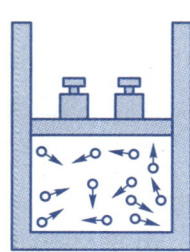

图6-1　压力与一定量气体所占体积关系示意图

压力仅对有气体参加或生成的反应的速率产生影响。如果参加反应的物质是固体、液体或者是在溶液中进行的反应，由于改变压力对它们的体积影响极小，它们的浓度几乎不发生改变，因此，固体或液体物质间的反应速率几乎不受压力的影响。

（三）温度对化学反应速率的影响

温度对化学反应速率的影响比较显著，许多化学反应是在加热的条件下进行的。例如，氢气和氧气化合生成水（$2H_2+O_2 \rightleftharpoons 2H_2O$），常温下几乎不反应，当加热到600 ℃，就会立即反应，发生猛烈爆炸。

[观察与思考]

在两支试管中各加入 0.1 mol/L 硫代硫酸钠溶液 2 mL，分别放入盛有热水和冷水的两个烧杯中。另取两支试管，各加入 0.1 mol/L 硫酸 2 mL。稍待片刻，同时将两支试管中的硫酸分别倒入盛有硫代硫酸钠溶液的试管中，观察两支试管中出现浑浊的先后顺序。

实验结果:放入热水中的试管(温度高),先出现浑浊,反应快;放入冷水中的试管(温度低),后出现浑浊,反应慢。

由此可见:升高温度,反应速率加快;降低温度,反应速率减慢。荷兰科学家范特霍夫(Van't Hoff)通过大量实验还得出了一个近似规律:当其他条件不变时,温度每升高 10 ℃,反应速率增大到原来的 2~4 倍。

温度能显著改变化学反应速率,因此在实践中人们经常通过改变温度来控制反应速率。例如,化学实验室和化工生产中,经常采取加热的方法来加快化学反应;为了防止某些药物特别是生物制剂受热变质,通常把它们存放在阴凉、低温处或置于冰箱内保存。

[知识拓展]

阿伦尼乌斯公式

1889 年,阿伦尼乌斯(Arrhenius)依据大量实验数据,得出了一个经验公式,用来表示速率常数与反应温度之间的定量关系:

$$k = Ae^{\frac{-E_a}{RT}} \text{ 或 } \ln k = -\frac{E_a}{RT} + \ln A$$

式中,k 是速率常数;R 是摩尔气体常数,$R=8.314$ J/(mol·K);T 是热力学温度,$T=(273.15+t/℃)$ K;A 是频率因子(包括影响反应速率的分子间的碰撞频率及空间位置等因素),单位与速率常数一致;E_a 是反应的活化能。从阿伦尼乌斯公式可以看出,在一定条件下,对于某一反应,E_a 是常数,$e^{\frac{-E_a}{RT}}$ 随温度升高而增大,即温度升高,k 增大,反应速率加快;对于 A 值相近的不同反应,温度一定时,则 E_a 越小,k 越大,反应速率越快。

(四)催化剂对化学反应速率的影响

[观察与思考]

取试管 2 支,分别加入质量分数为 0.03 的过氧化氢溶液(双氧水) 2 mL,其中一支加少量二氧化锰粉末。观察 2 支试管中产生气体的快慢。

反应方程式: $2H_2O_2 \xrightarrow{MnO_2} 2H_2O + O_2\uparrow$

实验结果:加入二氧化锰粉末的试管过氧化氢的分解速率明显加快,单位时间内产生的氧气也多。在此反应中二氧化锰是催化剂。在反应中能改变反应速率而本身的化学组成和质量在反应前后没有发生变化的物质称为催化剂(catalyst)。因催化剂的存在而使反应速率发生变化的现象称为催化作用(catalysis)。二氧化锰能加快过氧化氢的分解,起催化作用。

催化剂能显著地改变化学反应速率,加快反应速率的称正催化剂,减慢反应速率的称负催化剂,如无特别说明,一般指正催化剂。

在现代化学和化工生产中,催化剂极为重要。例如,硫酸工业中,由二氧化硫制三氧化硫的反应常用五氧化二钒(V_2O_5)作催化剂加快反应速率;合成氨工业中,氢气和氮气的反应,则用以铁为主体的多成分催化剂来催化。据统计,约有85%的化学反应需用催化剂。

在生物学中,有一类很重要的催化剂称为酶催化剂,生物体内的各种酶,具有催化活性,它对于生物体内的消化、吸收、代谢等过程起着非常重要的催化作用。酶具有催化效率高、专一性强、作用条件温和及无副反应等特点,便于过程的控制和分离。在生物体内,酶参与催化几乎所有的物质转化过程,与生命活动有密切关系;在体外,也可作为催化剂进行工业生产。国内外医学证明,酶是人体内新陈代谢的催化剂,只有在酶存在时,人体内才能进行各项生化反应;人体内的酶越多、越完整,其生命越健康。在人体中,各种酶的催化非常专一:唾液酶促使淀粉转化为糖,酵母酶促使糖转化为醇和二氧化碳。人体中还有脂酶、蛋白酶、乳糖酶等。1972年,美国科学家斯坦(Stein)、穆尔(Moore)和安芬森(Anfinson),因对核糖核酸酶的研究,特别是对其氨基酸序列与生物活性构象之间联系的研究,对核糖核酸酶分子的活性中心的催化活性与其化学结构之间的关系的研究等,获得了诺贝尔化学奖。

三、有效碰撞理论

(一) 有效碰撞

反应物分子间的相互碰撞是发生化学反应的先决条件,但并非每一次碰撞都能发生化学反应。在0 ℃及101.3 kPa条件下,气体分子的平均速度大约为10^5 cm/s。运动速度非常快,分子间的碰撞机会很多。如果每一次碰撞都能发生化学反应,那么气体间的化学反应必定很快,然而,事实并非如此,氢气和氧气、氢气和氮气之间的反应在常温下就进行得非常慢,其反应速率几乎为零。因此并不是每一次碰撞都能发生化学反应。而能发生化学反应的碰撞称有效碰撞(effective collision)。

(二) 活化分子

能够发生有效碰撞的分子称活化分子。它具有的能量高于一般分子所具有的能量。

（三）活化能

物质分子具有一定的能量，能量有高有低。在某一温度下，设分子的平均能量为 $\overline{E}$，活化分子的最低能量为 E_1。则活化分子的最低能量（E_1）与分子平均能量（$\overline{E}$）之差（$E_1-\overline{E}$）称活化能（activation energy，E_a）。换句话说，把具有平均能量的分子变成活化分子所需要的最低能量称活化能。

对于某一个化学反应，在确定的条件下，E_1 和 $\overline{E}$ 都是一定的，即活化能 E_a 也是一定的。如果改变反应条件，使 E_1 减小（或使 $\overline{E}$ 增大），则活化能 E_a 就减小，反应速率就加快；反之，使 E_1 增大（或使 $\overline{E}$ 减小），活化能 E_a 增大，反应速率就减慢。

（四）活化分子百分数

一定条件下，设单位体积内反应物分子总数为 n，单位体积内活化分子总数为 n^*，则活化分子百分数 $A = \dfrac{n^*}{n} \times 100\%$。活化分子百分数（$A$）越大，则活化分子总数就越大，有效碰撞次数越多，反应速率越快。

（五）用有效碰撞理论解释影响化学反应速率的诸因素

（1）反应物浓度增加，单位体积内反应物分子总数（n）增加，活化分子总数（n^*）也增加，有效碰撞次数增多，反应速率加快。

（2）对于有气体参加或生成的反应，当其他条件不变时，压力增大，则体积缩小，相当于增大反应物的浓度，反应速率加快。

（3）温度升高，分子的平均能量增加，单位体积内活化分子百分数（A）增加，活化分子总数（n^*）增加，有效碰撞次数增多，反应速率加快。

（4）加入正催化剂，改变了反应历程，降低了反应活化能（见图6-2），从而单位体积内活化分子百分数（A）明显增加，活化分子总数（n^*）大大增加，有效碰撞次数增多，反应速率加快。

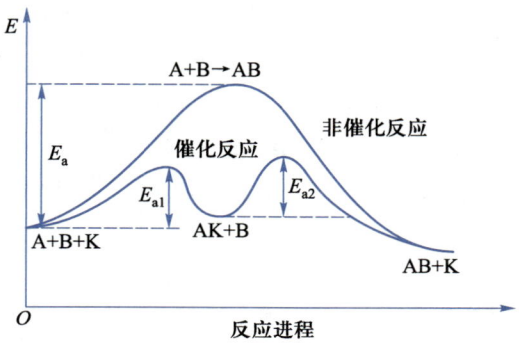

图6-2　正催化剂降低反应活化能的示意图

第六章 化学反应速率和化学平衡

对于非均相体系,除上述因素外,反应物质之间的接触面积和扩散作用等因素对反应速率也有影响。

[化学与医药学]

药物半衰期

化学反应速率与药物关系密切,药物在体内的变化经常会用到半衰期。药物半衰期指的是血液中药物浓度或者是体内药物量减少到二分之一所花费的时间。药物半衰期(用 $t_{1/2}$ 表示)的计算公式为

$$t_{1/2} = \ln 2/k$$

式中 k 为消除速率常数。

药物半衰期的作用,一是能指导合理配伍,二是能确定给药间隔。药物半衰期不同的药物有很大的差异,对于药物半衰期比较长的药物,给患者用药的时间就应该长一些,对于药物半衰期比较短的药物,给患者用药的时间就应该缩短一些。在这个过程中要合理用药。不能擅自给患者缩短或者延长用药的时间,否则会引发患者出现不良反应或者出现中毒的现象。此外,还会造成药效减弱,使患者不能早日康复。所以,在合理用药的过程中,要严格遵守药物半衰期长短,进行合理用药。还要时刻注意药物的性质和个体差异,以及药物之间的相互作用,一般情况下,为了维持恒定的血药浓度,给药的时间不宜超过药物半衰期,这样才能够有效避免不同患者在用药过程中出现的一些不良反应,达到合理用药的效果,帮助患者早日康复。

例如,若给患者注射 0.5 g 四环素,在不同时间 t 测得血液中四环素的浓度,具体数据如下:

t/h	4	8	12	16
c/[mg·(100 mL)$^{-1}$]	0.480	0.326	0.222	0.15

通过作 $\ln c - t$ 图(此图为直线)可知,四环素在人体血液中的消耗呈现一级反应,直线的斜率为 -0.096,求①四环素在血液中的半衰期。②欲使血液中的四环素浓度不低于 0.37 mg/(100 mL),需间隔几小时注射第二次?

根据半衰期的计算公式 $t_{1/2} = \ln 2/k$,题目已知斜率 k,则

$$t_{1/2} = \ln 2/k = \ln 2/0.096 = 7.22$$

根据一级反应的速率方程 $\ln c_A = \ln c_0 - 0.096t$,用表中的数据求得 $c_0 = 0.70$ mg/100 mL,当血液中的四环素浓度降为 0.37 mg/100 mL 时,所需时间为

$$t = \frac{1}{k} \ln \frac{c_0}{c_A} = \frac{1}{0.096 \text{ h}^{-1}} \ln \frac{0.70}{0.37} = 6.64 \text{ h}$$

因此,为使血液中的四环素浓度不低于 0.37 mg/100 mL,应在 6 h 后注射第二次。

第二节 化学平衡

一、化学平衡的概念

(一) 不可逆反应和可逆反应

在一定条件下,有些化学反应一旦发生,就能不断反应直到由反应物完全变成生成物。例如,氯酸钾在二氧化锰催化下的分解反应,氯酸钾能全部分解生成氯化钾和氧气:

$$2KClO_3 \xrightarrow{MnO_2} 2KCl + 3O_2\uparrow$$

而在相同条件下,用氯化钾和氧气反应来制取氯酸钾是不可能的。这种只能向一个方向进行的反应叫作不可逆反应(irreversible reaction)。不可逆反应的特点是反应能向一个方向进行到底。

大多数化学反应和上述反应不同。在同一反应条件下,不但反应物可以转化为生成物,而且生成物也可以转化为反应物,即两个相反方向的反应同时进行。例如,在一定条件下,氮气和氢气合成氨气,同时,氨气分解为氮气和氢气。

$$N_2 + 3H_2 \longrightarrow 2NH_3$$
$$2NH_3 \longrightarrow N_2 + 3H_2$$

在同一反应条件下,同时向两个相反方向进行的化学反应,称为可逆反应(reversible reaction)。为了表示反应的可逆性,在化学方程式中常用可逆符号"$\rightleftharpoons$"代替等号。上述反应可以写成:

$$N_2 + 3H_2 \underset{逆反应}{\overset{正反应}{\rightleftharpoons}} 2NH_3$$

在可逆反应方程式中,通常把从左向右进行的反应称正反应,从右向左进行的反应称逆反应。

可逆反应的特点是在封闭的反应体系中反应不能进行到底。

(二) 化学平衡

在一定温度和压力下,将一定量的氮气和氢气混合气体充入一密闭容器中。当反应开始时,容器中只有氮气和氢气,此时反应物浓度最大,生成物浓度为零,正反应速率最大,逆反应速率为零。随着反应的进行,氮气和氢气不断被消耗,反应物浓度逐渐减小,正反应速率也相应地逐渐减小;氨气的浓度逐渐增大,即生成物浓度逐渐增大,逆反应速率逐渐增大。当反应进行到一定程度时,逆反应速率等于正反应速率,即氨气的分解速率等于氮气和氢气合成氨气的速率(图6-3),在单位时间内,氮气与氢气反应减少的分子数,恰好等于氨气分解生成的氮气和氢气分子数。容器中反应物氮气、氢气和生成物氨气的分子数不再随时间而改变,无论经过多长时间,氮气和氢气也不可能全部转化为氨气。

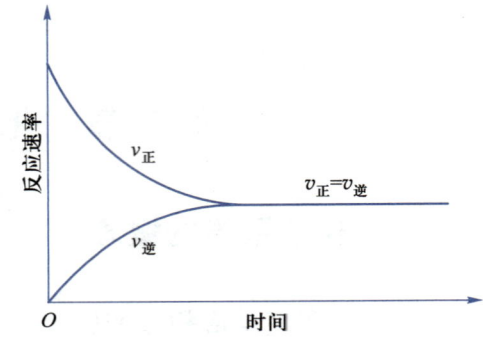

图6-3 正、逆反应速率示意图

在一定条件下,可逆反应中正反应速率等于逆反应速率的状态,称为"化学平衡"(chemical equilibrium)。在平衡状态下,反应物和生成物的浓度称为平衡浓度。只要条件不变,体系中各反应物和生成物的浓度保持不变,但这并不意味着反应已停止,此时反应仍在继续进行,只是正、逆反应速率相等,体系中各物质浓度保持不变,所以化学平衡是一种动态平衡。

应该注意的是,当可逆反应达到平衡时,其特征是正反应与逆反应的速率相等,平衡混合物中各物质浓度保持不变,并不是各个物质的浓度一定相等,也不是生成物浓度的乘积与反应物浓度的乘积相等。

可逆反应与化学平衡

二、化学平衡常数

(一)平衡常数表达式

下列可逆反应:

$$CO + H_2O(g) \rightleftharpoons CO_2 + H_2$$

正反应速率:$v_正 = k_正 [CO][H_2O]$

逆反应速率:$v_逆 = k_逆 [CO_2][H_2]$

平衡时:$v_正 = v_逆$

即得 $k_正 [CO][H_2O] = k_逆 [CO_2][H_2]$

$$\frac{[CO_2][H_2]}{[CO][H_2O]} = \frac{k_正}{k_逆} = K_c$$

在一定温度下反应速率常数 $k_正$ 和 $k_逆$ 都是常数,因此它们的比值 K_c 也是常数。这个常数称平衡常数(equilibrium constant)。它表示在一定温度下某一个可逆反应在达到平衡时生成物浓度的幂的乘积与反应物浓度的幂的乘积之比值是一个常数。

平衡常数的大小表示平衡体系中正反应进行的程度。K_c 值越大,表示正反应进行得越完全,平衡混合物中生成物的浓度就越大;K_c 值越小,表示正反应进行得越不完全，平衡混合物中生成物的浓度就越小。

对于同一可逆反应，平衡常数 K_c 与浓度的变化无关，与温度的变化有关。

化学反应方程式书写不同，平衡常数 K_c 的表达式也不同。例如，氮气和氢气合成氨的反应，化学反应方程式写成 $N_2+3H_2 \rightleftharpoons 2NH_3$，则

$$K_c = \frac{[NH_3]^2}{[N_2][H_2]^3}$$

化学反应方程式写成 $2NH_3 \rightleftharpoons N_2+3H_2$，则

$$K_c' = \frac{[N_2][H_2]^3}{[NH_3]^2}$$

显然，$K_c = \frac{1}{K_c'}$，$K_c \neq K_c'$。所以，使用 K_c 进行计算时，K_c 表达式要与所列的化学反应方程式相对应。几点说明：

① 平衡常数适用于复杂反应的总反应，不必考虑该化学反应是分几步完成的。
② 固态物质和液态物质不写入平衡常数表达式。
③ 在水作为溶剂的稀溶液中进行的反应，如果有水参加或生成，水的浓度也不必写入平衡常数表达式中。

(二) 有关化学平衡的计算

1. 已知平衡浓度求平衡常数

[**例 6-2**] 在某温度下，反应 $H_2+Br_2 \rightleftharpoons 2HBr$ 在下列浓度时建立平衡：$[H_2]$ = 0.5 mol/L，$[Br_2]$ = 0.1 mol/L，$[HBr]$ = 1.6 mol/L，求平衡常数 K_c。

解： $\qquad\qquad H_2 + Br_2 \rightleftharpoons 2HBr$

平衡浓度 $c/(\text{mol·L}^{-1})$ $\quad$ 0.5 $\quad$ 0.1 $\quad$ 1.6

$$K_c = \frac{[HBr]^2}{[H_2][Br_2]} = \frac{1.6^2}{0.5 \times 0.1} = 51.2$$

解得平衡常数 K_c 等于 51.2。

2. 已知平衡浓度求起始浓度

[**例 6-3**] 氨的合成反应 $N_2+3H_2 \rightleftharpoons 2NH_3$，某温度下达到平衡时，平衡浓度为 $[N_2]$ = 3 mol/L，$[H_2]$ = 8 mol/L，$[NH_3]$ = 4 mol/L，求起始时氮气和氢气的浓度。

解： 设起始时 $[NH_3]$ = 0 mol/L。达到平衡时，生成 4 mol/L 氨气，由反应式的化学计量关系可知：

$\qquad\qquad\qquad\qquad N_2 + 3H_2 \rightleftharpoons 2NH_3$

起始浓度 $c_{\text{起始}}/(\text{mol·L}^{-1})$	x	y	0
变化浓度 $c_{\text{变化}}/(\text{mol·L}^{-1})$	2	6	4
平衡浓度 $c_{\text{平衡}}/(\text{mol·L}^{-1})$	3	8	4

所以起始时：

$$c_{N_2} = x \text{ mol/L} = (3+2) \text{ mol/L} = 5 \text{ mol/L}$$
$$c_{H_2} = y \text{ mol/L} = (8+6) \text{ mol/L} = 14 \text{ mol/L}$$

3. 已知平衡常数、起始浓度，求平衡浓度及反应物转化为生成物的转化率

[**例 6-4**] 在密闭容器中，将一氧化碳和水蒸气的混合物加热，达到下列平衡：

$$CO + H_2O(气) \rightleftharpoons CO_2 + H_2$$

在 800 ℃时平衡常数等于 1，反应起始时一氧化碳的浓度是 2 mol/L，水蒸气的浓度是 3 mol/L，求平衡时各物质的浓度和一氧化碳转化为二氧化碳的转化率。

解：设在平衡时，单位体积中有 x mol 的一氧化碳转化为二氧化碳，即 $[CO_2] = x$ mol/L。

$$CO + H_2O(g) \rightleftharpoons CO_2 + H_2$$

起始浓度 $c_{开始}/(\text{mol}\cdot\text{L}^{-1})$	2	3	0	0
变化浓度 $c_{变化}/(\text{mol}\cdot\text{L}^{-1})$	x	x	x	x
平衡浓度 $c_{平衡}/(\text{mol}\cdot\text{L}^{-1})$	$2-x$	$3-x$	x	x

将平衡浓度代入平衡常数表达式，则得

$$K_c = \frac{[CO_2][H_2]}{[CO][H_2O]} = \frac{x^2}{(2-x)(3-x)} = 1$$

解方程得 $x = 1.2$。

平衡时各物质浓度为

$$[CO] = (2-1.2) \text{ mol/L} = 0.8 \text{ mol/L}$$
$$[H_2O] = (3-1.2) \text{ mol/L} = 1.8 \text{ mol/L}$$
$$[CO_2] = [H_2] = 1.2 \text{ mol/L}$$

一氧化碳的转化率：

$$转化率 = \frac{c_{变化}}{c_{起始}} \times 100\% = \frac{1.2}{2} = 60\%$$

转化率是指某一反应物转化的百分率，转化物是针对反应物而言的。如果反应物不止一种，根据不同反应物计算所得的转化率数值可能是不一样的，但它们反映的都是同一客观事实。因此按哪种反应物来计算转化率都是可以的。

转化率的计算公式如下：

$$转化率 = \frac{变化浓度}{起始浓度} \times 100\%$$

三、化学平衡的移动

一切动态平衡都是相对的和暂时的。化学平衡也具有相对性和暂时性，只是在一定条件下才能保持平衡状态。如果外界条件（浓度、压力、温度等）发生改变，原来

的平衡就会被破坏,反应体系中各物质的浓度将发生改变,可逆反应就从暂时的平衡变为不平衡,直至在新的条件下建立新的平衡。在新的平衡状态下,各物质的浓度均发生了变化。

因反应条件的改变,使可逆反应从一种平衡状态向另一种平衡状态转变的过程,称为化学平衡的移动。在新的平衡状态下,如果生成物的浓度比原平衡时的浓度大,可判断此平衡向正反应方向(向右)移动;如果反应物的浓度比原来平衡时的浓度大,可判断此平衡向逆反应方向(向左)移动。

影响化学平衡移动的外部因素主要有浓度、温度、压力等。

(一) 浓度对化学平衡移动的影响

一个达到化学平衡状态的可逆反应,如果改变平衡体系中的任何一种反应物或生成物的浓度,都会改变正反应速率或逆反应速率,使它们不再相等,从而引起化学平衡的移动。化学平衡移动的结果使反应物和生成物的浓度都发生改变,并在新的条件下建立新的平衡。

[观察与思考]

在一个小烧杯中加入 15 mL 蒸馏水,然后滴入 1 mol/L 三氯化铁溶液和 1 mol/L 硫氰酸钾溶液各 3 滴,观察溶液的颜色发生了怎样的变化。将烧杯中的溶液分装到 4 支试管中,在第 2 支试管中加入 0.1 mol/L 三氯化铁溶液少许,在第 3 支试管中加入 0.1 mol/L 硫氰酸钾溶液少许,在第 4 支试管中加入固体氯化钾少许,观察这三支试管中溶液颜色的变化,并与第 1 支试管中溶液颜色相比较。

三氯化铁和硫氰酸钾反应,生成血红色的六硫氰合铁(Ⅲ)酸钾和氯化钾。反应方程式如下:

$$FeCl_3 + 6KSCN \rightleftharpoons K_3[Fe(SCN)_6] + 3KCl$$

实验结果:在平衡混合物中加入三氯化铁溶液或硫氰酸钾溶液后溶液的红色都变深,加入固体氯化钾后溶液的红色变浅。这是因为三氯化铁或硫氰酸钾为反应物,增大任何一种反应物的浓度,都会加快正反应速率,使得正反应速率大于逆反应速率,于是平衡被破坏,反应向加快生成六硫氰合铁(Ⅲ)酸钾的方向进行。随着反应的进行,三氯化铁和硫氰酸钾的浓度逐渐降低,正反应速率逐渐减小。同时,由于生成物的浓度逐渐增大,逆反应速率也相应加快,直至正、逆反应速率又重新相等,反应达到了新的平衡。在新的平衡状态下,各物质的浓度都发生了改变,生成物六硫氰合铁(Ⅲ)酸钾的浓度比原来平衡时的浓度增大了(溶液的红色变深),表明平衡向着正反应方向(向右)移动。降低生成物的浓度,会减慢逆反应速率,使得正反应速率大于逆反应速率,结果使平衡向正反应方向(向右)移动。增加生成物的浓度,会加快逆反应速率,使得逆反应速率大于正反应速率,平衡向着逆反应方向(向左)移动,生成物六硫氰合铁(Ⅲ)酸钾的浓度比原来平衡时的浓度减小了,所以增加氯化钾的浓度,溶液的红色变浅。

综上所述:在其他条件不变时,增大反应物的浓度或减小生成物的浓度,平衡向正反应方向(向右)移动;增加生成物的浓度或减小反应物的浓度,平衡向逆反应方向(向左)移动。

浓度对化学平衡移动的影响在医学上有着重要的应用。例如,在肺泡中,红细胞中的血红蛋白(Hb)与氧气结合成为氧合血红蛋白(HbO_2),由血液运输到全身各组织后,氧合血红蛋白就分解释放氧气提供给组织细胞利用,其化学过程为

$$Hb(血红蛋白) + O_2 \rightleftharpoons HbO_2(氧合血红蛋白)$$

当患者因心肺功能不全、肺活量减少或因其他原因引起的呼吸困难甚至出现昏迷等缺氧症状时,往往采用吸(输)氧来增加氧气浓度,促使上述平衡向右移动,增加氧合血红蛋白的量,从而改善全身组织的缺氧情况。

(二)压力对化学平衡移动的影响

对于反应物或生成物中有气态物质的化学平衡体系,如果反应前后气体分子数不相等,增大或者降低总压力,反应物和生成物的浓度都会发生改变,使得正反应速率和逆反应速率不再相等。所以改变反应的总压力(恒温条件),就会使化学平衡发生移动。平衡移动的方向与反应前后气体分子数有关。

[观察与思考]

如图 6-4 所示,用注射器吸入一定量二氧化氮和四氧化二氮的混合气体,用橡胶塞将细端管口封闭,使注射器活塞达到Ⅰ处。二氧化氮(红棕色气体)和四氧化二氮(无色气体)在一定条件下达到化学平衡:

$$2NO_2(g) \rightleftharpoons N_2O_4(g)$$
(红棕色)　　(无色)

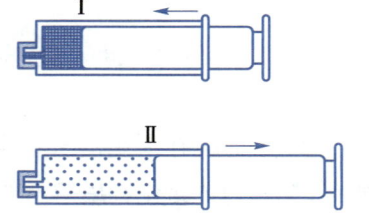

图 6-4　压力对化学平衡移动的影响

将注射器活塞向外拉至Ⅱ处,气体的总压力减小,管内体积增大,浓度减小,混合气体的颜色变浅。请仔细观察:稍待片刻后管内气体颜色有何变化?将注射器活塞向里又推至Ⅰ处,管内气体颜色又有何变化?

由二氧化氮和四氧化二氮相互转化的化学方程式可知,消耗 2 mol 二氧化氮就

增加 1 mol 四氧化二氮,反应前后气体分子数不相等:正反应是气体分子数减少(体积减小)的反应,逆反应是气体分子数增加(体积增大)的反应。当注射器活塞向外拉至 Ⅱ 处时,管内体积增大,气体的总压力减小,浓度减小,混合气体的颜色先变浅;稍待片刻后,由于平衡发生了移动,混合气体的颜色又逐渐变深,表明平衡向生成二氧化氮的方向,即向气体分子数增加的方向移动。当将注射器活塞向里又推至 Ⅰ 处时,管内体积缩小,气体的总压力增大,浓度增大,混合气体的颜色先变深后又逐渐变浅,表明平衡向生成四氧化二氮的方向,即向气体分子数减少的方向移动。

综上所述:对于气体反应物与气体生成物分子数不等的可逆反应来说,当其他条件不变时,增大总压力,平衡向气体分子数减少(气体体积缩小)的方向移动;减小总压力,平衡向气体分子数增加(气体体积增大)的方向移动。

压力对于固态或液态物质的体积影响很小,因此只有固态或液态物质参加的化学平衡体系,压力的影响可以忽略。既有气态又有固态或液态物质的化学平衡体系,压力的改变只需考虑反应体系中气态物质分子数的变化。例如,用炽热的碳将二氧化碳还原成一氧化碳的反应:

$$C(s) + CO_2 \rightleftharpoons 2CO$$

由于正反应是气体分子数增加的反应,所以,在一定温度下增大总压力,平衡向气体分子数减少的方向,即向左移动;减小总压力,平衡向气体分子数增加的方向,即向右移动。

压力对化学平衡的影响,可以用质量作用定律来解释,其实质还是浓度对化学平衡的影响。

(三) 温度对化学平衡移动的影响

化学反应总是伴随着放热或吸热现象的发生。放出热量的反应称为放热反应(exothermic reaction),放出的热量用"+"号表示在化学方程式的右边;吸收热量的反应称为吸热反应(endothermic reaction),吸收的热量用"-"号表示在化学方程式的右边。对于可逆反应,如果正反应是放热反应,逆反应就一定是吸热反应,而且,正反应放出的热量和逆反应吸收的热量相等。对于伴随放热或吸热现象的可逆反应,当反应达到平衡后,改变温度,也会使化学平衡移动。例如,二氧化氮生成四氧化二氮的反应:

$$2NO_2(g) \rightleftharpoons N_2O_4(g) + 56.9 \text{ kJ/mol}$$
(红棕色) (无色)

在这个反应中,正反应为放热反应,逆反应则为吸热反应。温度对其平衡的影响可由以下实验得到证明。

[观察与思考]

如图 6-5 所示,在两个连通的烧瓶中充满二氧化氮(红棕色气体)和四氧化二氮(无色气体)的混合气体,用夹子夹住橡胶管,然后把一个烧瓶浸入热水中,另一个烧瓶浸入冰水中。请观察:热水和冰水中烧瓶内混合气体的颜色变化。

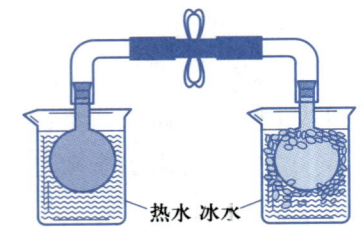

图 6-5　温度对化学平衡移动的影响

从实验看到,热水中瓶内气体的颜色变深,表明二氧化氮浓度增大;冰水中瓶内气体的颜色变浅,表明二氧化氮浓度减小。实验结果说明,当可逆反应达到平衡后,升高温度,有利于吸热反应,平衡向吸热反应的方向即生成二氧化氮的方向移动;降低温度,有利于放热反应,平衡向放热反应的方向即生成四氧化二氮的方向移动。

综上所述:在其他条件不变时,升高反应温度,有利于吸热反应,平衡向吸热反应方向移动;降低反应温度,有利于放热反应,平衡向放热反应方向移动。

温度影响化学平衡移动的基础是:温度对吸热反应和放热反应的影响程度不同。当可逆反应达到平衡后,升高温度,正反应速率和逆反应速率都要加快,但是加快的倍数不同,吸热反应速率增加得多而放热反应速率增加得少,致使正、逆反应速率不再相等,平衡被破坏,平衡向吸热反应的方向移动。反之,降低温度,正反应速率和逆反应速率都减小,但是减小的比例不同,吸热反应速率减小得多而放热反应速率减小得少,致使正、逆反应速率不再相等,平衡被破坏,平衡向放热反应的方向移动。

(四) 催化剂不能影响化学平衡的移动

对于可逆反应,催化剂能够以同等程度同时改变正反应和逆反应的速率,正、逆反应速率仍然相等,因此催化剂不能使化学平衡移动,但是,催化剂能够加快或减慢化学反应速率,缩短或延长反应达到平衡所需的时间。因此在化工生产中常使用催化剂来加快反应速率,缩短生产周期,提高生产效率。

(五) 勒夏特列原理

从以上讨论可知,如果在平衡体系内增加反应物浓度,平衡就向着由反应物转变为生成物(即减小反应物浓度)的方向移动;有气体存在的反应,如果增大平衡体系的总压力,平衡就向着气体分子数减少(即气体总压力减小)的方向移动;如果升高温度,平衡就向着吸热反应(即降低温度)方向移动。

法国化学家勒夏特列(Le Chatelier)根据以上结论,概括出一条普遍的规律:任何已经达到平衡的体系,如果改变影响平衡的一个条件,如浓度、压力或温度,平衡就向着削弱或解除这些改变的方向移动。这个规律称勒夏特列原理,又称平衡移动原理。

平衡移动原理只适用于已经达到平衡的体系。没有达到平衡的体系,其反应的方向只有一个,即达到平衡的方向。

[化学与医药学]

阿司匹林(Aspirin)的合成

化学反应速率和化学平衡在药物的合成反应中应用非常广泛,一般可通过加热和使用催化剂来提高药物合成反应的速率,缩短生产周期,提高生产效率;通过增加某常见或者价廉的反应物的浓度,使平衡向正反应方向移动,从而提高某稀有或者贵重反应物的转化率,达到降低成本的目的。

下面以合成阿司匹林为例,阿司匹林为解热镇痛药,常用于治疗伤风、感冒、头痛、发烧、神经痛、关节痛及风湿病等疾患,近年来,又发现它具有抑制血小板凝聚的作用,其治疗范围又进一步扩大到预防血栓形成、治疗心血管疾患。阿司匹林化学名为2-乙酰氧基苯甲酸,化学结构式为

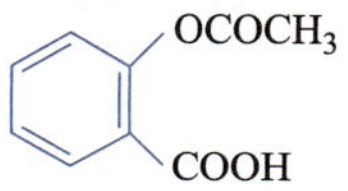

合成路线如下:

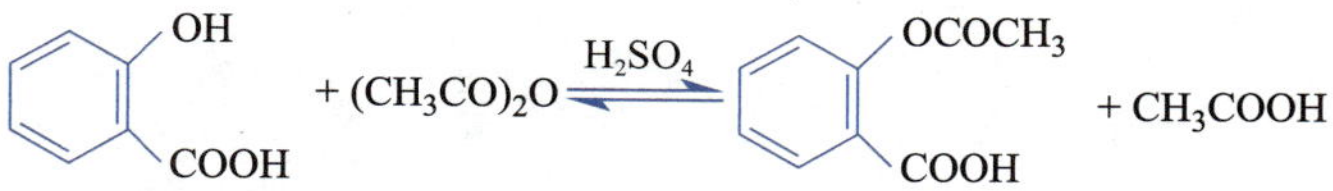

此反应为酯化反应,具体步骤如下:

在装有搅拌棒及球形冷凝器的100 mL三颈烧瓶中,依次加入水杨酸10 g,醋酐14 mL,浓硫酸5滴。开动搅拌机,置油浴中加热,待浴温升至70 ℃时,维持在此温度反应30 min。停止搅拌,稍冷,将反应液倾入150 mL冷水中,继续搅拌,至阿司匹林全部析出。抽滤,用少量稀乙醇洗涤,压干,得粗品再精制。

在该反应步骤中,通过加热(浴温升至70 ℃)和使用催化剂(浓硫酸)加快反应速率;此反应的原料中,醋酐比较常见且价廉,而水杨酸较贵,因此通过改变原材料的配比,按照水杨酸∶醋酐为1∶1.5的比例,提高水杨酸的转化率,而且多余的醋酐遇水生成醋酸,不影响后期的精制。

目标测试

1. 浓度、压力、温度和催化剂为什么会影响化学反应的速率？试结合活化分子的概念加以解释。

2. 什么叫化学平衡？它的特点是什么？

3. 反应 $2NO_2(g) \rightleftharpoons N_2O_4(g) + Q$ 达到平衡时，如果：①增加压力；②增加氧气的浓度；③减少二氧化氮的浓度；④升高温度；⑤加入催化剂。平衡是否会破坏？向何方向移动？简述理由。

4. 在下列化学平衡中，如果：①降低温度；②增加压力。平衡分别向哪一方向移动？

   (1) $2H_2O(g) \rightleftharpoons 2H_2 + O_2 - Q$

   (2) $N_2 + O_2 \rightleftharpoons 2NO - Q$

   (3) $2SO_2 + O_2 \rightleftharpoons 2SO_3 + Q$

   (4) $C(s) + CO_2 \rightleftharpoons 2CO - Q$

5. 某温度下，在体积为 1 L 的密闭容器中，将 5 mol 二氧化硫和 2.5 mol 氧气化合，得到 3 mol 三氧化硫，反应式为 $2SO_2 + O_2 \rightleftharpoons 2SO_3$，求这个反应的平衡常数及二氧化硫的转化率。

6. 某温度下，$H_2 + I_2 \rightleftharpoons 2HI$ 的平衡常数是 50，在同一温度下使一定量的氢气与 1 mol/L 碘蒸气混合后发生反应，当达到平衡时，有 0.9 mol/L 碘化氢生成。求反应开始时氢气的浓度。

在线测试：化学反应速率和化学平衡

第七章
氧化还原反应和电极电势

思维导图

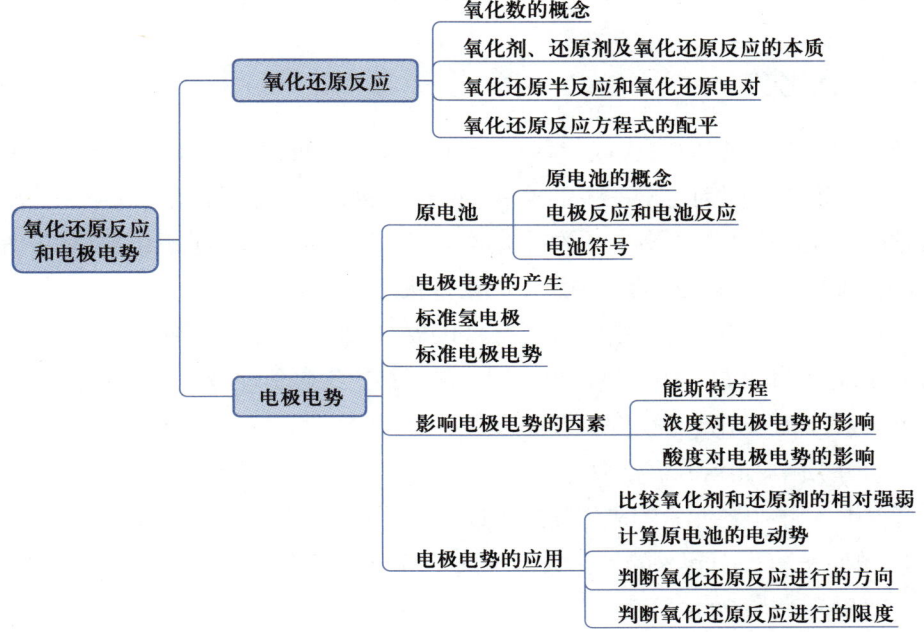

学习目标

知识目标：掌握氧化数、氧化还原和电极电势的基本概念；熟悉氧化还原反应的本质、氧化还原反应方程式的配平、原电池的组成、电极反应以及电池符号的书写；了解电极电势的形成及影响电极电势的因素。

能力目标：会正确判断氧化、还原、氧化剂和还原剂，会用电极电势判断氧化剂和还原剂的强弱，判断氧化还原进行的方向及氧化还原反应进行的程度。

素质目标：培养团队合作精神，提高集体荣誉感。

化学反应可以分为氧化还原反应和非氧化还原反应两类。氧化还原反应是一类涉及电子得失或共用电子对偏移的反应，它与生命活动和医药卫生等领域关系十分密切。在药物研制与药理研究方面，从中间体的制备到目标药物的合成，从作用机理到药物配伍的探索,氧化还原反应的应用渗透到了医药学各个领域。例如,许多药物在人体内通过生物氧化转化为代谢产物;部分常用消毒剂的杀菌原理属于氧化还原反应。

本章主要学习氧化还原反应的基本概念,讨论电极电势产生的原因,标准电极电势的含义,能斯特方程及其计算,并介绍电极电势在氧化还原反应中的应用。

第一节 氧化还原反应

一、氧化数

根据有无电子转移(得失或偏移)来判断一个化学反应是否属于氧化还原反应,有时会比较困难。因为对于一些组成复杂的化合物,它们的电子结构式不易给出,因而很难确定在反应中是否有电子的得失或偏移。为此人们引入了氧化数(氧化值)的概念,用来表示各元素在化合物中所处的化合状态。

1970 年,国际纯粹与应用化学联合会(IUPAC)确定:氧化数是指某元素一个原子的荷电数,这个荷电数可由假设每个键中的电子指定给电负性较大的原子而求得。根据此定义,人们总结出了确定氧化数的规则:

① 在单质中,元素的氧化数为零。
② 中性分子中各元素的氧化数的代数和等于零。
③ 单原子离子中元素的氧化数等于离子所带电荷数,复杂离子中各元素的氧化数的代数和等于离子的电荷数。
④ 在化合物中,一般情况下氢元素的氧化数为 +1,氧元素的氧化数为 −2。特例:活泼金属氢化物中,氢元素的氧化数为 −1;在过氧化物中,氧元素的氧化数为 −1。

根据上述规则,能简便地求得物质中任一元素的氧化数。

[**例 7-1**] 计算重铬酸钾($K_2Cr_2O_7$)中铬元素的氧化数和 Fe_3O_4 中铁元素的氧化数。

解: 设 $K_2Cr_2O_7$ 中 Cr 的氧化数为 x_1,Fe_3O_4 中铁的氧化数为 x_2,根据氧化数规则有

$$2 \times 1 + 2x_1 + 7 \times (-2) = 0$$
$$3x_2 + 4 \times (-2) = 0$$

解得 $\quad x_1 = +6, \quad x_2 = +8/3$

在很多化合物中,元素的氧化数与化合价通常数值相同,但在一些共价化合物中,两者并不一致。如在 CH_4、CH_3Cl、CH_2Cl_2、$CHCl_3$ 和 CCl_4 中,碳的氧化数分别为 −4,−2,0,+2,+4,而碳的化合价都为 4。化合价是指元素在化合态时原子的个数比,

只能是整数;氧化数是元素一个原子的形式荷电数,可以是整数,也可以是分数。因此,氧化数与化合价虽然有一定的关系,但它们是两个不同的概念。

二、氧化还原反应的基本概念

(一) 氧化剂、还原剂及氧化还原反应的本质

根据氧化数的概念,元素氧化数有变化的反应是氧化还原反应。元素氧化数升高的过程叫氧化反应,氧化数升高的物质叫还原剂,元素氧化数降低的过程叫还原反应,氧化数降低的物质叫氧化剂。在一个氧化还原反应中,氧化与还原这两个相反的过程总是同时发生的,且氧化剂的氧化数降低的总数等于还原剂的氧化数升高的总数。

氧化还原反应的本质是电子的得失或偏移,即电子的转移。从这个角度看,氧化反应是物质失去电子的反应,还原反应是物质得到电子的反应,失去电子的物质称为还原剂,得到电子的物质称为氧化剂,氧化剂得到电子的总数等于还原剂失去电子的总数。例如:

$$2\overset{+7}{K}MnO_4 + 5H_2\overset{-1}{O_2} + 3H_2SO_4 = 2\overset{+2}{Mn}SO_4 + K_2SO_4 + 5\overset{0}{O_2}\uparrow + 8H_2O$$

氧化剂　　还原剂　　　　　还原产物　　氧化产物

上述反应中,$KMnO_4$ 是氧化剂,Mn 的氧化数从 +7 降到 +2,它本身被还原,使得 H_2O_2 被氧化。H_2O_2 是还原剂,O 的氧化数从 -1 升到 0,它本身被氧化,使 $KMnO_4$ 被还原。虽然 H_2SO_4 也参加了反应,但没有氧化数的变化,通常把这类物质称为介质。

在多数氧化还原反应中,氧化剂和还原剂是两种不同的物质。也有的氧化还原反应中氧化剂和还原剂是同一种物质。例如:

$$2KClO_3 \xrightarrow[\Delta]{MnO_2} 2KCl + 3O_2\uparrow$$

像这种氧化剂和还原剂是同一种物质的氧化还原反应称为自身氧化还原反应。

某物质中同一元素同一氧化态的原子既被氧化又被还原的氧化还原反应叫作歧化反应,它是一种特殊的自身氧化还原反应。例如:

$$Cl_2 + H_2O = HClO + HCl \quad 歧化反应$$
$$NH_4NO_3 = N_2O + 2H_2O \quad 自身氧化还原反应$$

(二) 氧化还原半反应和氧化还原电对

任何氧化还原反应都由两个"半反应"组成,一个是还原剂被氧化的半反应;另一个是氧化剂被还原的半反应。例如:

$$Zn + Cu^{2+} = Zn^{2+} + Cu$$

可以写成如下两个半反应：

$$Zn - 2e^- \longrightarrow Zn^{2+}$$

$$Cu^{2+} + 2e^- \longrightarrow Cu$$

又如氧化还原反应：

$$2MnO_4^- + 5SO_3^{2-} + 6H^+ \Longrightarrow 2Mn^{2+} + 5SO_4^{2-} + 3H_2O$$

两个半反应：

$$MnO_4^- + 8H^+ + 5e^- \longrightarrow Mn^{2+} + 4H_2O$$

$$SO_3^{2-} + H_2O \longrightarrow SO_4^{2-} + 2H^+ + 2e^-$$

半反应中氧化数较高的物质叫作氧化态（如 Zn^{2+}，Cu^{2+}），氧化数较低的物质叫作还原态（如 Zn，Cu）。半反应中的氧化态和还原态是彼此依存、相互转化的，这种共轭的氧化还原体系称为氧化还原电对，用"氧化态/还原态"的形式表示，如 Cu^{2+}/Cu、Zn^{2+}/Zn。半反应可用下列通式表示：氧化态 + $ne^- \Longleftrightarrow$ 还原态。

三、氧化还原反应方程式的配平

（一）氧化数法

氧化数法配平氧化还原反应方程式的基本原则是：氧化剂氧化数降低的总数与还原剂氧化数升高的总数相等。

[**例 7-2**] 配平 $KMnO_4$ 氧化 HCl 制取 Cl_2 的反应方程式。

解：(1) 写出反应物和生成物的化学式。

$$KMnO_4 + HCl \longrightarrow MnCl_2 + KCl + Cl_2 \uparrow$$

(2) 将有变化的氧化数注明在相应的元素符号的上方。

$$\overset{+7}{K}\overset{}{MnO_4} + \overset{-1}{H}\overset{}{Cl} \longrightarrow \overset{+2}{Mn}\overset{}{Cl_2} + KCl + \overset{0}{Cl_2} \uparrow$$

(3) 根据氧化数升高和降低的总数相等，确定基本系数。

氧化数升高值：Cl $2 \times [0-(-1)] = +2, +2 \times 5 = +10$

氧化数降低值：Mn $(+2)-(+7) = -5, -5 \times 2 = -10$

$$2KMnO_4 + 10HCl \longrightarrow 2MnCl_2 + 2KCl + 5Cl_2 \uparrow$$

(4) 用观察法确定氧化数未发生变化的元素的原子数目，必要时可加上适当数目的酸、碱及水分子。

$$2KMnO_4 + 16HCl \longrightarrow 2MnCl_2 + 2KCl + 5Cl_2 \uparrow + 8H_2O$$

(5) 检查等式两边各原子的个数是否相等，并将箭号改成等号。

$$2KMnO_4 + 16HCl \Longrightarrow 2MnCl_2 + 2KCl + 5Cl_2 \uparrow + 8H_2O$$

氧化数法配平化学方程式的优点是简便、快速，不仅适用于水溶液中的氧化还原反应，也适用于非水体系和有机物参与的氧化还原反应方程式的配平。

（二）离子－电子法

离子－电子法配平氧化还原反应方程式的基本原则是：反应过程中氧化剂得到电子的总数和还原剂失去电子的总数相等。

[例 7-3] 写出 $KMnO_4$ 与 $H_2C_2O_4$ 在酸性介质中反应的离子方程式。

解：(1) 写出未配平的离子方程式

$$MnO_4^- + H_2C_2O_4 \longrightarrow Mn^{2+} + CO_2$$

(2) 将离子方程式改写成两个半反应式

氧化反应 $\qquad H_2C_2O_4 \longrightarrow CO_2$

还原反应 $\qquad MnO_4^- \longrightarrow Mn^{2+}$

(3) 配平半反应的原子数 $\quad H_2C_2O_4 \longrightarrow 2CO_2 + 2H^+$

$$MnO_4^- + 8H^+ \longrightarrow Mn^{2+} + 4H_2O$$

(4) 用电子配平半反应的电荷数

$$H_2C_2O_4 \longrightarrow 2CO_2 + 2H^+ + 2e^-$$

$$MnO_4^- + 8H^+ + 5e^- \longrightarrow Mn^{2+} + 4H_2O$$

(5) 根据氧化剂和还原剂得失电子的总数相等的原则，将两个半反应合并成一个已配平的离子方程式

$$2MnO_4^- + 5H_2C_2O_4 + 6H^+ =\!=\!= 2Mn^{2+} + 10CO_2 + 8H_2O$$

离子－电子法主要适用于配平水溶液中的氧化还原反应，特别是对于有介质参加的氧化还原反应。

配平半反应时，对于反应前后氧原子个数不等的情况，在酸性介质中，可用 H^+ 和 H_2O 来调节氢、氧原子的数目；在碱性介质中，可用 OH^- 和 H_2O 来调节氢、氧原子的数目。不同介质下配平氧原子可按表 7-1 所列经验规则进行。任何条件下（酸性、中性、碱性介质）都不允许反应式中同时出现 H^+ 和 OH^-。

表 7-1　不同介质下配平氧原子的经验规则

介质种类	反应物中	
	多一个氧原子 [O]	少一个氧原子 [O]
酸性介质	$+2H^+ \xrightarrow{结合[O]} +H_2O$	$+H_2O \xrightarrow{提供[O]} +2H^+$
碱性介质	$+H_2O \xrightarrow{结合[O]} +2OH^-$	$+2OH^- \xrightarrow{提供[O]} +H_2O$
中性介质	$+H_2O \xrightarrow{结合[O]} +2OH^-$	$+H_2O \xrightarrow{提供[O]} +2H^+$

[例 7-4] 用离子－电子法配平 $KMnO_4$ 与 Na_2SO_3 反应的方程式（中性溶液中）。

解：(1) 写出离子方程式

$$MnO_4^- + SO_3^{2-} \longrightarrow MnO_2 + SO_4^{2-}$$

(2) 将反应改为两个半反应,并配平原子个数和电荷数

$$MnO_4^- + 2H_2O + 3e^- \longrightarrow MnO_2 + 4OH^-$$
$$SO_3^{2-} + 2OH^- \longrightarrow SO_4^{2-} + H_2O + 2e^-$$

(3) 合并两个半反应,消去式中的电子,即得配平的反应式

$$2MnO_4^- + 3SO_3^{2-} + H_2O =\!=\!= 2MnO_2 + 3SO_4^{2-} + 2OH^-$$

第二节 电极电势

一、原电池

(一) 原电池的概念

将 Zn 片放到 CuSO₄ 溶液中,发生的置换反应为

$$Zn + Cu^{2+} =\!=\!= Zn^{2+} + Cu$$

Zn 片慢慢溶解,蓝色的 CuSO₄ 溶液逐渐变浅,红色的 Cu 不断在 Zn 片上析出。反应的实质是金属 Zn 失去电子变成 Zn²⁺,Cu²⁺ 得到电子变成金属 Cu,即在氧化剂和还原剂之间发生了电子的转移。由于这种电子的转移不是电子的定向移动,因而不能产生电流,化学能转变成热能使溶液的温度升高。如果设计一个装置,使氧化还原反应中电子的移动变成电子的定向移动,就可以将化学能转变为电能,这就是原电池装置,见图 7-1。

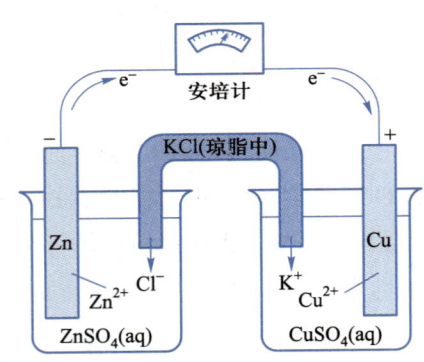

图 7-1 铜锌原电池

上述装置又称铜锌原电池,在盛有 ZnSO₄ 溶液的烧杯中插入锌片,盛有 CuSO₄ 溶液的烧杯中插入铜片,将两个烧杯中的溶液用盐桥连接起来,用导线将检流计(安培计)和两个金属片串联起来。接通电路后,锌片开始溶解,而铜片上有铜沉积,检流计的指针发生偏转,说明导线中有电流通过,由指针偏转方向可知电子从 Zn 片流向 Cu 片。

原电池中的盐桥通常是一个 U 形管,其中装入饱和 KCl 溶液的琼脂冻胶。在氧化还原反应进行的过程中,Zn 氧化成 Zn²⁺,使 ZnSO₄ 溶液因 Zn²⁺ 增加而带正电荷;Cu²⁺ 还原成 Cu 沉积在 Cu 片上,使 CuSO₄ 溶液因 Cu²⁺ 减少而带负电荷,这两种电荷

都会阻碍原电池反应继续进行。当有盐桥时,盐桥中的 K^+ 和 Cl^- 分别向 $CuSO_4$ 溶液和 $ZnSO_4$ 溶液扩散,从而保持了溶液的电中性,使原电池反应继续进行,电流继续产生。

(二) 电极反应和电池反应

在原电池中,电子流出的一端为负极,发生氧化反应;电子流入的一端为正极,发生还原反应。上述铜锌原电池中分别发生了如下反应:

负极　　　　　　　$Zn - 2e^- \rightleftharpoons Zn^{2+}$　　　　(氧化反应)

正极　　　　　　　$Cu^{2+} + 2e^- \rightleftharpoons Cu$　　　　(还原反应)

电池反应　　　　　$Zn + Cu^{2+} \rightleftharpoons Zn^{2+} + Cu$　　(氧化还原反应)

电极上进行的氧化反应或还原反应称为电极反应或半电池反应,两个电极反应相加,得到电池的总反应,称为电池反应。

(三) 电池符号

每一种原电池都是由两个半电池所组成的。例如,铜锌原电池就是由 Zn 和 $ZnSO_4$ 溶液,Cu 和 $CuSO_4$ 溶液所构成的两个半电池连接而成的。为了应用方便,通常用电池符号来表示一个原电池的组成,如铜锌原电池可表示如下:

$$(-) Zn(s) | ZnSO_4(c_1) \| CuSO_4(c_2) | Cu(s) (+)$$

书写电池符号有如下原则:

① 一般把负极写在左边,正极写在右边。

② 用"|"表示两相界面,"‖"表示盐桥,不存在界面时用","表示。

③ 用化学式表示电池物质的组成,并注明物质的状态,气体应注明分压,溶液应注明浓度,如不注明一般指 101.3 kPa 或 1 mol/L。

④ 对于某些氧化还原电对本身不是金属导体时,则需外加一个能导电而本身不参加电极反应的惰性电极,如铂电极或石墨电极等。例如:

$$(-) Pt | Sn^{2+}(c_1), Sn^{4+}(c_2) \| Fe^{3+}(c_3), Fe^{2+}(c_4) | Pt (+)$$

二、电极电势

原电池可产生电流,说明两电极之间存在电势差。那么单个电极的电势是如何产生的?为什么不同的电极具有不同的电势呢?

金属是由金属原子、金属离子和自由移动的电子以金属键构成的,当把金属插入该金属离子的盐溶液时,在金属与其盐溶液的界面上就会发生两个相反的过程。一方面在金属表面的金属离子受到水分子的作用,有脱离金属进入溶液,把电子留在金属上的倾向,金属越活泼,溶液越稀,这种溶解倾向就越大;另一方面,溶液中的金属

离子也有从金属表面获得电子而沉积在金属上的倾向,金属越不活泼,溶液越浓,离子沉积的倾向就越大。这两个过程最终达到平衡:

$$M \underset{\text{沉淀}}{\overset{\text{溶解}}{\rightleftharpoons}} M^{n+} + ne^-$$

若金属溶解倾向大于离子沉积倾向,金属表面就会积累过多的电子而带负电荷,溶液中的金属离子受到金属表面的负电荷的吸引而较多地分布于金属表面附近,于是在两相之间的界面层就会形成一个双电层,见图 7-2(a)。若金属离子沉积的倾向大于金属溶解倾向,将使金属表面带正电荷,溶液中阴离子受到金属表面正电荷的吸引而较多地分布于金属表面附近,在两相之间的界面层也形成一个双电层,见图 7-2(b)。这种产生在双电层之间的电势差称为金属电极的电极电势。

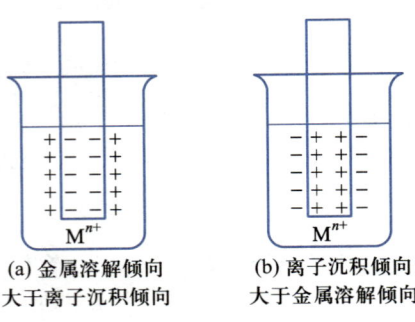

图 7-2 双电层的产生

(一) 标准氢电极

迄今为止,金属电极的电极电势绝对值还无法测定。国际纯粹与应用化学联合会(IUPAC)建议采用标准氢电极作为比较电极,其构造如图 7-3 所示。在 298 K 下,将镀有铂黑的铂片浸入氢离子浓度为 1.0 mol/L 的酸溶液中,并不断通入压力为 101.3 kPa 的纯净氢气,使铂片上吸附的氢气达到饱和,同时溶液也被氢气所饱和,氢气泡围绕着铂片不断浮出液面。此时铂片与溶液之间的电势就是标准氢电极的电极电势,并规定标准氢电极的电极电势为零,$\varphi^{\ominus}_{H^+/H_2}$ = 0.00 V,式中 φ 的右上角"⊖"代表标准状态,右下角注明了参加电极反应物质的氧化型和共轭还原型。一般先写氧化型(氧化数较高的物质),再写还原型(氧化数较低的物质),并简称电对(即共轭氧化还原电对)。其电极反应为

$$2H^+ + 2e^- \rightleftharpoons H_2$$

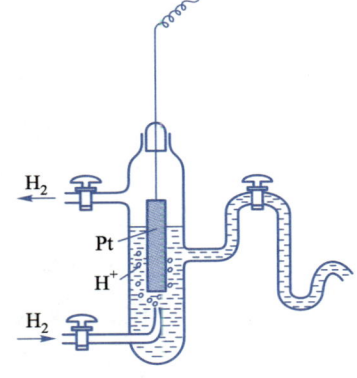

图 7-3 标准氢电极图

(二) 标准电极电势

按国家标准规定,在标准状态下(气体分压为 101.3 kPa,溶液浓度为 1.0 mol/L),将标准氢电极作为负极,将欲测电极作为正极,组成一个电池,所测得的电池电动势即该欲测电极的标准电极电势,用符号 $\varphi^{\ominus}$ 表示,其 SI 单位为 V。

事实上，标准电极电势的符号是按欲测电极实际发生的反应而定的。若欲测电极实际发生还原反应，则 $\varphi^{\ominus}$ 为正值；若欲测电极实际发生氧化反应，则 $\varphi^{\ominus}$ 为负值。

例如，欲测铜电极的标准电极电势，组成下电池：

$$Pt \mid H_2(p^{\ominus}) \mid H^+(c_{H^+} = 1 \text{ mol/L}) \parallel Cu^{2+}(c_{Cu^{2+}} = 1 \text{ mol/L}) \mid Cu(s)$$

在 298 K 时，测得该电池的标准电动势为 $E^{\ominus} = 0.337$ V，因该电极实际进行的反应为还原反应：$Cu^{2+}(c_{Cu^{2+}} = 1 \text{ mol/L}) + e^- \rightarrow Cu(s)$，所以 $\varphi^{\ominus}_{Cu^{2+}/Cu} = 0.337$ V。

又如欲测锌电极的标准电极电势，组成下电池：

$$Pt \mid H_2(p^{\ominus}) \mid H^+(c_{H^+} = 1 \text{ mol/L}) \parallel Zn^{2+}(c_{Zn^{2+}} = 1 \text{ mol/L}) \mid Zn(s)$$

在 298 K 时，测得该电池的标准电动势为 $E^{\ominus} = 0.763$ V，因该电极实际进行的反应为氧化反应：$Zn(s) \longrightarrow Zn^{2+}(c_{Zn^{2+}} = 1 \text{ mol/L}) + 2e$，所以 $\varphi^{\ominus}_{Zn^{2+}/Zn} = -0.763$ V。

标准氢电极在实践中使用不方便，常采用饱和甘汞电极作参比电极，298.15 K 时，$\varphi_{Hg_2Cl_2/Hg} = 0.241\ 5$ V。

利用上述方法，理论上可测得各种电极的标准电极电势，但有些电极与水剧烈反应，不能直接测得，可通过热力学数据间接求得。常见电极的标准电极电势见附录 4，它们是按照标准电极电势的代数值递增的顺序排列的。使用标准电极电势表时应注意下面几点：

① 附录 4 中列出的标准电极电势是 IUPAC 所规定的还原电势，即电极反应均为还原反应。

② $\varphi^{\ominus}$ 值越小，电对中的氧化态物质得电子倾向越小，是越弱的氧化剂，而其还原态物质越易失去电子，是越强的还原剂；$\varphi^{\ominus}$ 值越大，电对中的氧化态物质越易获得电子，是越强的氧化剂，而其还原态物质越难失去电子，是越弱的还原剂。

③ $\varphi^{\ominus}$ 值与电极反应的书写形式和物质的化学计量系数无关，仅取决于电极的本性。例如：

$$Br_2(l) + 2e^- \rightleftharpoons 2Br^- \quad \varphi^{\ominus} = +1.066 \text{ V}$$
$$2Br^- - 2e^- \rightleftharpoons Br_2(l) \quad \varphi^{\ominus} = +1.065 \text{ V}$$

④ $\varphi^{\ominus}$ 是水溶液中的标准电极电势，不适用于非标准态、非水溶液和固相反应。

⑤ 标准电极电势表分为酸表和碱表。若电极反应在酸性或中性溶液中进行，则查阅酸性条件下的标准电极电势；若电极反应在碱性溶液中进行，则查阅碱性条件下的标准电极电势。

三、影响电极电势的因素

（一）能斯特方程

电极电势的大小取决于电极的本性，并受离子浓度和温度等外界条件的影响，电极电势与浓度、分压、介质和温度之间的关系可以用能斯特(Nernst)方程来表示。

对于电极反应 $a\text{Ox}+ne^- \rightleftharpoons b\text{Red}$，电极电势与浓度和温度之间有如下关系：

$$\varphi = \varphi^{\ominus} + \frac{RT}{nF} \ln \frac{c_{\text{Ox}}^a}{c_{\text{Red}}^b} \tag{7-1}$$

式中，$\varphi^{\ominus}$ 为标准电极电势；R 为摩尔气体常数[R=8.314 J/(mol·K)]；T 为热力学温度；n 为电极反应中得(失)电子数；F 为法拉第常数（F=96 487 C/mol）；c_{Ox} 代表电极反应中氧化态一侧各物质平衡浓度的乘积；c_{Red} 代表还原态一侧各物质平衡浓度的乘积，各物质浓度的指数应等于电极反应式中相应各物质的化学计量系数；a、b 分别表示在电极反应中氧化型、还原型有关物质的化学计量系数。

若温度为 298.15 K，将自然对数换算为常用对数，再将 R、T、F 值代入式(7-1)：

$$\varphi = \varphi^{\ominus} + \frac{0.059\ 2\ \text{V}}{n} \lg \frac{c_{\text{Ox}}^a}{c_{\text{Red}}^b} \tag{7-2}$$

应用能斯特方程时须注意几点：

① 如果电对中某一物质是固体、纯液体或稀溶液中的 H_2O，它们的浓度为常数，不写入能斯特方程中。例如，电极反应：

$$\text{Ag}^+(c) + e^- \rightleftharpoons \text{Ag}(s)$$

$$\varphi_{\text{Ag}^+/\text{Ag}} = \varphi_{\text{Ag}^+/\text{Ag}}^{\ominus} + \frac{0.059\ 2\ \text{V}}{1} \lg c_{\text{Ag}^+}$$

② 如果电对中某一物质是气体，其浓度用相对分压代替。例如，电极反应：

$$2\text{H}^+(c) + 2e^- \rightleftharpoons \text{H}_2(g)$$

$$\varphi_{\text{H}^+/\text{H}_2} = \varphi_{\text{H}^+/\text{H}_2}^{\ominus} + \frac{0.059\ 2\ \text{V}}{2} \lg \frac{c_{\text{H}^+}^2}{(p_{\text{H}_2}/p^{\ominus})}$$

③ 如果在电极反应中，除氧化态、还原态物质外，还有参加电极反应的其他物质如 H^+、OH^- 存在，则应把这些物质的浓度也表示在能斯特方程中。例如，电极反应：

$$\text{O}_2(g) + 4\text{H}^+(c) + 4e^- \rightleftharpoons 2\text{H}_2\text{O}(l)$$

$$\varphi_{\text{O}_2/\text{H}_2\text{O}} = \varphi_{\text{O}_2/\text{H}_2\text{O}}^{\ominus} + \frac{0.059\ 2\ \text{V}}{4} \lg \frac{c_{\text{H}^+}^4 \cdot p_{\text{O}_2}/p^{\ominus}}{1}$$

（二）浓度对电极电势的影响

由能斯特方程可知，改变氧化态浓度或还原态浓度，都会使电极电势改变，利用能斯特方程可以计算电对在实际浓度下的电极电势。

[**例 7-5**] 已知 298 K 时 $\varphi_{\text{Fe}^{3+}/\text{Fe}^{2+}}^{\ominus}$=0.771 V，求当 $c\text{Fe}^{3+}/c\text{Fe}^{2+}$ 分别是 10^2、10、1、10^{-1}、10^{-2} 时的电极电势。

解：

$$\varphi_{Fe^{3+}/Fe^{2+}} = \varphi^{\ominus}_{Fe^{3+}/Fe^{2+}} + \frac{0.0592\ V}{1} \lg \frac{c_{Fe^{3+}}}{c_{Fe^{2+}}}$$

$$= 0.771\ V + \frac{0.0592\ V}{1} \lg \frac{10^2}{1} = 0.889\ V$$

同样可求出 cFe^{3+}/cFe^{2+} 值为 10、1、10^{-1}、10^{-2} 时，$\varphi_{Fe^{3+}/Fe^{2+}}$ 分别是 $0.830\ V$、$0.771\ V$、$0.712\ V$、$0.653\ V$。可见氧化态物质的浓度越大或还原态物质的浓度越小，它的电极电势就越大，氧化态获得电子的倾向越大；反之，氧化态物质的浓度越小或还原态物质的浓度越大，它的电极电势就越小，还原态失去电子的倾向越大。

（三）酸度对电极电势的影响

对于有 H^+ 或 OH^- 参加的反应，溶液酸度的改变也会使电极电势发生变化，在有的电极反应中会成为决定电极电势大小的主要因素。

[例 7-6] 已知 $MnO_4^- + 8H^+ + 5e^- \rightleftharpoons Mn^{2+} + 4H_2O$，$\varphi^{\ominus}_{MnO_4^-/Mn^{2+}} = 1.51\ V$，求当 $c(H^+) = 0.10\ mol/L$ 和 $c(H^+) = 1.0 \times 10^{-3}\ mol/L$ 时各自的电极电势（设其他物质均处于标准状态）。

解： 因其他物质均处于标准状态，当 $c_{H^+} = 0.10\ mol/L$ 时，则

$$\varphi_{MnO_4^-/Mn^{2+}} = \varphi^{\ominus}_{MnO_4^-/Mn^{2+}} + \frac{0.0592\ V}{5} \lg \frac{c^8_{H^+} \cdot c_{MnO_4^-}}{c_{Mn^{2+}}}$$

$$= 1.51\ V + \frac{0.0592\ V}{5} \lg \frac{0.10^8 \times 1.0}{1.0} = 1.42\ V$$

当 $c_{H^+} = 1.0 \times 10^{-3}\ mol/L$ 时，则

$$\varphi_{MnO_4^-/Mn^{2+}} = \varphi^{\ominus}_{MnO_4^-/Mn^{2+}} + \frac{0.0592\ V}{5} \lg \frac{c^8_{H^+} \cdot c_{MnO_4^-}}{c_{Mn^{2+}}}$$

$$= 1.51\ V + \frac{0.0592\ V}{5} \lg \frac{(1.0 \times 10^{-3})^8 \times 1.0}{1.0} = 1.23\ V$$

计算结果表明，MnO_4^- 的氧化能力随着溶液中 H^+ 浓度的降低而明显减小。

对于有 H^+ 或 OH^- 参加的反应，溶液的酸碱度对电极电势的影响非常明显，绝大多数含氧酸根的氧化能力随介质酸度的增大而增强，这就是许多氧化还原反应要在一定的酸度下进行的原因。

四、电极电势的应用

（一）比较氧化剂和还原剂的相对强弱

标准状态下氧化剂和还原剂的相对强弱与电对的标准电极电势的关系前面已经

介绍。对于非标准状态下氧化剂和还原剂的相对强弱的比较,首先用能斯特方程计算出各电对的电极电势,然后再进行比较。

[例 7-7] 已知 298 K 时,$\varphi^{\ominus}_{Ag^+/Ag}=0.799$ V,$\varphi^{\ominus}_{Fe^{3+}/Fe^{2+}}=0.771$ V,在 298 K 时,把银片插入 0.010 mol/L $AgNO_3$ 溶液中,把铂片插入 Fe^{3+} 和 Fe^{2+} 的浓度分别为 0.10 mol/L 和 0.001 0 mol/L 溶液中组成两个电极,试比较在此条件下 Ag^+ 和 Fe^{3+} 的氧化能力的相对强弱。

解: 两个电对的电极电势分别为

$$\varphi_{Ag^+/Ag} = \varphi^{\ominus}_{Ag^+/Ag} + \frac{0.059\,2\text{ V}}{1} \lg c_{Ag^+}$$

$$= 0.799\text{ V} + \frac{0.059\,2\text{ V}}{1} \lg 0.010 = 0.681\text{ V}$$

$$\varphi_{Fe^{3+}/Fe^{2+}} = \varphi^{\ominus}_{Fe^{3+}/Fe^{2+}} + \frac{0.059\,2\text{ V}}{1} \lg \frac{c_{Fe^{3+}}}{c_{Fe^{2+}}}$$

$$= 0.771\text{ V} + \frac{0.059\,2\text{ V}}{1} \lg \frac{0.10}{0.001\,0} = 0.889\text{ V}$$

由于 $\varphi_{Fe^{3+}/Fe^{2+}} > \varphi_{Ag^+/Ag}$,因此在该条件下,$Fe^{3+}$ 的氧化性比 Ag^+ 的氧化性强。

(二) 计算原电池的电动势

将两个电极组成原电池时,电极电势较大的电极是原电池的正极,电极电势较小的电极是原电池的负极,原电池的电动势等于正极的电极电势减去负极的电极电势。

$$E = \varphi_+ - \varphi_- \tag{7-3}$$

式中,E 为原电池的电动势;φ_+ 为正极的电极电势;φ_- 为负极的电极电势。

[例 7-8] 已知 $\varphi^{\ominus}_{Sn^{2+}/Sn}=-0.136$ V,$\varphi^{\ominus}_{Pb^{2+}/Pb}=-0.126$ V,在 298 K 时,把锡片插入 0.10 mol/L $SnCl_2$ 溶液中,铅片插入 0.001 0 mol/L $Pb(NO_3)_2$ 溶液中组成原电池,计算该原电池的电动势。

解: 两个电对的电极电势分别为

$$\varphi_{Sn^{2+}/Sn} = \varphi^{\ominus}_{Sn^{2+}/Sn} + \frac{0.059\,2\text{ V}}{2} \lg c_{Sn^{2+}}$$

$$= -0.136\text{ V} + \frac{0.059\,2\text{ V}}{2} \lg 0.10 = -0.166\text{ V}$$

$$\varphi_{Pb^{2+}/Pb} = \varphi^{\ominus}_{Pb^{2+}/Pb} + \frac{0.059\,2\text{ V}}{2} \lg c_{Pb^{2+}}$$

$$= -0.126\text{ V} + \frac{0.059\,2\text{ V}}{2} \lg 0.001\,0 = -0.215\text{ V}$$

由于 $\varphi_{Sn^{2+}/Sn} > \varphi_{Pb^{2+}/Pb}$,将两个电极组成原电池时,$Sn^{2+}/Sn$ 电极是正极,Pb^{2+}/Pb 电极是负极,原电池的电动势为

$$E = \varphi_+ - \varphi_- = \varphi_{Sn^{2+}/Sn} - \varphi_{Pb^{2+}/Pb}$$
$$= -0.166 \text{ V} - (-0.215 \text{ V}) = 0.049 \text{ V}$$

（三）判断氧化还原反应进行的方向

一般判断氧化还原反应进行的方向，有两种方法：

① 强氧化剂 + 强还原剂 ⇌ 弱还原剂 + 弱氧化剂，即 φ 值大的氧化态物质能氧化 φ 值小的还原态物质。

② 通过计算原电池的电动势来判断，即

若 $E > 0$，即 $\varphi_+ > \varphi_-$ 时，反应正向自发进行；

若 $E = 0$，即 $\varphi_+ = \varphi_-$ 时，反应处于平衡状态；

若 $E < 0$，即 $\varphi_+ < \varphi_-$ 时，反应逆向自发进行。

当各物质处于标准状态时，则用标准电极电势或标准电动势来判断。

[例 7-9] 判断反应：

$$MnO_2(s) + 4HCl(aq) \rightleftharpoons MnCl_2(aq) + Cl_2(g) + 2H_2O(l)$$

(1) 在标准状态下能否自发进行。

(2) 实验室中为什么能用 $MnO_2(s)$ 与浓盐酸(12 mol/L)反应制取 Cl_2？

解：(1) 查附录 4 可知：$\varphi^{\ominus}_{MnO_2/Mn^{2+}} = 1.224$ V，$\varphi^{\ominus}_{Cl_2/Cl^-} = 1.358$ V

由于 $E^{\ominus} = \varphi^{\ominus}_{MnO_2/Mn^{2+}} - \varphi^{\ominus}_{Cl_2/Cl^-} = 1.224 \text{ V} - 1.358 \text{ V} < 0$，所以在标准状态下，上述氧化还原反应逆向自发进行。

(2) $c_{H^+} = c_{Cl^-} = 12$ mol/L，$c_{Mn^{2+}} = 1$ mol/L，$p_{Cl_2} = 101.3$ kPa，则两个电对的电极电势分别为

$$\varphi_{MnO_2/Mn^{2+}} = \varphi^{\ominus}_{MnO_2/Mn^{2+}} + \frac{0.0592 \text{ V}}{2} \lg \frac{c^4_{H^+}}{c_{Mn^{2+}}}$$

$$= 1.224 \text{ V} + \frac{0.0592 \text{ V}}{2} \lg \frac{12^4}{1} = 1.356 \text{ V}$$

$$\varphi_{Cl_2/Cl^-} = \varphi^{\ominus}_{Cl_2/Cl^-} + \frac{0.0592 \text{ V}}{2} \lg \frac{p_{Cl_2}/p^{\ominus}}{c^2_{Cl^-}}$$

$$= 1.358 \text{ V} + \frac{0.0592 \text{ V}}{2} \lg \frac{\frac{101.3}{101.3}}{12^2} = 1.294 \text{ V}$$

由于 $E = \varphi_{MnO_2/Mn^{2+}} - \varphi_{Cl_2/Cl^-} = 1.356 \text{ V} - 1.294 \text{ V} > 0$，上述氧化还原反应正向自发进行。所以实验室可以用 $MnO_2(s)$ 与浓盐酸反应制取 Cl_2。

当两个电对的标准电极电势相差较小时（一般小于 0.2 V），有可能通过改变氧化剂(或还原剂)的浓度或溶液的酸度来改变氧化还原反应的方向。如果两个电对的标准电极电势相差较大，则很难通过改变物质的浓度来改变反应的方向。

电极电势的应用

（四）判断氧化还原反应进行的限度

把一个氧化还原反应设计成原电池，可根据电池的标准电动势 $E^{\ominus}$ 计算出该氧化还原反应的标准平衡常数 $K^{\ominus}$。298.15 K 时，

$$\lg K^{\ominus} = \frac{nE^{\ominus}}{0.059\ 2\ \text{V}} \tag{7-4}$$

根据式(7-4)，知道了原电池的标准电动势 $E^{\ominus}$ 和电池反应中所转移电子的物质的量 n，便可计算出氧化还原反应的标准平衡常数。$E^{\ominus}$ 值越大，$K^{\ominus}$ 值越大，反应进行的趋势越大，达平衡时完成的程度越大。不过 $E^{\ominus}$ 和 $K^{\ominus}$ 的大小只能反映氧化还原反应的自发倾向和完成程度，并不涉及反应速率。

[例 7-10]　计算反应 $Zn + Cu^{2+} \rightleftharpoons Zn^{2+} + Cu$ 的平衡常数。

解：查附录 4 得 $\varphi^{\ominus}_{Zn^{2+}/Zn}=-0.763\ \text{V}$，$\varphi^{\ominus}_{Cu^{2+}/Cu}=0.337\ \text{V}$，则

$$\lg K^{\ominus} = \frac{nE^{\ominus}}{0.059\ 2\ \text{V}} = 2 \times \frac{[0.337\ \text{V}-(-0.763\ \text{V})]}{0.059\ 2\ \text{V}} = 37.162$$

$$K^{\ominus} = 1.45 \times 10^{37}$$

该反应的平衡常数很大，说明反应进行得很完全。

[化学与医药学]

药物中的抗氧剂

抗氧剂是一类能够有效阻止或延缓自动氧化的物质，是药物辅料的一个重要组成部分，主要用于防止药物及其制剂的氧化变质，以及由氧化所导致的变色、产生沉淀及其他方面的不稳定性。

药物的氧化反应是引起药物不稳定的主要因素之一。大多数药物在空气中的氧气(占21%)存在下，不需要其他氧化剂的参与，室温就能自发引起"自氧化反应"。药物氧化的结果，不仅使有效物含量降低，而且有可能改变药物的颜色或出现沉淀，甚至产生有毒物质而影响制剂的质量。因此，为了抑制对氧化反应的作用，就有必要加入抗氧剂。

抗氧剂本身是一种还原剂，与药物同时存在时，抗氧剂遇氧后首先被氧化，对易氧化的药物成分起到保护作用，从而保证药物制剂的稳定性。对抗氧剂的要求是：①无生理活性，不影响药物的治疗作用；②抗氧作用强大并能耐用，它的标准氧化旦极电势应尽量地大于被保护的药物，它本身应当是较为稳定的物质；③纯度高，以防止可能存在的具有氧化作用的催化剂如金属离子等。例如，肾上腺素注射液加入焦亚硫酸钠，维生素 C 注射液和葡萄糖输液中加入亚硫酸氢钠作抗氧剂。

目 标 测 试

1. 指出下列物质中N的氧化数：N_2O_____，N_2O_3_____，N_2O_5_____，NH_3_____。

2. 在氧化还原反应中，氧化剂发生_____反应，其氧化数_____，它的产物叫作_____；还原剂发生_____反应，其氧化数_____，它的产物叫作_____。

3. 电池反应 $Sn^{2+}+I_2 \rightleftharpoons Sn^{4+}+2I^-$，负极电对是_____，发生的电极反应为_____；正极电对是_____，发生的电极反应为_____。

4. 把反应 $2KMnO_4 + 16HCl \rightleftharpoons 2MnCl_2 + 2KCl + 5Cl_2\uparrow + 8H_2O$ 设计为原电池，电池符号为_____，正极反应为_____，负极反应为_____。

5. 应用电极电势可以_____、_____、_____、_____。

6. 25 ℃时，$\varphi^{\ominus}_{MnO_4^-/Mn^{2+}}=1.51$ V，$\varphi^{\ominus}_{Cl_2/Cl^-}=1.358$ V，在 25 ℃标准状态下将电对 MnO_4^-/Mn^{2+} 和 Cl_2/Cl^- 组成原电池，用电池符号表示该电池的组成，并计算原电池的电动势。

7. 已知 298 K 时，$\varphi^{\ominus}_{ClO_4^-/Cl^-}=1.389$ V，试计算 pH 为 4 时该电对的电极电势。

8. 判断反应 $Pb^{2+} + Sn \rightleftharpoons Pb + Sn^{2+}$：①标准状态时，②$c(Pb^{2+})=0.1$ mol/L，$c(Sn^{2+})=1$ mol/L 时的反应方向。

9. 解释下列现象：
(1) 配制 $SnCl_2$ 溶液时，常需加入锡粒。
(2) Na_2SO_3 溶液或 $FeSO_4$ 溶液久置后失效。

10. 有一含有 Br^- 和 I^- 的混合液，选择一种氧化剂只氧化 I^- 而不氧化 Br^-，应选择 $FeCl_3$ 还是 $KMnO_4$？

在线测试：氧化还原反应和电极电势

第八章 配位化合物

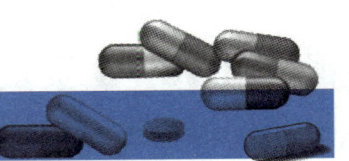

思维导图

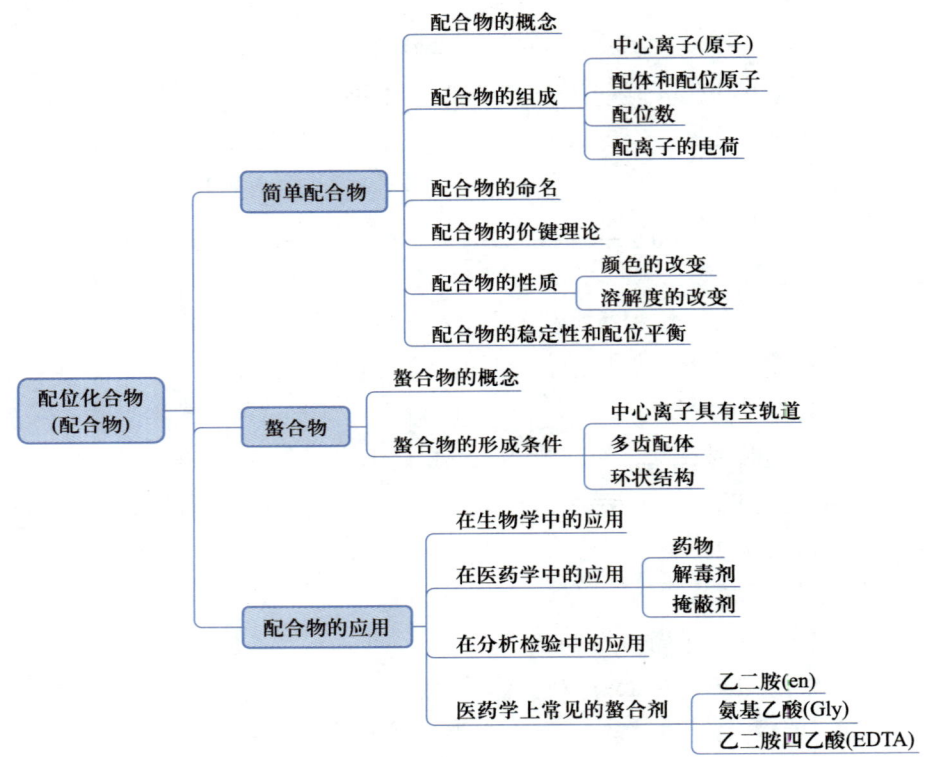

学习目标

知识目标：掌握配合物的基本概念、组成、命名原则；熟悉螯合物的概念、形成条件；了解配合物的价键结构理论、性质和配位平衡的概念。

能力目标：能说出常见配合物的名称或根据名称写出化学式，能写出医学上常见螯合剂的结构。

素质目标：培养职业责任感以及贡献社会的意识。

配位化合物简称配合物，是一类组成较复杂、应用广泛的重要化合物。有些配合物在生命过程中起重要作用，如人体内输送氧气的亚铁血红蛋白是一种含铁的配合

第一节 简单配合物

物,人体内各种酶的分子几乎都是金属的配合物;一些配合物与医药联系密切或本身就是药物,如维生素 B_{12} 是含钴的配合物,锌胰岛素是含锌的配合物。另外,在生化检验、药物分析、新药研制和开发等工作中也要应用配合物的相关知识。

一、配合物的概念

[观察与思考]

在 1 mL 的 0.1 mol/L 硫酸铜溶液中滴入 2 滴 4 mol/L 氨水,有何现象?继续滴入过量氨水,又发生什么变化?将上述最终得到的溶液装入两支试管中,在一支试管中加入少量氯化钡溶液,在另一支试管中加入少量氢氧化钠溶液,观察有何现象,并思考原因。

在硫酸铜溶液中加入氨水,先生成浅蓝色的絮状沉淀,再继续加入过量的氨水,至沉淀消失,变成深蓝色的透明溶液。用乙醇处理后,会得到深蓝色晶体。加入氯化钡溶液的试管中有白色的沉淀生成,表明溶液中仍含有硫酸根离子;加入氢氧化钠溶液的试管中并无沉淀和气体产生。实验证明,上述深蓝色晶体是 $[Cu(NH_3)_4]SO_4$,它在水溶液中解离为 $[Cu(NH_3)_4]^{2+}$ 和 SO_4^{2-}。化学反应方程式如下:

$$CuSO_4 + 4NH_3 == [Cu(NH_3)_4]SO_4$$

$$[Cu(NH_3)_4]SO_4 == [Cu(NH_3)_4]^{2+} + SO_4^{2-}$$

这种由金属离子或原子与一定数目的阴离子或中性分子以配位键结合形成的复杂离子称为配离子,如 $[Cu(NH_3)_4]^{2+}$ 和 $[HgI_4]^{2-}$。若以配位键结合的部分不带电荷,则称为配位分子,如 $[Pt(NH_3)_2Cl_2]$。含有配离子的化合物和配位分子统称配合物,如 $[Cu(NH_3)_4]SO_4$、$K_2[HgI_4]$、$[Fe(CO)_5]$。

二、配合物的组成

配合物一般分为内界和外界两部分。配离子是配合物的特征部分,也称为配合物的内界,它由中心离子和配体组成,其结合力是配位键,书写化学式时用方括号表明内界。除内界以外的简单离子称为外界。配合物的内界和外界之间以离子键结合,在水溶液中易解离出内界(配离子)和外界,而内界则很难发生解离。配位分子比较特殊,只有内界,没有外界。

例如，在配合物[Cu(NH₃)₄]SO₄中，[Cu(NH₃)₄]²⁺是内界，SO₄²⁻是外界；Cu²⁺是中心离子；NH₃是配体。

(一) 中心离子(原子)

中心离子(原子)位于内界的中心，是配合物的形成体。一般是过渡金属离子或原子，如 Zn^{2+}、Cd^{2+}、Hg^{2+}、Cu^{2+}、Ag^+、Fe^{3+}、Co^{3+}、Cr^{3+} 及 Fe、Co、Ni；高氧化态的非金属原子也可以作为中心离子，如[SiF₆]²⁻中的Si(Ⅳ)。

(二) 配体和配位原子

配合物中与中心离子以配位键相结合的阴离子或中性分子称为配体。常见的配体见表8-1。配体中提供孤对电子与中心原子形成配位键的原子称为配位原子。例如，H₂O中的O，NH₃中的N，CN⁻中的C都是配位原子。配位原子通常是电负性较大的非金属元素的原子，如F、Cl、Br、I、C、N、O、S等。

表8-1 常见的配体

配位原子	配体
卤素原子	F⁻、Cl⁻、Br⁻、I⁻
O	H₂O、OH⁻、ONO⁻、RCOO⁻、C₂O₄²⁻
N	NH₃、NO₂⁻、NCS⁻、NH₂CH₂CH₂NH₂
C	CN⁻、CO
S	SCN⁻

形成配合物时，只提供1个配位原子的配体称为单齿配体，如H₂O、NH₃、OH⁻、X⁻等。能同时提供2个及2个以上的配位原子的配体称为多齿配体，如乙二胺(en)中的2个氮原子都为配位原子，乙二胺属于二齿配体；又如乙二胺四乙酸(EDTA)含有6个配位原子，属于六齿配体。

有些配体虽含有2个配位原子，但只能选择其中的1个配位原子与中心离子(原子)形成配位键，这类配体称为两可配体，仍属于单齿配体。例如，SCN⁻与Hg²⁺形成配离子[Hg(SCN)₄]²⁻时，S为配位原子；而NCS⁻与Fe³⁺形成配离子[Fe(NCS)₆]³⁻时，N为配位原子。

(三) 配位数

与中心离子(原子)直接结合的配位原子总数称为中心离子(原子)的配位数。配位数一般为2、4、6和8，常见的是4和6。

在计算中心离子(原子)的配位数时，根据配位数的定义可以推出配位数的计算公式，即配位数 = ∑ 配体数 × 配体齿数。

如果配体全部是单齿配体,那么中心离子(原子)的配位数与配体数相等;如果有多齿配体,则配位数与配体数不相等。如$[Fe(CN)_6]^{3-}$中的CN^-是单齿配体,配位数和配体数都是6;又如$[Cu(en)_2]^{2+}$中的配体en是二齿配体,所以配位数是$2\times 2=4$;$[Fe(NH_3)_2(en_2)]^{3+}$中既有单齿配体,又有多齿配体,其配位数为$2\times 1+2\times 2=6$。

(四) 配离子的电荷

配离子的电荷等于中心离子(原子)和配体所带电荷的代数和。配合物是电中性的,可以根据外界离子的电荷确定配离子的电荷。例如,配合物$[Cu(NH_3)_4]SO_4$中,外界离子SO_4^{2-}所带的电荷为-2,因此配离子所带的电荷为$+2$。再根据配离子的电荷和配体的电荷,推算出中心离子(原子)的氧化数。反之,已知中心离子(原子)的氧化数和配体的电荷,能推算出配离子的电荷及配合物的化学式。

三、配合物的命名

配合物的命名服从一般无机化合物的命名原则。即阴离子在前,阳离子在后,分别称为:某化某、某酸某和氢氧化某等。配合物的命名比一般无机化合物的命名更复杂的地方在于配离子。处于配合物内界的配离子,其命名方法一般依照如下顺序:配体数目(中文数字表示)+配体名称+合+中心离子(原子)名称+中心离子(原子)氧化数(罗马数字表示)。

命名实例

$[FeF_6]^{3-}$	六氟合铁(Ⅲ)离子
$[HgI_4]^{2-}$	四碘合汞(Ⅱ)离子
$[Ag(NH_3)_2]^+$	二氨合银(Ⅰ)离子
$[Fe(CN)_6]^{3-}$	六氰合铁(Ⅲ)离子
$[Ag(NH_3)_2]Cl$	氯化二氨合银(Ⅰ)
$[Cu(NH_3)_4]SO_4$	硫酸四氨合铜(Ⅱ)
$[Ag(NH_3)_2]OH$	氢氧化二氨合银(Ⅰ)
$Na_2[SiF_6]$	六氟合硅(Ⅳ)酸钠
$K_4[Fe(CN)_6]$	六氰合铁(Ⅱ)酸钾
$K_3[Fe(SCN)_6]$	六硫氰合铁(Ⅲ)酸钾
$H_2[PtCl_6]$	六氯合铂(Ⅵ)酸
$[Fe(CO)_5]$	五羰基合铁

若有多种配体时,一般先无机配体,后有机配体;先阴离子配体,后中性分子配体。若不同配体为同一类型,则按配位原子元素符号的英文字母顺序排列。不同配体名称之间要用中圆点分开,复杂的配体名称写在圆括号内,以免混淆。

命名实例

[Pt(NH$_3$)$_2$Cl$_2$]　　　　　　　　二氯·二氨合铂（Ⅱ）

[Co(NCS)(NH$_3$)$_5$]$^{2+}$　　　　　异硫氰酸根·五氨合钴（Ⅲ）离子

[Fe(NH$_3$)$_2$(en)$_2$]$^{3+}$　　　　　二氨·二（乙二胺）合铁（Ⅲ）离子

[Co(H$_2$O)(NH$_3$)$_4$Cl]$^{2+}$　　　一氯·四氨·一水合钴（Ⅲ）离子

NH$_4$[Co(NH$_3$)$_2$(NO$_2$)$_4$]　　　四硝基·二氨合钴（Ⅲ）酸铵

[Co(en)$_2$Cl$_2$]Cl　　　　　　　氯化二氯·二（乙二胺）合钴（Ⅲ）

此外，一些配合物还可以采用俗名，如[Ag(NH$_3$)$_2$]$^+$称银氨配离子，[Cu(NH$_3$)$_4$]$^{2+}$称铜氨配离子，K$_3$[Fe(CN)$_6$]俗称铁氰化钾（赤血盐），K$_4$[Fe(CN)$_6$]俗称亚铁氰化钾（黄血盐），K$_2$[PtCl$_4$]俗称氯铂酸钾。

四、配合物的价键理论

1928年，鲍林将杂化轨道理论应用到配位化学中，形成了配合物的价键理论。价键理论较好地解释了配合物的空间构型和配位键的本质，其要点如下：

① 中心离子（原子）与配体之间的结合力为配位键。

② 为了增加成键能力，中心离子（原子）中能量相近的几个空轨道进行杂化，形成能量相等且具有一定方向性的杂化轨道，中心离子（原子）的杂化轨道与配位原子的孤对电子形成配位键。

③ 配离子的空间结构、配位数及其稳定性主要取决于杂化轨道的数目和类型。中心离子（原子）的杂化类型与配离子的空间构型见表 8-2。

表 8-2　中心离子（原子）的杂化类型与配离子的空间构型

配位数	杂化类型	空间构型	实例
2	sp	直线形	[Au(CN)$_2$]$^-$、[Ag(NH$_3$)$_2$]$^+$
3	sp^2	三角形	[HgI$_3$]$^-$、[CuCl$_3$]$^{2-}$
4	sp^3	四面体	[NiCl$_4$]$^{2-}$、[Zn(NH$_3$)$_4$]$^{2+}$
4	dsp^2	平面四边形	[Cu(NH$_3$)$_4$]$^{2+}$、[Pt(NH$_3$)$_2$Cl$_2$]

在配离子中,中心离子和配体间通常是以配位键相结合的。如铜氨配离子中,配体氨中氮原子的最外层有 5 个价电子,其中 3 个电子分别和 3 个氢原子的 1 个电子配对,以共价键相结合,剩下一对未共用的电子与中心离子共用形成配位键。中心离子铜的原子序数为 29,当失去 2 个电子成为铜离子时,它的电子排布式为 $1s^2 2s^2 2p^6 3s^2 3p^6 3d^9$,价电子层还有空轨道。当铜离子和配体氨分子接近时,铜离子空的价电子轨道就可容纳 4 个 NH_3 提供的 4 对孤电子,两者以配位键的形式结合,其结构示意如下:

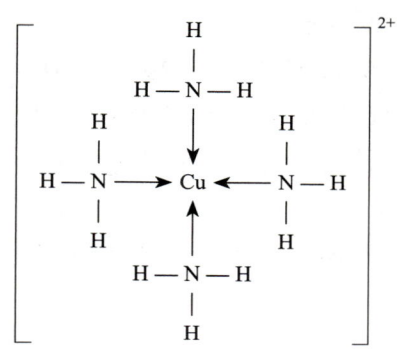

由此可见,在配合物中,作为电子接受体的中心离子(原子),必须具有空的能成键的价电子轨道,而配体必须有未共用的电子对。

通常周期表中 d 区元素的离子大多具有空的价电子轨道,形成配合物的倾向比较大,是最常见的中心离子,如 Ag^+、Cu^{2+}、Fe^{2+}、Fe^{3+}、Hg^{2+}、Pt^{2+} 等。某些负离子如 X^-、NO_2^-、CN^- 和中性分子 NH_3、H_2O 等都有未共用的电子对,可以作为配体,它们与中心离子结合而生成配离子。

五、配合物的性质

配合物和一般无机物、有机物在性质上有很大的差异。这与配离子的特殊结构有着密切的关系。在溶液中,形成配合物时,常常出现颜色、溶解度的改变等现象。

(一) 颜色的改变

通常有色金属离子与配体形成配离子时,离子颜色发生改变,常见离子颜色改变如表 8-3 所示。

表 8-3　常见离子颜色改变

金属离子/配离子	Ni^{2+}/[NiY]$^{2-}$	Cu^{2+}/[CuY]$^{2-}$	Co^{3+}/[CoY]$^-$	Fe^{3+}/[FeY]$^-$
金属离子的颜色	绿	蓝	红	淡黄
配离子的颜色	蓝绿	深蓝	紫红	黄

根据颜色的变化,可以判断配离子的生成。在分析化学中,常利用某些配合物和金属离子的特殊显色反应来鉴定金属离子。在染料工业上,也常利用这一特点,获得所需要的颜色。

(二) 溶解度的改变

一些难溶于水的金属氯化物、溴化物、碘化物、氰化物可以依次溶于过量的 Cl^-、Br^-、I^-、CN^- 等离子和氨水中,形成可溶性的配合物。氯化银沉淀可溶于过量的浓盐酸及氨水中,形成配合物,其反应分别为

$$AgCl + HCl \Longrightarrow [AgCl_2]^- + H^+$$
$$AgCl + 2NH_3 \Longrightarrow [Ag(NH_3)_2]Cl$$

在定影时用硫代硫酸钠洗去溴化银沉淀,其原理就是形成了可溶性配合物,反应方程式为

$$AgBr + 2Na_2S_2O_3 \Longrightarrow Na_3[Ag(S_2O_3)_2] + NaBr$$

六、配合物的稳定性和配位平衡

在配合物中,配离子和外界离子之间是以离子键的形式相结合的,在溶液中能完全解离。在配离子中,中心离子和配体都以配位键的形式相结合,比较稳定。那么在溶液中,配离子能否再解离?下面通过实验来认识这个问题。

取试管两支,分别加入 1 mL 硫酸铜氨溶液。在一支试管中,滴入氢氧化钠溶液,没有氢氧化铜沉淀生成,说明溶液中可能没有或含极少量的铜离子。在另外一支试管中,滴入硫化钠溶液,即有黑色的硫化铜沉淀生成,说明溶液中有少量的铜离子存在。以上实验说明,在溶液中铜氨配离子可以微弱地解离为中心离子和配体:

$$[Cu(NH_3)_4]^{2+} \Longrightarrow Cu^{2+} + 4NH_3$$

配离子在溶液中的解离平衡与弱电解质的解离平衡相似,因此配离子的解离平衡常数表达式为

$$K_{\text{不稳}} = \frac{[Cu^{2+}][NH_3]^4}{[Cu(NH_3)_4^{2+}]}$$

这个常数越大,表示铜氨配离子越易解离,即配离子越不稳定。所以,这个常数称为铜氨配离子的不稳定常数,用 $K_{\text{不稳}}$ 来表示。

在实际工作中,除了用 $K_{\text{不稳}}$ 表示外,也常用稳定常数表示配离子的稳定性。其含义是当铜氨配离子形成时,存在着下列配位平衡,其反应式为

$$Cu^{2+} + 4NH_3 \Longrightarrow [Cu(NH_3)_4]^{2+}$$

其平衡常数表达式为

$$K_{稳} = \frac{[Cu(NH_3)_4^{2+}]}{[Cu^{2+}][NH_3]^4}$$

这个常数越大,说明生成配离子的倾向越大,而解离的程度越小,即配离子越稳定。所以,这个常数称为铜氨配离子(或配合物)的稳定常数,用 $K_{稳}$ 来表示。显然稳定常数和不稳定常数互为倒数,即

$$K_{稳} = \frac{1}{K_{不稳}}$$

稳定常数和不稳定常数在应用上十分重要,使用时应注意不可混淆。通常配合物稳定常数都比较大,为了书写方便,可用它的对数值 $\lg K_{稳}$ 来表示。一些常见配离子的 $\lg K_{稳}$ 值见表 8-4 和附表 6。

表 8-4 一些常见配离子的 $\lg K_{稳}$ 值

配离子	$[Fe(SCN)_6]^{3-}$	$[Ag(NH_3)_2]^+$	$[Zn(NH_3)_4]^{2+}$	$[Cu(NH_3)_4]^{2+}$
$\lg K_{稳}$	9.10	7.23	9.47	13.63

螯合物和一般配合物相比,其最大的特点之一就是稳定常数更大,因而它更稳定。一些常见 EDTA 金属螯合物的 $\lg K_{稳}$ 值见表 8-5。

表 8-5 一些常见 EDTA 金属螯合物的 $\lg K_{稳}$ 值

金属离子	Na^+	Ba^{2+}	Mg^{2+}	Ca^{2+}	Zn^{2+}	Cu^{2+}	Fe^{3+}
$\lg K_{稳}$	1.7	7.8	8.6	11.0	16.4	18.7	24.2

从表 8-5 可知,EDTA 和重金属如 Fe^{3+}、Cu^{2+}、Zn^{2+} 等离子生成的螯合物要比 EDTA 和轻金属如 Na^+、Ba^{2+}、Mg^{2+} 等离子生成的螯合物稳定。

[化学与医药学]

铂类抗癌药物

1969 年,美国科学家 Rosenberg 首次发现顺铂(顺二氯·二氨合铂 / DDP)$[Pt(NH_3)_2Cl_2]$ 对肿瘤细胞生长具有抑制作用,和其他抗癌剂联合作用时有明显的协同作用,临床用于治疗卵巢癌、肺癌、食管癌等,铂类药物遂成为临床上的一线抗癌药物。铂类药物之所以能抑制癌变,是由于其中的 Pt(Ⅱ)能与癌细胞中的脱氧核糖核酸(DNA)上的碱基相结合,从而破坏肿瘤细胞 DNA 遗传信息的复制和转录过程,抑制了癌细胞的分裂。

对铂类药物的研究沿着两个发展方向,一是改善顺铂的毒副作用,二是克服其在瘤体内的耐药性。1986 年卡铂(顺 -1,1- 环丁烷二羧酸·二氨合铂 /CBP)上市,成为第二代铂

类抗肿瘤药物。1995 年奈达铂(顺乙醇酸·二氨合铂/NDP)也作为第二代铂类抗肿瘤药物上市。1996 年奥沙利铂(OXA)上市,成为第三代铂类抗肿瘤药物。2005 年洛铂(顺-1,2-二氨甲基环丁烷·乳酸合铂/LBP)上市,临床用于治疗晚期乳腺癌、小细胞肺癌和慢性粒细胞白血病。LBP 是目前在我国上市的铂类药物中,唯一拥有自主知识产权、唯一拥有化合物专利、唯一独家产品,也是我国 1 类化药新药、国家医保产品。2010 年米铂及其专用混悬液同时上市,临床用于治疗。

第二节 螯 合 物

一、螯合物的概念

随着现代科学技术的发展,人们认识到不仅无机化合物可以作为配体,而且有机物也可以作为配体,从而形成更复杂的配合物。例如,乙二胺就是一种有机配体。它的每个分子上都有两个氨基结构式:$H_2N—CH_2—CH_2—NH_2$。

当乙二胺与铜离子配合时,乙二胺氨基的两个氮原子,可各提供一对未共用的电子对和中心离子配对,也就是说每分子乙二胺上有两个配位原子可以形成两个配位键。由于两个配位原子在分子中相隔两个其他原子,因此一个乙二胺分子和铜离子配合形成了一个由五元环结构的稳定的配离子,它像螃蟹的两个螯钳,从两边紧紧地把金属离子钳在中间。其反应方程式如下:

$$Cu^{2+} + 2 \begin{array}{c} H_2C—NH_2 \\ | \\ H_2C—NH_2 \end{array} \longrightarrow \left[\begin{array}{c} H_2C—NH_2 \\ | \\ H_2C—NH_2 \end{array} \overset{\curvearrowright}{Cu} \begin{array}{c} H_2N—CH_2 \\ | \\ H_2N—CH_2 \end{array} \right]^{2+}$$

这种稳定具有环形结构的配合物称为螯合物(或内配合物),形成螯合物的配体称为螯合剂。

二、螯合物的形成条件

螯合物的形成条件如下:
(1) 中心离子必须具有空轨道,能接受配体提供的孤对电子。
(2) 螯合剂必须含有两个或两个以上能给出孤对电子的原子,这样才能与中心离子配合成环状结构。
(3) 这两个能给出孤对电子的原子之间应该相互隔着两个或三个其他原子,以便形成稳定的五元环或六元环。

螯合物的概念和形成条件

第三节　配合物的应用

配合物在自然界中广泛存在,其无论在基础理论研究和实际应用方面都具有十分重要的意义,应用范围涉及生物、医药、分析检验等诸多领域。

一、配合物在生物学中的应用

生物体内的微量金属元素通常以配合物的形式存在。在生物体内,蛋白质、核酸、多糖、磷脂及其各级降解产物都可以作为金属元素的配体,称为生物配体。生命必需金属元素与生物配体之间的相互作用构成了生命活动的基础。例如,动物体内的血红素是铁的有机配合物,植物中的叶绿素是镁的有机配合物,特别是生物体内的各种酶,几乎都是金属元素的复杂配合物,它们在生物的生化过程中起着决定性的作用。

生命必需元素在体内的含量有严格确定的范围,当严重缺乏或过量时,会对人的健康造成危害甚至危及生命。

二、配合物在医药学中的应用

有些药物本身就是配合物。如用于治疗血钙过多的 EDTA 二钠盐,治疗糖尿病的胰岛素,用于抗癌的药物顺二氯·二氨合铂(Ⅱ),补给缺铁性贫血患者铁质的枸橼酸铁铵,治疗血吸虫病的酒石酸锑钾,防治恶性贫血的维生素 B_{12} 等。

配位剂能与重金属形成配离子,在医药上可用作解毒剂,又称为促排剂。如枸橼酸钠可以和铅形成稳定的螯合物,是防治职业性铅中毒的有效药物;近年来,在医学上也用于治疗职业性铅中毒,得到良好的效果。二巯丁二钠可以和进入人体内的汞、砷等重金属形成螯合物而解毒。D-青霉素胺常用来排除体内积累的铜。

在药物的制剂工作中,常利用 EDTA 与药物中某些微量金属离子杂质生成稳定的螯合物,从而消除这些金属离子催化药物氧化的破坏作用。

三、配合物在分析检验中的应用

因为大多数金属离子在生成配合物时,显示某种特征颜色,故可用于定性分析,有的可根据颜色深浅进行定量分析。如 Fe^{3+} 在溶液中,加入 KSCN,生成血红色

[Fe(SCN)₆]³⁻,可鉴定 Fe^{3+}。在分光光度法中,配位剂常用作显色剂。

在分析鉴定中,常会因某重金属离子的存在而发生干扰,影响鉴定工作。如用 KSCN 鉴定 Co^{2+} 时,若溶液中同时存在 Fe^{3+},由于 Fe^{3+} 与 SCN^- 生成血红色的 $[Fe(SCN)_6]^{3-}$ 而干扰 Co^{2+} 的检出反应,因此应加入 NaF 掩蔽 Fe^{3+},使之生成更稳定的无色 $[FeF_6]^{3-}$ 配离子,消除对 Co^{2+} 鉴定反应的干扰。

滴定分析中的配位滴定法,是测定金属含量的常用方法之一,最常用的分析试剂就是 EDTA。详细知识可参见"分析化学"课程中配位滴定法相关内容。

四、医药学上常见的螯合剂

医药学上常见螯合剂除乙二胺外,还有氨基乙酸、乙二胺四乙酸等。

在氨基乙酸分子中,有一个氨基和一个有机酸特有的羧基(—COOH),有机酸解离后,羧基上的氧原子也具有未共用的电子对。氨基乙酸根离子的结构可写成:

$$H_2\ddot{N}-CH_2-\overset{\overset{O}{\|}}{C}-\ddot{\underset{..}{O}}{:}^-$$

当氨基乙酸和铜离子配合时,每分子氨基乙酸上氨基的氮原子和羧基的氧原子都可供出一对未共用的电子和中心离子配位,从而形成环状的螯合物。由于铜离子的特征配位数是 4,因此一个铜离子可以和两个氨基乙酸分子螯合,这样铜离子所带的正电荷和两个氨基乙酸根离子羧基上的负电荷中和,形成的是中性配合分子,而不是配离子:

> **聚焦大赛**
> 在全国职业院校技能大赛 GZ022 化学实验技术赛项中,金属组分(钴或镍)含量的测定,采用的是配位滴定法,滴定液为乙二胺四乙酸二钠。乙二胺四乙酸二钠是最常见的螯合剂乙二胺四乙酸(EDTA)的二钠盐。

实用意义较大的螯合剂是乙二胺四乙酸(缩写成 EDTA),它是一种有机四元酸,每分子上有两个氨基和四个羧基。这类分子中既具有氨基,又具有羧基的配合剂称为氨羧螯合剂。

当 EDTA 和铜离子螯合时,每分子 EDTA 上两个氨基的氮原子和羧基上的氧原子都可以供出一对未共用的电子和中心离子配位,因此形成了由五个原子环组成的更复杂的多环螯合物:

EDTA 也可以简写成 H_4Y。它在冷水中溶解度较小,因此使用上受到限制,通常用它的二钠盐 Na_2H_2Y(也简称 EDTA,或 EDTA 二钠盐),它在水中的溶解度较大,并可以发生解离:

$$Na_2H_2Y = 2Na^+ + H_2Y^{2-}$$

当用 EDTA 二钠盐和一些金属离子 M^{2+} 螯合时,其反应方程式可简写如下:

$$M^{2+} + H_2Y^{2-} \rightleftharpoons MY^{2-} + 2H^+$$

事实上,生物体内的许多金属离子也都是以螯合物的形式存在的,而且在临床诊断和治疗上也越来越多地应用螯合物药剂。因此,螯合物和医学的关系极为密切。

螯合物的应用

[化学与医药学]

正确服用螯合药物

螯合物在自然界中存在较为广泛,有些药物本身就是螯合剂。如治疗肠炎、痢疾的常用药诺氟沙星,其结构式如下:

该药物属于多齿配体,极易与金属离子形成螯合物。所以患者在口服诺氟沙星之后,不能马上喝牛奶,这是由于诺氟沙星能与牛奶中钙离子形成螯合物,降低了诺氟沙星的抗菌活性,所以这类药物不宜和牛奶等含钙离子丰富的食物同时服用,服药 1 h 以后才能喝牛奶。

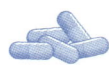

目标测试

1. 基本概念

配位化合物　配离子　配体　配位数　螯合剂　螯合物

2. 命名下列配合物,并指出内界、外界、中心离子(原子)、配体、配位原子和配位数。

$Na_2[PtCl_4]$ 　　　　$(NH_4)_2[Hg(SCN)_4]$ 　　　　$K_3[Fe(CN)_6]$

$[Ni(CO)_4]$ 　　　　$[Pt(en)_2Cl_2]Cl_2$ 　　　　$[Ni(NH_3)_4(H_2O)_2]Cl_2$

3. 写出下列配合物的化学式。

(1) 硫酸四氨合锌(Ⅱ)　　　　　　　　(2) 六氰合铁(Ⅲ)酸钾

(3) 氯化二氯·三氨·一水合钴(Ⅲ)　　　(4) 二氯·二氨合铂(Ⅱ)

(5) 氢氧化四氨合锌(Ⅱ)　　　　　　　(6) 四碘合汞(Ⅱ)酸钠

4. 在$[Zn(NH_3)_4]SO_4$溶液中存在下列化学平衡:

$$[Zn(NH_3)_4]^{2+} \rightleftharpoons Zn^{2+} + 4NH_3$$

分别向此溶液中加入少量下列物质,试判断上述平衡移动的方向,并写出有关的化学方程式。

(1) H_2SO_4稀溶液　　　　　　　　(2) NH_3溶液

(3) Na_2S溶液　　　　　　　　　　(4) KCN溶液

5. 解释下列现象:

(1) 在$NH_4Fe(SO_4)_2$溶液中加入KSCN,溶液呈血红色。

(2) 在$K_3[Fe(CN)_6]$溶液中加入KSCN,溶液不变色。

6. 调查一下你身边患有贫血的患者,询问他们是否是缺铁性贫血。治疗缺铁性贫血的药物有哪些?阅读说明书,了解一下各药物的主要成分,以及其中铁以什么状态、什么形式存在。

7. 计算 0.1 mol/L $[Ag(NH_3)_2]^+$ 溶液和 0.1 mol/L $[Ag(CN)_2]^-$ 溶液中的 Ag^+ 浓度,并根据计算结果比较$[Ag(NH_3)_2]^+$与$[Ag(CN)_2]^-$的稳定性大小。

在线测试:
配位化合物

第九章 生命元素和有毒元素

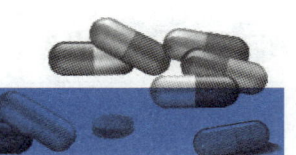

思维导图

- 生命元素和有毒元素
  - 生命必需元素
    - 生命必需元素的概念
    - 判断生命必需元素的方法
  - 金属生命元素及其功能
    - ⅠA族金属生命元素及其功能
      - 钠及其生命功能
      - 钾及其生命功能
    - ⅡA族金属生命元素及其功能
      - 镁及其生命功能
      - 钙及其生命功能
      - 锶及其生命功能
    - ⅢA族金属生命元素及其功能
      - 铝及其生命功能
    - ⅣA族金属生命元素及其功能
      - 锗及其生命功能
      - 锡及其生命功能
    - ⅤA族金属生命元素及其功能
      - 铋及其生命功能
    - d区和ds区金属生命元素及其功能
      - 钒及其生命功能
      - 铬及其生命功能
      - 锰及其生命功能
      - 铁及其生命功能
      - 镍及其生命功能
      - 铜及其生命功能
      - 锌及其生命功能
      - 钼及其生命功能
  - 非金属生命元素及其功能
    - ⅠA族非金属生命元素及其功能
      - 氢及其生命功能
    - ⅣA族非金属生命元素及其功能
      - 碳及其生命功能
    - ⅤA族非金属生命元素及其功能
      - 氮及其生命功能
      - 磷及其生命功能
    - ⅥA族非金属生命元素及其功能
      - 氧及其生命功能
      - 硫及其生命功能
      - 硒及其生命功能
    - ⅦA族非金属生命元素及其功能
      - 氟及其生命功能
      - 氯及其生命功能
      - 溴及其生命功能
      - 碘及其生命功能
  - 有毒微量元素
    - 铅及其对人体的危害
    - 汞及其对人体的危害
    - 镉及其对人体的危害
    - 砷及其对人体的危害
    - 硼及其对人体的危害

第九章 生命元素和有毒元素

学习目标

知识目标：掌握ⅠA、ⅡA、ⅢA、ⅣA、ⅤA、d区和ds区的金属生命元素、非金属生命元素及其功能，掌握常见的有毒微量元素（铅、汞、镉、砷和硼）及其对人体的危害；熟悉必需元素的概念及其判断方法；了解有毒元素的概念。

能力目标：会判别某元素是否为生命必需元素，能说出人体29种生命必需元素（11种常量元素和18种微量元素）。

素质目标：培养尊重生命、敬畏生命的理念，提高环保意识。

自然界的生物都由化学元素组成。人体内各种化学元素无论种类还是数量都与我们生活的环境息息相关。研究化学元素与健康的关系是生命科学的重要课题，也是现代生命科学与医学研究的前沿领域。人体由80多种元素组成。根据这些元素在人体内的含量不同，可将其分为常量元素和微量元素。根据这些元素在人体内的生物学效应不同，又可将其分为生命必需元素、有益元素、有毒元素和不确定元素。本章重点讨论生命必需元素、有益元素和有毒元素。

第一节 生命必需元素

一、生命必需元素的概念

生命必需元素是维持人体正常生命活动不可缺少的元素，它是构成人体组织、维持人体正常新陈代谢的元素。研究发现，生命必需元素包括29种，其中11种为常量元素，这些元素在人体内所占比例较大，是机体维持正常新陈代谢需要较多的元素，主要包括氧（O）、碳（C）、氢（H）、氮（N）、钙（Ca）、磷（P）、钾（K）、钠（Na）、镁（Mg）、氯（Cl）、硫（S）；另外18种元素为微量元素，这些元素在人体内虽然含量不多，却是人体正常代谢不可缺少的元素，主要包括铁（Fe）、铜（Cu）、镍（Ni）、锰（Mn）、锌（Zn）、钴（Co）、铬（Cr）、硒（Se）、碘（I）、氟（F）、钼（Mo）、钒（V）、锡（Sn）、硅（Si）、铷（Rb）、锶（Sr）、砷（As）、硼（B）。

二、判断生命必需元素的方法

目前发现的元素有118种，人体中存在的元素也有很多种，如何判断某元素为生命必需元素是生命科学和医学探究的重要方向。生命必需元素与人体的生存和健康息息相关，对人体的生命起着至关重要的作用。判断元素是否为生命必需元素

需遵循以下原则：① 该元素的摄入过量或者不足、不平衡甚至缺乏会不同程度的引起人体生理异常或引起疾病。② 该元素的生理学功能是其他元素所不能代替的。③ 该元素直接参与新陈代谢的过程，且该元素具有一定的生物功能或对生物功能产生影响。

第二节　金属生命元素及其功能

本节探讨的金属生命元素，无论是生命必需元素还是非必需元素，都是对人体有重要影响的元素，影响人体新陈代谢、参与酶的活性激活、调节体内渗透压或酸碱平衡等。主要包括钠(Na)、钾(K)、镁(Mg)、钙(Ca)、锶(Sr)、铝(Al)、锗(Ge)、锡(Sn)、铋(Bi)、铁(Fe)、铜(Cu)、镍(Ni)、锰(Mn)、锌(Zn)、铬(Cr)、钼(Mo)、钒(V)等。

一、ⅠA族金属生命元素及其功能

ⅠA族金属生命元素主要包括钠(Na)和钾(K)。ⅠA族又称碱金属族，元素最外层只有一个电子，故容易失去最外层电子，带一个单位的正电荷。金属钠和钾比较活泼，在自然界中主要以化合态形式存在，它们是构成生命体重要的元素。

（一）钠及其生命功能

钠在元素周期表中是第11号元素，相对原子质量是22.990。占人体体重的0.15%，钠主要存在于细胞外液中。钠离子的主要生理功能：调节体内渗透压平衡，并与钾离子、氯离子一起维持体液平衡与酸碱平衡。

钠和钾共同维持体内水量的平衡，当体液中钾离子含量不高时，钠离子会带着水分进入细胞内使细胞膨胀，造成水肿。钠离子还参与神经信息的传递，当体内钠不足时，能量的生成和利用较差，会导致神经肌肉传导迟钝，从而引起心血管受抑制的症状。人体中的钠主要来源于食物，特别是调味品食盐，钠会促使血压升高，在生活中应避免摄入过量的食盐。

（二）钾及其生命功能

钾在元素周期表中是第19号元素，相对原子质量是39.098。占人体体重的0.35%，主要分布在人体肌肉中且主要存在于细胞内液中。钾离子的主要生理功能：调节体内渗透压平衡、与钠离子和氯离子一起维持体液平衡与酸碱平衡、维持机体正常生长。

钾对人体内分泌系统起着至关重要的作用，钾有助于神经系统传递信息，可防止神经系统功能出现异常。钾可激活多种酶，对于维持肌肉收缩、扩张肌肉起着重要的作用,如果人体缺乏钾则会引起肌肉麻痹或瘫痪。人体中的钠和钾彼此平衡,过多的钠会导致钾随尿液流失,过多的钾也会导致钠严重流失。

[化学与医药学]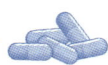

生 理 盐 水

活性成分:NaCl。

用途:外用生理盐水冲洗眼部、洗涤伤口等。

实验室配制生理盐水的方法:先用天平称取 0.9 g 的氯化钠固体,再用量筒量取 100 mL 蒸馏水加入装有氯化钠的烧杯中,用玻璃棒搅拌,使其充分溶解,即得。

0.9% 100 ml 氯化钠溶液的配制

二、ⅡA 族金属生命元素及其功能

ⅡA 族金属生命元素主要包括镁(Mg)、钙(Ca)、锶(Sr)。ⅡA 族元素最外层有两个电子,故容易失去最外层电子,带两个单位的正电荷。它们是构成生命体重要的元素。

(一) 镁及其生命功能

镁在元素周期表中是第 12 号元素,相对原子质量是 24.305。约占人体体重的 0.05%,50%~60% 以磷酸盐或碳酸盐的形式沉积于骨骼内,其余大多在细胞内部,它是人体不可缺少的矿物元素。镁离子的主要生理功能:参与许多生命物质的代谢过程、与其他离子协同维持心肌的正常结构和功能、骨骼生长的增强因子。

镁离子参与体内糖、脂肪酸、蛋白质及核酸等生命物质的代谢或合成。与钾离子、钙离子、钠离子协同作用共同维持肌肉神经系统的兴奋性,维持心肌的正常结构和功能。镁还是降低血液中胆固醇的主要催化剂,能防止动脉粥样硬化。人体缺乏镁会出现头疼、烦躁、四肢无力等症状。

(二) 钙及其生命功能

钙在元素周期表中是第 20 号元素,相对原子质量是 40.078。约占人体体重的 1.7%,99% 以上的钙以羟基磷酸钙的形式存在于骨骼和牙齿中,少部分存在于血液中。钙离子的主要生理功能:构成骨骼和牙齿,并参与各种生理功能和新陈代谢从而会影响器官组织的活动。

钙离子对血液的凝固起着重要的作用,它可以刺激血小板,促使伤口血液凝固。钙离子可以激活酶的活性,从而影响人体正常代谢。钙可调节心脏的搏动,保持心脏连续交替地收缩和舒张。人体缺乏钙会导致骨质疏松、儿童佝偻病、以及高血压、组织出血等症状。

（三）锶及其生命功能

锶在元素周期表中是第 38 号元素，相对原子质量是 87.62。在人体中含量较少，是存在于人体内的微量元素之一，99% 分布在人体的骨骼和牙齿中。锶离子的主要生理功能：促进骨骼发育，参与血管的功能代谢。

锶能促进骨骼和牙齿的发育。同时，可以通过调节人体中钠的吸收，从而预防高血压等心血管疾病。人体中如果摄入过量的锶会引起贫血、肌肉萎缩、关节疼痛等疾病。

[化学与医药学]

硫 酸 镁

有效成分：标示量为 95.0%~105.0% 的七水合硫酸镁（$MgSO_4 \cdot 7H_2O$）。
用途：医药上主要用来做泻药，还可用于抗惊厥。
硫酸镁的制备：以氧化镁、氢氧化镁、碳酸镁等为原料加硫酸分解和合成而得。

三、ⅢA 族金属生命元素及其功能

ⅢA 族金属生命元素主要是铝（Al）。ⅢA 族元素最外层有三个电子，故容易失去最外层电子，带三个单位的正电荷。铝不是人体必需元素，但是对生命体及其功能产生较大的影响。

铝在元素周期表中是第 13 号元素，相对原子质量是 26.982。铝在机体中参与很多生命物质的合成和代谢，且对生命机体的影响是较大的。有研究表明，摄入过量的铝会对神经系统、细胞代谢、生长系统及生殖系统都有严重的影响。

人体中的铝主要来源于食品添加剂明矾。明矾是制作面包、油条等膨化食品的添加剂，铝离子在人体中不易流失，大量沉积会引起慢性中毒，故监管部门对油条等食品中明矾的添加量等都做了严格的控制。

[化学与医药学]

复方氢氧化铝片

有效成分：氢氧化铝、三硅酸镁。

用途：用于缓解胃酸过多引起的胃痛、胃灼热感（烧心）、反酸，也可用于慢性胃炎。

氢氧化铝的实验室制备：氢氧化铝为典型的两性氢氧化物，既可与酸反应又可与碱反应，实验室通常用氨水制备而成，方法简单，可控性强。

实验原理：$AlCl_3 + 3NH_3 \cdot H_2O = Al(OH)_3 + 3NH_4Cl$。

四、ⅣA 族金属生命元素及其功能

ⅣA 族金属生命元素主要包括锗（Ge）、锡（Sn）。锡是人体必需元素，是构成生命体重要的元素。

（一）锗及其生命功能

锗在元素周期表中是第 32 号元素，其相对原子质量是 72.64。锗的主要生理功能：杀菌、抗病毒、调节机体正常代谢。具体表现为活化生物电流、促进血液循环。保护红细胞，抵抗外来射线的袭击。锗在医药中的应用主要是用来抗肿瘤。鉴于锗能通过皮肤接触达到保健作用，一些厂家在制作内衣时加入锗。

（二）锡及其生命功能

锡在元素周期表中是第 50 号元素，其相对原子质量是 118.71。它是人体中必需的微量元素之一，锡的主要生理功能是抗肿瘤。有专家发现乳腺癌、肺肿瘤、结肠癌等疾病患者的肿瘤组织中锡含量比较少，低于其他正常的组织中锡含量。锡还可促进蛋白质、核酸的生成，维持机体正常生长。

如果人体中缺乏锡会影响生命体正常生长发育，尤其是儿童。如果摄入过量的锡，则会导致血液中钙含量降低，从而导致神经系统、肝功能、皮肤等受到损坏。

五、ⅤA 族金属生命元素及其功能

ⅤA 族金属生命元素主要是铋（Bi）。铋不是人体必需元素，但是对生命体及其功能产生较大的影响。

铋在元素周期表中是第 83 号元素，其相对原子质量是 208.98。铋是重金属元素，对人体有轻微毒性。铋的主要生理功能为保护胃黏膜，治疗肠胃消化不良症。医药中主要用来制造胃药。

铋中毒主要是因为长期服用铋剂药物（胃药），铋在人体中积累会出现排尿异常、记忆力和判断力减退等症状。

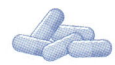

[化学与医药学]

枸橼酸铋钾颗粒

有效成分：枸橼酸铋钾。

用途：本品为抗消化性溃疡药。用于治疗胃溃疡、十二指肠溃疡等消化道溃疡。

枸橼酸铋钾的制备：磺胺与硝酸胍缩合而得。

六、d 区和 ds 区金属生命元素及其功能

d 区和 ds 区元素为过渡金属元素，主要的生命元素包括钒（V）、铬（Cr）、锰（Mn）、铁（Fe）、镍（Ni）、铜（Cu）、锌（Zn）、钼（Mo）等。它们是人体必需元素，是构成生命体重要的元素。

（一）钒及其生命功能

钒在元素周期表中是第 23 号元素，相对原子质量是 50.942。钒在人体中含量较少，但是人体必需的微量元素。钒有多种价态，有生物学意义的是 +4 价和 +5 价钒。钒的主要生理功能：防止胆固醇积累，减低过高的血糖。

在生化过程中，钒酸根可以和磷酸根竞争，被还原性物质还原。钒还可以帮助制造红细胞，同时是多种酶的辅助因子。

（二）铬及其生命功能

铬在元素周期表中是第 24 号元素，相对原子质量是 51.996。铬元素广泛存在于人体组织中，含量极其微量，但是人体不可或缺的必需元素。铬的主要生理功能：在糖代谢中起到重要作用。

铬能增强胰岛素的分泌，还可预防动脉粥样硬化。

有生物学意义的铬一般指 +3 价铬，+6 价铬则属于有毒元素。

（三）锰及其生命功能

锰在元素周期表中是第 25 号元素，相对原子质量是 54.938。锰在人体中含量不多，是人体必需的微量元素。锰的主要生理功能：作为酶的组成成分，并维持细胞和酶的活性。

锰是正常骨组织必需的元素，锰缺乏会影响荷尔蒙的调节，人体可适当补充锰。

(四) 铁及其生命功能

铁在元素周期表中是第 26 号元素,其相对原子质量是 55.845。铁主要存在于人体细胞、各组织器官中,其中 65% 存在于血红蛋白中。铁的主要生理功能:输送氧并携带排出二氧化碳,是人体造血的重要原料。

成人体内铁的含量一般为 3~5 g,铁是组织代谢不可缺少的物质,铁还具有维持血液酸碱平衡的作用。人体缺铁,会引起缺铁性贫血,同时还会引起多组织病变和功能失调,而导致人体免疫力降低。

(五) 镍及其生命功能

镍在元素周期表中是第 28 号元素,相对原子质量是 58.693。镍在人体中含量极微量,成人体内约含镍 10 g。它是血纤维蛋白溶酶的组成成分。镍的主要生理功能:促进红细胞再生、激活蛋白质和核酸等生命元素代谢过程中的酶。

镍及其盐类本身具有生物学活性,能通过抑制或激活酶而产生毒性。镍离子可通过皮脂腺和毛孔渗透到皮肤中,镍是常见的导致接触过敏的金属元素。

当人体中镍元素减少时,会引起机体代谢障碍。镍过多则会使人中毒。

(六) 铜及其生命功能

铜在元素周期表中是第 29 号元素,其相对原子质量是 63.546。铜在人体中的含量不多,通常为 100~150 mg。人体中的铜主要从饮食中获得。铜的主要生理功能:组成人体中一些金属酶的活性并参与造血。

铜在组织的能量释放、骨髓组织胶原合成及皮肤、毛发等的代谢中起到重要的作用。人体缺乏铜会引起皮肤干燥、头发粗糙、黑色素丢失症等。特别强调的是人体对铜的需求量与中毒量非常接近,不可擅自滥用铜制剂,以防铜过量而引起中毒。

(七) 锌及其生命功能

锌在元素周期表中是第 30 号元素,相对原子质量是 65.39。锌是人体必需的微量元素,成人体内正常情况下含锌 1.5~2.5 g。锌的主要生理功能:是人体内多种酶的主要组成部分,主要参与体内蛋白质和核酸的代谢。

锌会影响食欲和味觉,特别是青少年缺锌会引起厌食、发育迟缓和第二性征发育迟缓。缺锌也会加速机体老化。锌过量会引起中毒,长期服用会引起高血压或贫血。

(八) 钼及其生命功能

钼在元素周期表中是第 42 号元素,相对原子质量是 95.94。钼在人体中含量极微,但是人体必需的微量元素。钼的主要生理功能:钼是多种酶的主要成分,参与酶的代谢。

研究表明,许多消化道癌症与缺乏钼有一定的关系,生活中适量摄入钼对人体健康有意义。

[化学与医药学]

葡萄糖酸锌口服液

有效成分:葡萄糖酸锌。

用途:葡萄糖酸锌口服液是适用于4~10岁儿童、孕早期妇女补锌的药剂。

葡萄糖酸锌的制备:通过葡萄糖酸钙与等物质的量的硫酸锌作用。

实验原理:$Ca(C_6H_{11}O_7)_2 + ZnSO_4 \rightleftharpoons Zn(C_6H_{11}O_7)_2 + CaSO_4\downarrow$。

第三节　非金属生命元素及其功能

本节探讨的非金属元素,无论是生命必需元素还是非必需元素,都是对人体有重要影响的元素,构成生命体中的器官或组织、参与新陈代谢等。主要包括氢(H)、碳(C)、氧(O)、氮(N)、磷(P)、硫(S)、硒(Se)、氟(F)、氯(Cl)、溴(Br)、碘(I)等。其中,碳、氢、氧、氮是生命的基本元素。

一、ⅠA族非金属生命元素及其功能

ⅠA族非金属生命元素只有氢(H)元素,氢是人体必需元素。

氢在元素周期表中是第1号元素,相对原子质量是1.008。它是人体必需的常量元素,是构成生命体有机物的重要元素。氢元素有三种同位素,分别是氕、氘、氚。

二、ⅣA族非金属生命元素及其功能

ⅣA族非金属生命元素主要是碳(C)元素,它是人体必需元素。

碳在元素周期表中是第6号元素,相对原子质量是12.011。它是人体必需的常量元素,是构成生命体有机物的重要元素。此外,碳元素还主要参与光合作用,从而维持自然界中的碳元素的相对平衡。碳元素是构成CO_2的主要元素,CO_2的增加为环境增加了负担,CO_2是引起温室效应的主要气体。同时由C构成的CO也是煤气中毒的元凶。

三、VA 族非金属生命元素及其功能

VA 族非金属生命元素主要包括氮（N）、磷（P）。氮和磷是人体必需元素，是构成生命体重要的常量元素。

（一）氮及其生命功能

氮在元素周期表中是第 7 号元素，相对原子质量是 14.007。氮是构成生命体蛋白质的主要元素，同时氮对植物体的生长发育也有较大的影响。有研究发现，氮的重要化合物——一氧化氮，能舒张血管平滑肌，从而扩张血管，达到治疗心肌梗死等心血管疾病的目的。含氮单质——N_2，是空气中含量最多的气体。

（二）磷及其生命功能

磷在元素周期表中是第 15 号元素，相对原子质量是 30.974。人体中大约 85% 的磷是以磷酸盐的形式沉积于牙齿和骨骼中的，其余主要分布在细胞内液中。磷是构成 DNA、RNA 遗传因子的基本成分。磷和钙在人体中协同作用，无论是缺磷还是多磷都会影响钙的吸收，缺钙也会影响磷的吸收。

四、VIA 族非金属生命元素及其功能

VIA 族非金属生命元素有氧（O）、硫（S）、硒（Se），氧和硫是人体必需的常量元素，硒是人体必需的微量元素。

（一）氧及其生命功能

氧在元素周期表中是第 8 号元素，相对原子质量是 15.999。它是地壳中含量最多的元素，是构成生命体最重要的元素，也是组成生物体最多的元素。人体如果缺氧对神经系统、呼吸系统等都有较大的影响。同时氧气也是光合作用的产物，植物通过光合作用，使得自然界中的氧气和二氧化碳保持平衡。

（二）硫及其生命功能

硫在元素周期表中是第 16 号元素，相对原子质量是 32.065。它大约占人体体重的 0.25%，是所有细胞不可或缺的元素，同时也是某些氨基酸及酶的组成成分。人体如果缺硫会引起中毒、过敏及各种皮肤病。硫的氧化物 SO_2 是导致酸雨的主要物质。

(三) 硒及其生命功能

硒在元素周期表中是第 34 号元素,相对原子质量是 78.96。它是人体必需的微量元素,在人体中无法合成,需要从外界摄取。硒最重要的生命功能是组成人体内抗氧化酶,从而保护细胞免受氧化,所以硒具有抗氧化、抗衰老的作用。研究发现硒蛋白 P 可以与重金属生成螯合物,从而降低药物毒性。

五、ⅦA 族非金属生命元素及其功能

ⅦA 族非金属生命元素也即常见的卤族元素,包括氟(F)、氯(Cl)、溴(Br)、碘(I),它们最外层都有 7 个电子,容易得到 1 个电子,达到 8 个电子的稳定结构,从而带 1 个单位的负电荷,卤族元素是对应同周期元素(排除惰性气体)中非金属性最强的元素。氟是人体必需的微量元素,氯是生命必需常量元素,溴和碘都是有益于人体健康的微量元素。

(一) 氟及其生命功能

氟在元素周期表中是第 9 号元素,相对原子质量是 18.998。在人体中氟主要以 CaF_2 的形式分布在骨骼、牙齿、毛发中。

氟具有预防龋齿的作用,如果人体缺氟会引发龋齿,也会影响骨骼。摄入过多的氟会引起中毒,氟中毒主要体现在牙齿和骨骼中,并会波及心血管系统。

(二) 氯及其生命功能

氯在元素周期表中是第 17 号元素,相对原子质量是 35.453。氯主要存在于细胞内、外液中,与钠、钾共同维持体液接近中性。

人体对氯的需要通过正常饮食即可满足。一些病理情况下,可引起血液中的氯化物降低,从而导致氯缺乏,如长期腹泻。人体中氯缺乏时,会引起呼吸缓慢、食欲不振等现象。而氯元素过量则会引起高氯血症。

(三) 溴及其生命功能

溴在元素周期表中是第 35 号元素,相对原子质量是 79.904。溴对人体大脑皮质和中枢神经系统具有抑制和调节作用。溴是一种对人体有益的元素,含溴药物可以用来缓解神经痛和失眠等症状。人体中溴过量会导致中毒,引起记忆力下降、智力减退、运动功能紊乱等现象。

(四) 碘及其生命功能

碘在元素周期表中是第 53 号元素,相对原子质量是 126.904。碘是人体必需的

微量元素。在人体中的主要生理功能为构成甲状腺素,调节机体能量代谢,促进生长发育。碘具有较强的杀菌作用,能杀灭真菌和细菌等。常见的含碘药物主要是碘化钾和碘化钠,它们可以缓解有痰咳嗽。

人体中缺碘会引起甲状腺肥大(大脖子病),如果碘过量摄入则会引起碘中毒。日常生活中,可食用加碘食盐,同时碘在海产品中含量丰富,生活中应适当食用含碘食物。

第四节 有毒微量元素

有毒微量元素

有毒元素又称有害元素,是指对生物(人体)有毒性而无生物功能的元素。《中国药典》(2020 年版)规定,重金属及有害元素参照铅、镉、砷、汞、铜测定法(通则 2321 原子吸收分光光度法或电感耦合等离子体质谱法)测定,铅不得过 5 mg/kg,汞不得过 0.2 mg/kg,镉不得过 1 mg/kg,砷不得过 2 mg/kg。本节讨论的有毒微量元素主要是重金属元素(铅、汞、镉),此外还包括砷、硼。

一、铅及其对人体的危害

铅(Pb)在元素周期表中是第 82 号元素,相对原子质量是 207.2,是常见的对人体有害的重金属元素。铅对人体的危害主要体现在消化系统、神经系统和骨髓造血功能等方面。研究表明,儿童智力低下的发病率与身体摄入铅有关。

日常生活中铅主要来源于汽车尾气、食品添加剂、食品包装材料等。铅在人体中长期蓄积,能致畸、致癌、致突变。

二、汞及其对人体的危害

汞(Hg)在元素周期表中是第 80 号元素,相对原子质量是 200.59,是常见的对人体有害的重金属元素。汞在自然界中以三种形式存在,元素汞、无机汞、有机汞(甲基汞),前两者可在人体中转化为后者。无机汞毒性较弱,有机汞毒性最强。无机汞常温下挥发性强,可通过呼吸系统进入肺泡,并经血液循环侵入人体,皮肤吸收部分无机汞会引起溃烂。

积累在体内的汞会侵入神经中枢系统,破坏脑血管,表现为四肢麻木、语言失常、视野缩小、听觉失灵等。"水俣病"是由于工厂中含汞排入河海,汞在鱼体中积存,人吃了这种鱼以致中毒,严重者可致死。生活中,常见的汞存在于水银温度计中,汽车尾气中也会含部分汞。

三、镉及其对人体的危害

镉（Cd）在元素周期表中是第 48 号元素，相对原子质量是 112.41，是常见的对人体有害的重金属元素，镉主要通过呼吸系统和消化系统进入人体，攻击人体器官，从而引起病变。它的毒性仅次于铅和汞。镉中毒会引起高血压，同时有致癌和致畸作用。

日常生活中，镉主要来源于地下水或废水中，新生儿身体中不含镉，人体中的镉都是后期积累的，主要通过食物摄入。

四、砷及其对人体的危害

砷（As）在元素周期表中是第 33 号元素，相对原子质量是 74.922。砷的化合价有 +3 价和 +5 价，+3 价砷的毒性较大。砷的化合物三氧化二砷（As_2O_3），俗称砒霜，是毒性较强的化合物。

+3 价砷容易与机体中巯基有强的亲和力，能与巯基化合物结合生成稳定的螯合物，许多生物酶因此受到抑制，失去活性，从而引起中毒。砷在人体中一旦积累，则不容易排出，故会引起蓄积性砷中毒。砷进入机体，一般会随血液流动侵入全身组织，引发病变。

五、硼及其对人体的危害

硼（B）是 ⅢA 族元素，在元素周期表中是第 5 号元素，相对原子质量是 10.811，它不是重金属元素。硼为黑色或银灰色固体。天然的硼有两种同位素：硼-10 和硼-11，其中硼-10 最重要。硼普遍存在于蔬果中，是维持骨骼的健康和钙、磷、镁正常代谢所需要的微量元素之一。

长期硼过量对人体的危害也是极大的，硼、硼酸、硼砂都是低毒类蓄积性物质，每天口服 100 mg，可引起慢性中毒，使肝、肾受到损害，脑和肺出现水肿。

[知识拓展]

其他有毒重金属元素及其对身体的危害

钴（Co）：对皮肤有放射性损伤。

钒（V）：导致胆固醇代谢异常，损伤人体心脏及肺。

锑(Sb):对皮肤有放射性损伤。

铊(Tl):导致人体产生多发性神经炎。

锰(Mn):超量会使人体甲状腺功能亢进,同时能伤害重要器官。

目 标 测 试

1. 判断生命必需元素的方法是什么?
2. 钠离子和钾离子的主要生理功能分别是什么?
3. 重金属铅和汞对人体的危害有哪些?
4. 常见的重金属元素有_____。
5. 参与造血功能的元素是_____。
6. 可引起煤气中毒的元素是_____。
7. 空气中含量最多的元素是_____。
8. 地壳中含量最多的金属元素是_____。
9. 地壳中含量最多的非金属元素是_____。
10. 人体中的元素按照在体内含量不同分为_____和_____。
11. 天然的硼有两种同位素,分别是_____和_____。
12. 砷的化合价有_____价和_____价,毒性比较强的是_____。
13. 铬是人体必需微量元素,其中对人体具有生物学意义的是_____价铬。
14. 实验设计题:写出精密配制 0.9% 100 mL 氯化钠溶液(密度为 1.0 g/cm³)的操作步骤。

在线测试:
生命元素和
有毒元素

第十章 化学实验须知

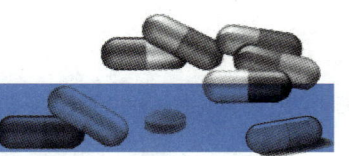

思维导图

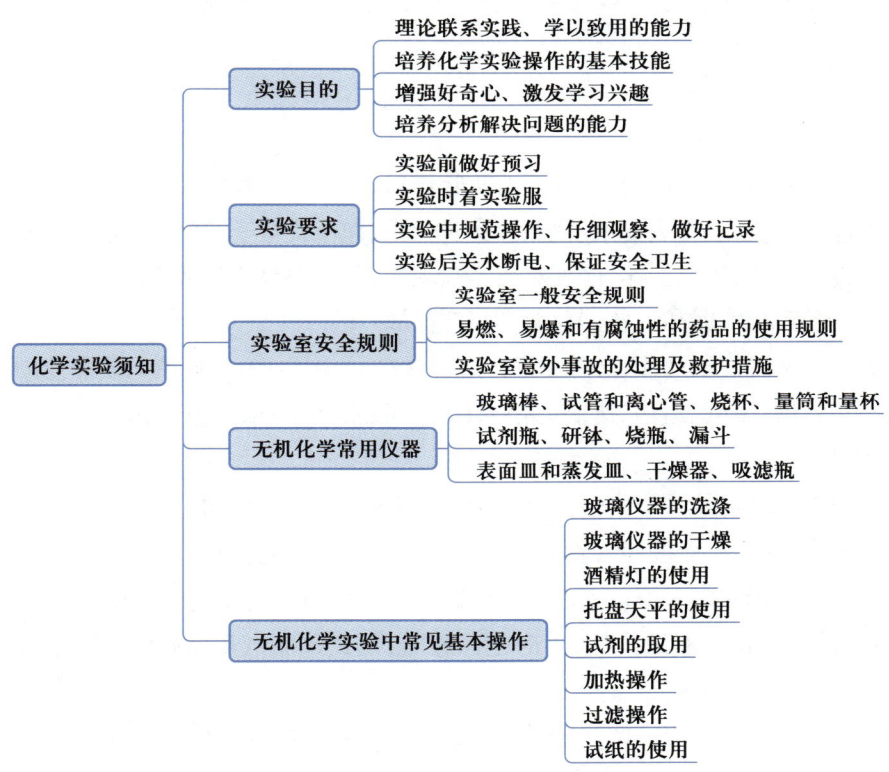

学习目标

知识目标：掌握无机化学实验基本操作；熟悉化学实验目的、要求与实验室守则，熟悉实验室基本安全常识；了解实验过程中存在的潜在危险与救护措施。
能力目标：能识别并正确使用无机化学实验常用仪器。
素质目标：培养严谨的实验态度，提高环保意识和安全意识。

拓展阅读

保护水资源，人人有责

第十章 化学实验须知

一、实验目的

无机化学是一门以实验为基础的学科。实验是培养学生独立操作、团结协作、观察记录、分析归纳、撰写报告等多方面能力的重要环节,其主要目的是:

(1) 培养学生理论联系实践、学以致用的能力。
(2) 培养学生化学实验操作的基本技能。
(3) 增强学生对化学现象的好奇心,激发学生对化学学习的兴趣。
(4) 培养学生动手能力、团结协作能力和分析解决问题的能力。

二、实验要求

(1) 实验前,应认真预习,完成课前实验任务,写好实验预习报告。
(2) 进实验室,应将头发束于脑后,穿实验服、包覆式鞋子,严禁穿拖鞋、凉鞋。
(3) 遵守纪律、规范操作,仔细观察实验现象,如实记录实验数据。
(4) 爱护实验仪器和设备,节约水电和药品。
(5) 操作精密仪器时,严格遵守操作规程,仪器使用完毕,认真填写仪器使用记录。
(6) 实验后,废纸、废液、废渣应倒入指定的回收容器内,严禁倒入水槽,以防水槽腐蚀和堵塞。
(7) 个人物品勿放置于实验台上,实验期间应随时保持台面整洁。
(8) 取用药品时,应按照实验要求取用合适的用量,切勿浪费。
(9) 试剂瓶用后应立即盖上盖子,并放回原处,注意保持试剂瓶的摆放整齐。
(10) 试剂从试剂瓶取出后,不应倒回原瓶;从试剂瓶取用试剂时,应倒出适量至合适的器皿中,以免污染原试剂。
(11) 实验结束,应清洗仪器、整理实验台面、打扫实验室卫生。
(12) 离开实验室时,关水断电,锁门关窗。

三、实验室安全规则

化学实验所用药品,很多是易燃、易爆、有腐蚀性和有毒的,所以,在进行化学实验前,应充分了解实验安全知识,严格遵守实验操作规程,避免实验危险和事故的发生,保证实验的顺利进行。

(一) 实验室一般安全规则

(1) 了解实验室的基本布局、各种救护设备(如灭火器、急救箱等)的安放位置、安全出口,以及水、电闸的位置等。

(2) 严禁在实验室内饮食、吸烟、嬉闹喧哗。

(3) 使用电器时,要谨防触电;插、拔电源时,不要用湿手、湿物接触电器设备;实验后,应随手关闭电源开关。

(4) 加热试管时,不要将管口对着自己或别人,也不要俯视正在加热的液体,以免液体溅出而烫伤。

(5) 严禁将实验室内的药品带出实验室。

(6) 不要用手直接接触有毒的药品。

(7) 实验结束,应洗净双手。

(二) 易燃、易爆和有腐蚀性的药品的使用规则

(1) 不纯的氢气遇明火易爆,操作时,应远离火源,点燃氢气前,必须验纯。

(2) 某些强氧化剂(如氯酸钾、过氧化钠、硝酸钾、高锰酸钾)或其混合物(如氯酸钾与红磷、碳、硫等的混合物)不能研磨,以防爆炸。

(3) 钠、钾暴露在空气中或与水接触易燃,应保存在煤油中,并用镊子取用。

(4) 白磷在空气中易自燃且有剧毒,应保存在水中,取用时应水下切割并用镊子夹取。

(5) 浓酸、浓碱具有强腐蚀性,切勿溅在皮肤或衣服上,尤其要注意保护眼睛。稀释时(特别是浓硫酸),应将浓硫酸慢慢倒入水中,切勿相反操作,以避免迸溅。

(6) 操作有毒、有刺激性恶臭气体(如硫化氢、氯气、一氧化碳、二氧化碳、二氧化硫、溴等)的实验时,应在通风橱中进行。

(7) 嗅闻气体时,应用手将少量气体轻轻扇向自己的鼻孔,切勿直接将鼻子直接对着气体出口。

(8) 有毒药品(如重铬酸钾、氰化物、钡盐、铅盐、砷盐、锑盐和镉盐都有毒,不得进入口内或接触伤口,其废液也不能倒入下水道,应集中统一处理。

(9) 使用水银温度计时,应小心谨慎,若不慎碰碎,应将水银收集起来,并用硫黄粉盖在水银洒落的地方,以免水银挥发,污染环境和对人体造成慢性中毒。

(10) 实验进行中不得擅自离开,应密切注意实验进展情况。

(三) 实验室意外事故的处理及救护措施

(1) 白磷灼伤:用1%硝酸银、1%硫酸铜溶液或浓高锰酸钾溶液清洗后进行包扎。

(2) 烫伤:切勿用水冲洗,在烫伤处涂抹烫伤膏或万花油。

(3) 割伤:伤口处涂抹红药水或紫药水,撒些消炎粉并包扎,或贴上创可贴;若为玻璃割伤,应取出玻璃碎片再包扎。

(4) 起火:起火后,要立即一边灭火,一边防止火势蔓延(如切断电源、停止加热、

停止通风、移走易燃易爆品等),具体应对如下：

① 若为小火,可用湿布、石棉或沙子覆盖在燃烧物上；火势大时,用泡沫灭火器灭火。

② 若电器起火,应用二氧化碳或四氯化碳灭火器灭火。不能用泡沫灭火器,以免触电。

③ 若衣服着火,切勿惊慌乱跑,应立即脱下衣服,或用防火毯包住起火部位,就地打滚,从而灭火。

④ 化学药品(如钠)和水反应起火,应用沙土灭火。

(5) 酸腐蚀：先用大量水冲洗,再用碳酸氢钠溶液或稀氨水洗,最后用水冲洗；若不慎入眼,同法处理。

(6) 碱腐蚀：先用大量水冲洗,再用醋酸(20 g/L)洗,最后用水冲洗；若不慎入眼,可用硼酸洗,再用水冲洗。

(7) 溴腐蚀：用苯或甘油洗,再用水冲洗。

(8) 吸入刺激性或有毒气体：吸入氯、氯化氢气体时,可再吸入少量乙醇和乙醚的混合蒸气使之解毒；吸入硫化氢气体时,应立即到室外呼吸新鲜空气。

(9) 毒物入口：内服 5~10 mL 稀硫酸铜(5%)溶液,用手指伸入咽喉部,促使呕吐再送医院治疗。

四、无机化学常用仪器

(一) 玻璃棒

玻璃棒即玻璃制成的实心细棒,主要用于搅拌、引流等操作。实验中使用的玻璃棒必须洁净,用过的玻璃棒必须用水洗涤后才能与另一种物质接触,以免污染试剂。

(二) 试管和离心管

试管主要用作少量试剂的反应容器,常用于定性试验。离心管用于定性分析中的沉淀分离。常见的试管和离心管,见图 10-1。

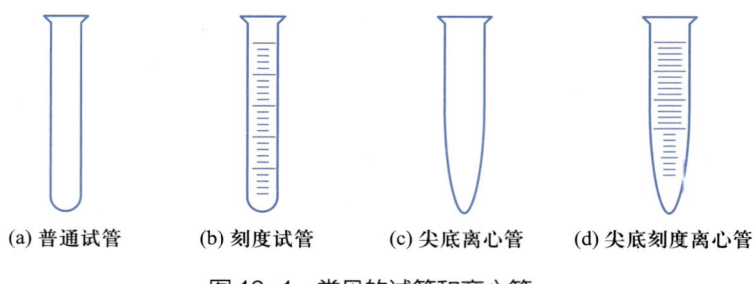

(a) 普通试管　　(b) 刻度试管　　(c) 尖底离心管　　(d) 尖底刻度离心管

图 10-1　常见的试管和离心管

(三)烧杯

烧杯主要用于配制溶液,煮沸、蒸发、浓缩溶液,进行化学反应及少量物质的制备等。常用的烧杯有低型烧杯、高型烧杯、三角烧杯三种,见图 10-2。

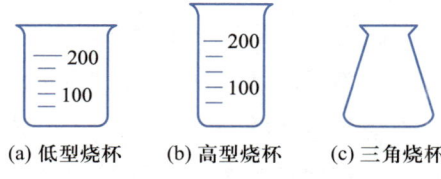

图 10-2　常见的烧杯

(四)量筒和量杯

量筒和量杯主要用于量取一定体积的液体。在配制和量取浓度和体积不要求很精确的试剂时,常用它们来直接量取溶液,见图 10-3。

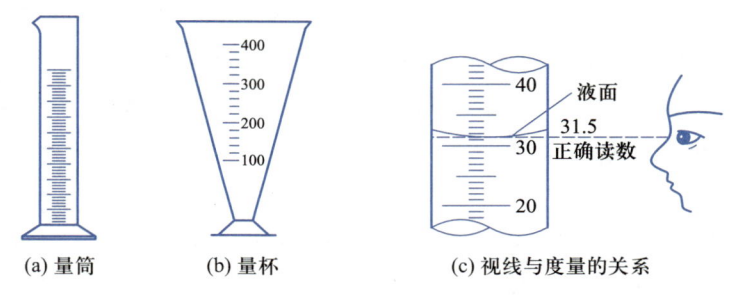

图 10-3　量筒、量杯及正确读数

(五)试剂瓶

试剂瓶又称取样瓶、净化瓶、样品瓶、无菌瓶、洁净瓶等,用于盛装各种试剂。常见的试剂瓶分为小口试剂瓶、大口试剂瓶和滴瓶。其中,小口试剂瓶和滴瓶常用于盛放液体药品,大口试剂瓶常用于盛放固体药品,附有磨砂玻璃片的大口试剂瓶常作集气瓶。集气瓶主要用来收集气体或用于气体燃烧实验。常见的试剂瓶如图 10-4 所示。

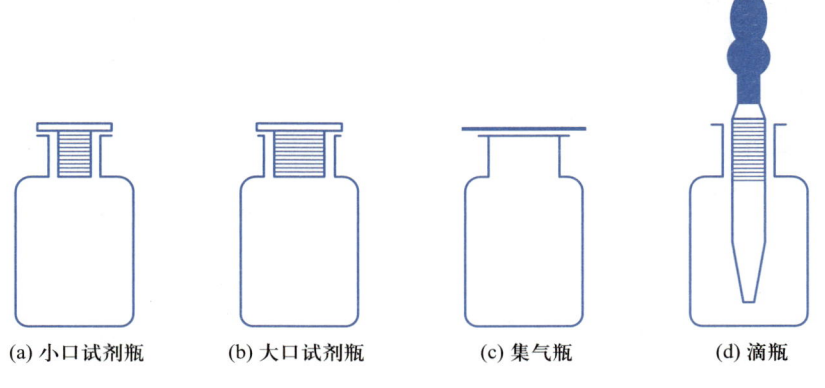

图 10-4　常见的试剂瓶

第十章　化学实验须知

(六) 研钵

研钵主要用于研磨固体物质,有玻璃研钵、瓷研钵、铁研钵和玛瑙研钵等,见图 10-5。使用时注意:研钵不能用火直接加热;研磨物料时不能敲击,只能采取压或研碎方式,研磨物质的总量不宜超过研钵容积的 1/3;对于易爆物质,只能轻轻压碎,不能研磨。

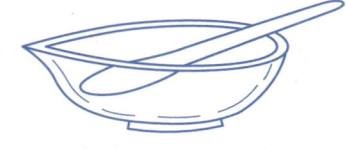

图 10-5　研钵

(七) 烧瓶

烧瓶是实验室中使用的有颈玻璃器皿,用于加热煮沸物质及进行物质间的化学反应,主要有平底烧瓶、圆底烧瓶、三角烧瓶(锥形瓶)和定碘烧瓶(碘量瓶)等,见图 10-6。蒸馏烧瓶是一种用于液体蒸馏或分馏物质的玻璃容器,主要供蒸馏使用,常与冷凝管、接液管、接液器配套使用。蒸馏常用的还有三口烧瓶和四口烧瓶。

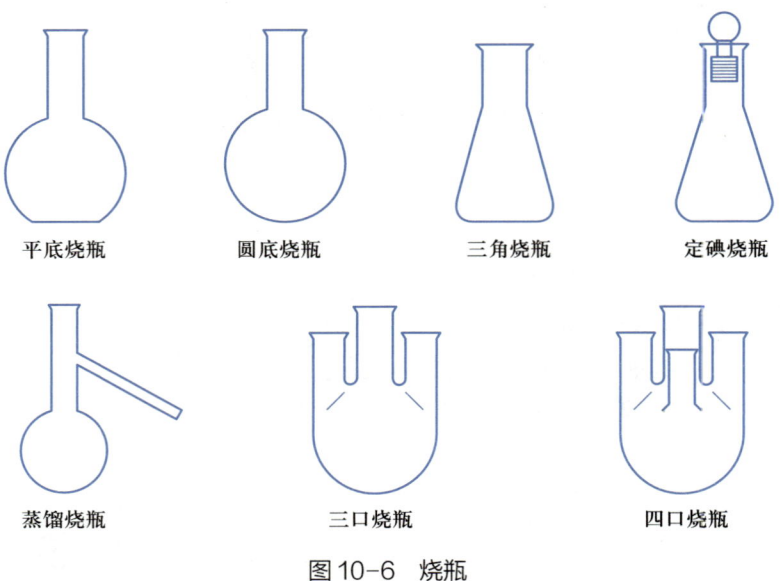

图 10-6　烧瓶

(八) 漏斗

漏斗主要用于过滤操作和向小口容器倾倒液体。常见的有 60°角短颈漏斗、60°角长颈漏斗、圆筒形漏斗和分液漏斗,如图 10-7 所示。

(九) 表面皿和蒸发皿

表面皿是玻璃制的,为圆形状,中间稍凹,可以用于蒸发液体使月,它可以让液体

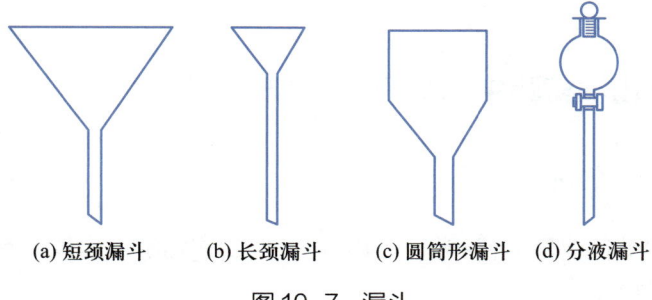

(a) 短颈漏斗　　(b) 长颈漏斗　　(c) 圆筒形漏斗　　(d) 分液漏斗

图 10-7　漏斗

的表面积加大,从而加快蒸发,注意加热时需垫上石棉网;表面皿可以作盖子,盖在蒸发皿或烧杯上,防止灰尘落入蒸发皿或烧杯中;可以作容器,暂时盛放固体或液体试剂,方便取用;可以作承载器,用来承载 pH 试纸,使滴在试纸上的酸液或碱液不腐蚀实验台。

蒸发皿是可用于蒸发浓缩溶液的器皿。可在三脚架上直接加热,也可用石棉网、水浴等间接加热,加热时,可用玻璃棒搅拌。如图 10-8 所示。

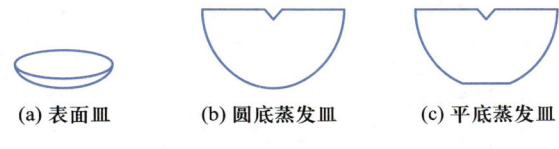

(a) 表面皿　　　(b) 圆底蒸发皿　　　(c) 平底蒸发皿

图 10-8　表面皿和蒸发皿

(十) 干燥器

干燥器主要用于保持固态、液态样品或产物的干燥,也用来存放防潮的小型贵重仪器和已经烘干的称量瓶、坩埚等(图 10-9)。

(十一) 吸滤瓶

吸滤瓶(图 10-10),又称抽滤瓶,是一种有一个分支的锥形瓶,能够进行真空反应,可以作为少量气体的制取发生器,也可以用于晶体或沉淀进行减压过滤用。

图 10-9　干燥器

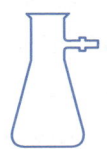

图 10-10　吸滤瓶

五、无机化学实验中常见基本操作

(一)玻璃仪器的洗涤

无机化学中玻璃仪器应保持洁净,用过的试管、烧杯等玻璃仪器均应立即洗涤干净。一般洗涤过程如下:

1. 用自来水冲洗

用自来水冲洗可洗去可溶性物质和附着在仪器上的尘土。注入约占试管或其他仪器总容积 1/3 的自来水,用力振荡后把水倒掉。重复数次。对于用自来水冲洗不易洗掉的物质,可用试管刷刷洗。刷洗后,再用自来水连续振荡洗涤数次。

2. 用去污粉或洗衣粉洗

仪器若沾有油污,需先用去污粉或洗衣粉擦洗,再用自来水冲洗干净。

3. 用酸洗

如果仪器壁附有不溶性的碱、碳酸盐、碱性氧化物等,可先加入少量 6 mol/L 盐酸使其溶解,再用自来水冲洗干净。如果仪器壁附有铜、银等金属,可先加入少量 6 mol/L 硝酸使其溶解,再用自来水冲洗干净。

4. 用重铬酸钾洗液洗

如果用以上方法无法洗净,则可用重铬酸钾洗液洗涤。使用洗液时要注意安全,因为重铬酸钾洗液有很强的腐蚀性。使用洗液前,仪器内应尽量无水,以免洗液被稀释,洗涤效果下降。洗液可以反复使用,用完后倒回瓶内。洗液变成绿色时,表示失效。

用上述方法洗涤后的仪器,往往还含有 Ca^{2+}、Mg^{2+}、Cl^- 等离子,如果实验中上述离子有干扰,则应用蒸馏水润洗 2~3 次。

(二)玻璃仪器的干燥

仪器干燥的方法很多(图 10-11),但要根据具体情况,选用具体的方法:

(a) 晾干　　　　　　　　　　(b) 烤干

图 10-11　玻璃仪器的干燥

1. 晾干

对于不急用的仪器(或每次实验完毕后),可洗涤干净后,倒置于干燥的仪器柜中或仪器架上自然干燥。

2. 烤干

烧杯和蒸发皿可放在石棉网上用小火烤干。试管可直接用小火烤干,操作时,试管应略微倾斜,管口略低,并不断来回移动试管,使之受热均匀。当烤到不见水珠时,使管口略向上,以便将水汽除尽。

3. 烘干

洗净的仪器可以放在电热干燥箱(烘箱)内烘干。放置仪器时,使仪器口朝下(如果仪器倒置后不稳,则应平放),或用电吹风将仪器吹干。注意木塞、橡胶塞不能与玻璃仪器一同干燥,玻璃塞也应分开干燥。

4. 快干

用少量酒精或丙酮润洗(酒精或丙酮应回收),然后晾干或吹干。

操作视频

仪器的洗涤和干燥

(三) 酒精灯的使用

酒精灯是实验室最常用的加热灯具,其供给温度为 400~500 ℃。

1. 酒精灯的构造

酒精灯由灯帽、灯芯、灯壶三部分组成,见图 10-12(a)。

2. 酒精灯的使用方法

(1) 使用酒精灯前,应先检查灯芯。如果灯芯顶端已烧平或烧焦,应用镊子向上拉一下,再剪去焦处。灯中若无酒精或酒精较少时,添加酒精不能超过酒精灯容积的 2/3。绝对不允许向燃着的酒精灯中添加酒精,以免着火。点燃酒精灯时,严禁用燃着的酒精灯去点燃另一盏酒精灯。

(2) 熄灭酒精灯时不能用嘴吹,以免引起灯内酒精燃烧,发生危险,必须用灯帽盖灭。酒精灯不用时,必须盖好灯帽,否则酒精挥发后不易点燃。

(3) 酒精灯的灯焰分焰心、内焰、外焰三部分,见图 10-12(b)。焰心是没有燃烧的酒精蒸气。内焰燃烧不完全,只有外焰燃烧充分,因为酒精蒸气在这里能充分与氧气反应,所以外焰温度最高。用酒精灯加热时,物体应放在内焰和外焰的交界部分。

3. 酒精灯的安全操作

酒精是易燃品,使用酒精灯时必须注意安全,万一洒出的酒精在灯外燃烧,不要惊慌,可用湿布或沙土扑灭。

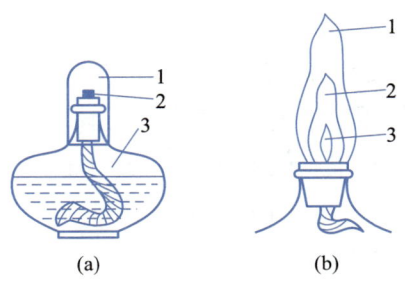

图 10-12 酒精灯
(a) 酒精灯的构造:1—灯帽;2—灯芯;3—灯壶
(b) 酒精灯的灯焰:1—外焰;2—内焰;3—焰心

(四) 托盘天平的使用

托盘天平用于粗略的称量。它能快速称量物体的质量,但精确度不高,一般能精确至 0.1 g。

称量前,应先调整零点。将游码拨到游码标尺的"0"位,检查托盘天平的指针是否停在刻度盘的中间位置。如果不在中间位置,可调节托盘下的平衡螺丝,使指针能停在刻度盘的中间位置,将此中间位置称为零点。

操作视频

基本仪器的使用

称量时,左盘放称量物,右盘放砝码。5 g 以下的质量,可移动游码标尺上的游码。当添加砝码到托盘天平的指针停在刻度盘的中间位置时,托盘天平处于平衡状态。此时托盘天平指针所停的位置称为停点。停点和零点相符时(允许停点和零点之间相差 1 小格以内),砝码的质量加游码所指示的质量即为称量物的质量。

(五) 试剂的取用

固体试剂装在广口瓶中,液体试剂则盛在细口瓶中。见光容易分解的试剂(如 $AgNO_3$、$KMnO_4$)应装在棕色瓶中。装碱液的试剂瓶不能使用玻璃瓶塞,而应用橡胶塞。试剂瓶必须贴上标签,标明试剂的名称和规格。液体试剂还应标明浓度。标签外面应涂上一层薄蜡加以保护。

1. 液体试剂的取用

(1) 从滴瓶中取液体试剂时,用手指紧捏滴管上部的橡胶头,赶出滴管中的空气,然后把滴管伸入试剂瓶中,放开手指,吸入试剂,随后提起滴管,垂直地放在试管口或烧杯的上方将试剂逐滴滴入。

(2) 从细口瓶中取液体试剂时,用倾注法。先将瓶塞取下,倒放在桌面上,用左手的大拇指、食指和中指拿住容器(如试管、量筒等),用右手握住试剂瓶上贴标签的一面,逐渐倾斜瓶子,让试剂沿着洁净的试管壁或洁净的玻璃棒流入容器。倒出所需量后,将试剂瓶在容器口上靠一下,再慢慢地直立瓶子,以免留在瓶口的滴液沿瓶子的外壁流下。

(3) 如果需要准确取试剂时,则根据准确度的要求,选用量筒、移液管或滴定管。量筒用于量取一定体积的液体,可根据需要选用不同容量的量筒。量取液体时,要使视线与量筒内液体的弯液面的最低处保持水平,偏高或偏低都会读不准而造成较大的误差,如图 10-13 所示。

2. 固体试剂的取用

(1) 要用清洁、干燥的药匙取试剂。药匙的两端为大小两个匙,分别用于取大量和少量固体试剂。每种试剂应专用一个药匙。用过的药匙应洗干净、擦干后再用。

(2) 不要超过指定用量取药。多取的试剂不能倒回原瓶,可放在指定的容器或供

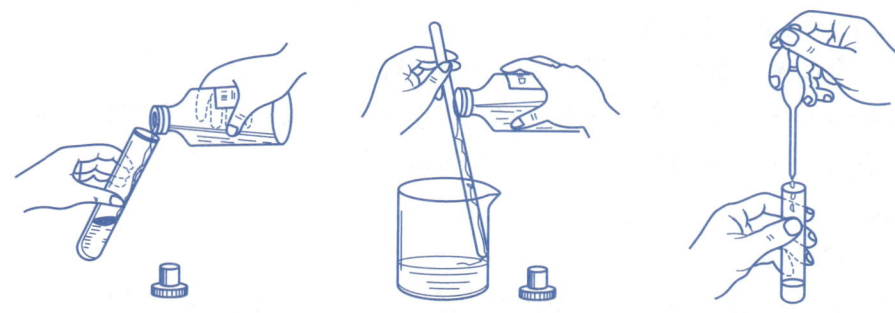

图 10-13 液体试剂取用

他人使用。

(3) 要求取一定质量的固体试剂时,应把固体试剂放在纸上称量。具有腐蚀性或易潮解的固体应放在表面皿上或玻璃器皿内称量。

(4) 往试管中加入粉末状固体试剂时,可用药匙或将取出的药品放在对折的纸片上,伸进试管的 2/3 处,然后将试管直立,使药品全部落到试管底部。加入块状固体试剂时,要用洁净的镊子夹取,将试管倾斜,使固体试剂沿试管壁慢慢滑下,不得垂直悬空投入,以免击破管底。

(5) 固体试剂的颗粒较大时,可在洁净干燥的研钵中研碎。研钵中盛固体试剂的量不要超过研钵容积的 1/3。

见图 10-14。

操作视频

试剂取用与试纸使用

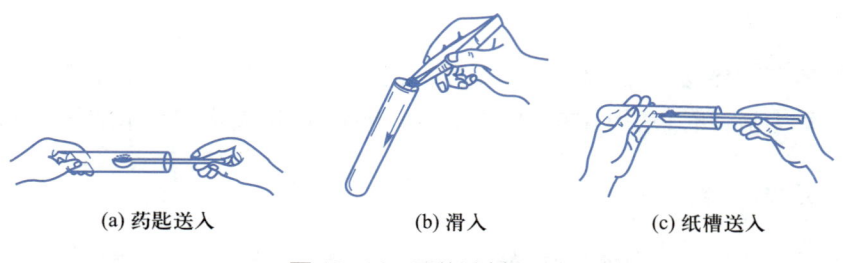

(a) 药匙送入　　　(b) 滑入　　　(c) 纸槽送入

图 10-14 固体试剂取用

(六) 加热操作

实验室常用的加热器皿有烧杯、烧瓶、蒸发皿、试管等。这些仪器能承受一定的温度,但不能骤冷骤热。因此在加热前,必须将器皿外面的水擦干,加热后不能立即与潮湿的物体接触。

1. 加热烧杯、烧瓶等玻璃仪器中的液体

当加热液体时,液体不能超过玻璃仪器总容量的 1/3。

2. 加热试管中的液体

试管中的液体一般可直接放在火焰中加热[图 10-15(a)]。加热时应注意以下问题:①液体的量不能超过试管总容量的 1/3。②应该用试管夹夹住试管的中上部,不能用手拿住试管加热。③试管应稍微倾斜,管口向上。④应使液体各部分受热均匀。先加热液体的中上部,再慢慢下移,不要集中加热某一部分,否则会使局部受热骤然产生蒸气,将液体冲出管外。⑤装有药品的试管口不能对着自己和别人,以免发生危险。

3. 加热试管中的固体

加热试管中的固体时必须使试管口稍微向下倾斜,以免试管口冷凝的水珠倒流到灼热试管底而使试管炸裂[图 10-15(b)]。先用火焰来回加热试管,然后固定在有固体物质的部位加热。

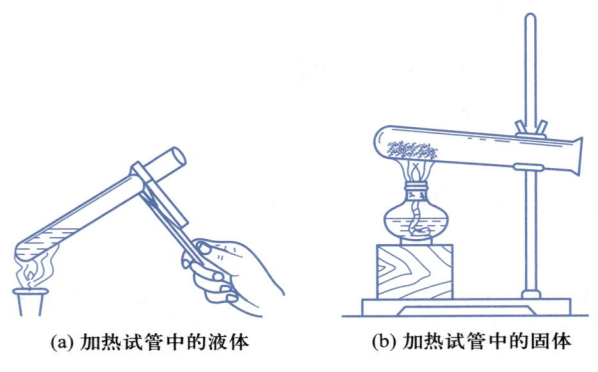

(a) 加热试管中的液体　　　(b) 加热试管中的固体

图 10-15　试管加热

4. 水浴加热

当要求被加热物质受热均匀,而温度不超过 100 ℃时,可用水浴来加热。在用水浴加热试管中液体时,常用 250 mL 的烧杯盛自来水,用火将自来水加热作为热浴。

(七) 过滤操作

过滤是分离固体与液体(或结晶与母液)的一种方法。通常用漏斗和滤纸进行过滤。过滤时选择大小合适的圆形滤纸,沿直径对折,使其圆边重合,再把半圆折成 90°角,打开滤纸成圆锥形,尖端朝下放入漏斗中,使滤纸紧贴漏斗壁,用左手食指按住滤纸并以蒸馏水润湿之(图 10-16)。再小心地用食指按压滤纸,赶走留在滤纸与漏斗壁之间的气泡(目的是增加过滤速度)。

在过滤(图 10-17)时应注意:

(1) 漏斗应放在铁架台的铁圈上,不得用手拿着,漏斗下要放清洁的接收容器(如烧杯等),漏斗颈的下端要紧贴在接收容器的内壁上,使滤液沿器壁流下而不致飞溅。

(2) 一般滤纸上沿应低于漏斗上沿 0.5~1 cm。过滤时必须细心地沿玻璃棒倾泻待过滤溶液,不得直接往漏斗中倒,引流的玻璃棒下端应靠近三层滤纸一边,以防液

图 10-16　滤纸的折叠和安放

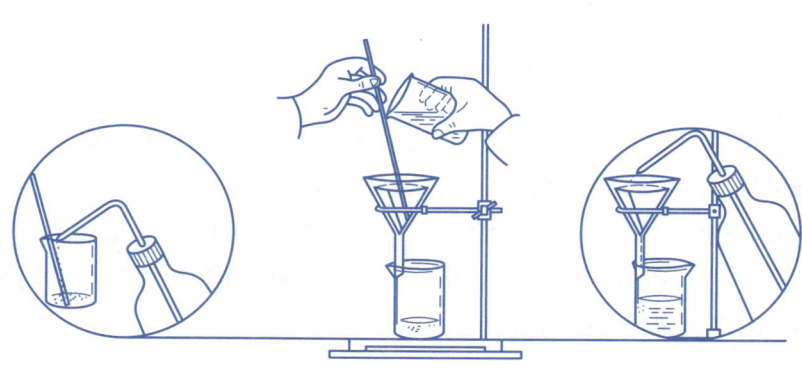

图 10-17　常压过滤

流把滤纸冲破。倾液时烧杯尖嘴要紧贴玻璃棒,当每次倾液完应将烧杯沿玻璃棒上提,并使烧杯壁与玻璃棒几乎平行后再离开,这样做可以防止液体流到烧杯外壁。倾入漏斗中的待过滤溶液不能超过漏斗中滤纸高度的 2/3。

（3）过滤时宜先以倾泻法转移上层清液,然后再转移沉淀,这样做可以减少沉淀堵塞滤纸孔隙的机会,缩短过滤时间。倾入漏斗中的液体,其液面必须低于滤纸的上沿。

（4）过滤完毕,要用少量蒸馏水冲洗玻璃棒和盛待过滤溶液的烧杯,最后用少量蒸馏水冲洗滤纸和沉淀。

(八) 试纸的使用

在实验室中常用一些试纸来定性检验一些溶液的性质或某些物质是否存在,操作简单、方便、快速,并具有一定的精确度。

1. 试纸的种类

实验室所用的试纸种类很多,常用的有 pH 试纸、醋酸铅试纸、淀粉－碘化钾试纸等。

（1）pH 试纸

pH 试纸用来检验溶液或气体的 pH,包括广泛 pH 试纸和精密 pH 试纸两大类别。广泛 pH 试纸的变色范围在 pH 1 到 14 之间,用来粗略估计溶液的 pH。精密 pH 试纸可较精密地估计溶液的 pH,根据其变色范围可以分为多种,如变色范围在 pH 为

2.7~4.7、3.8~5.4、5.4~7.0、6.9~8.4、8.2~10.0、9.5~13.0 等多种，根据待测溶液的酸碱性可选用某一变色范围的试纸(最好先用广泛 pH 试纸粗测，再用精密 pH 试纸较准确地测量)。

(2) 醋酸铅试纸

醋酸铅试纸是用来定性检验 H_2S 气体的试纸。当含有 S^{2-} 的溶液被酸化后，逸出的 H_2S 气体遇到试纸，即与试纸上的醋酸铅反应，生成黑色的硫化铅沉淀，使试纸呈黑褐色，并具有金属光泽：$Pb(Ac)_2+H_2S =\!\!=\!\!= PbS(s)+2HAc$，若溶液中 S^{2-} 的浓度较小，则不易检验出。

(3) 淀粉－碘化钾试纸

淀粉－碘化钾试纸是用来定性检验氧化性气体如 Cl_2、Br_2 的一种试纸。当氧化性气体遇到湿的淀粉－碘化钾试纸时，将试纸上的 I^- 氧化成 I_2，后者立即与试纸上的淀粉作用而显蓝色：$2I^-+Cl_2 =\!\!=\!\!= I_2+2Cl^-$，如气体氧化性强，且浓度较大时，还可以将 I_2 进一步氧化而使试纸褪色：$I_2+5Cl_2+6H_2O =\!\!=\!\!= 2HIO_3+10HCl$，使用时必须仔细观察试纸颜色的变化，以免得出错误的结论。

2. 试纸的使用方法

(1) pH 试纸及石蕊、酚酞试纸的使用方法

将小块试纸放在洁净的表面皿或点滴板上，用沾有待测液的玻璃棒点在试纸的中部，试纸即被待测液润湿而变色，即与标准色阶板比较，确定相应的 pH 或 pH 范围，若使用其他试纸，则根据颜色的变化确定其酸碱性。如果需要测气体的酸碱性时，应先用蒸馏水将试纸润湿，将其沾附在洁净玻璃棒尖端，移至产生气体的试管口上方(不要接触试管)，观察试纸的颜色变化。

(2) 淀粉－碘化钾试纸或醋酸铅试纸的使用方法

将小块试纸用蒸馏水润湿后沾附在干净的玻璃棒尖端，移至产生气体的试管口上方(不要接触试管及触及试管内的溶液)，观察试纸的颜色变化。若气体量较小时，可在不接触溶液的条件下将玻璃棒伸进试管进行观察。

在线测试：
化学实验须知

目 标 测 试

1. 玻璃仪器怎样才算洗涤干净?
2. 取用固体和液体药品时应注意什么?
3. 用试管加热液体或固体时，应注意哪些问题?

第十一章 实验内容

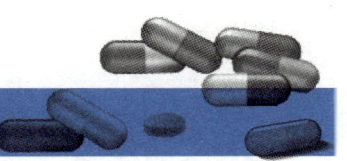

实验 1 溶液的配制

一、实验目的

(1) 学会配制各种浓度的溶液。
(2) 练习托盘天平、量筒或量杯的使用方法。
(3) 练习吸量管和容量瓶的使用方法。

二、仪器与试剂

1. 仪器

托盘天平、烧杯、玻璃棒、量筒或量杯(100 mL 和 50 mL 各一只)、10 mL 吸量管、100 mL 容量瓶、滴管、表面皿等。

2. 试剂

氯化钠、五水合硫酸铜、φ_B=0.95 酒精、1.000 mol/L 盐酸。

三、实验原理

配制一定浓度的溶液,首先要了解所配溶液的体积、浓度大小及单位、溶质的纯度(分析纯和优级纯试剂)和溶质的摩尔质量。然后通过计算得出所需溶质的量,再进行称量或量取,在相应的容器中,加水溶解稀释到一定体积,摇匀即可。常用的计算公式如下:

物质的量浓度 $\qquad c_B = \dfrac{n_B}{V}$

质量浓度 $\qquad \rho_B = \dfrac{m_B}{V}$

体积分数 $\qquad \varphi_B = \dfrac{V_B}{V}$

稀释公式 $\qquad c_1V_1=c_2V_2$

四、实验步骤

1. 质量浓度溶液的配制（配制 ρ_B=9 g/L 氯化钠溶液 100 mL）

用托盘天平称取固体氯化钠_____g，在小烧杯中用少量蒸馏水溶解，再定量转移至 100 mL 量筒中，加水至 100 mL，混合均匀。

2. 体积分数浓度溶液的配制（由 φ_B=0.95 酒精配制 φ_B=0.75 消毒酒精 50 mL）

用 100 mL 量筒量取 $\varphi_{酒精}$=0.95 酒精_____mL，加蒸馏水至 50 mL，混合均匀。

3. 物质的量浓度溶液的配制（配制 100 mL、0.1 mol/L 硫酸铜溶液）

用托盘天平称取固体五水合硫酸铜（$CuSO_4 \cdot 5H_2O$）_____g，在小烧杯中用少量蒸馏水溶解，再定量转移至 100 mL 量筒中，加水至 100 mL。混合均匀。

4. 溶液的稀释（配制 100 mL、0.100 0 mol/L 盐酸）

用吸量管量取 1.000 mol/L 盐酸_____mL，放到 100 mL 容量瓶中，加水至刻度，盖好塞子，混合均匀。

实验 2　药用氯化钠的制备和质量检验

一、实验目的

(1) 掌握药用氯化钠的制备方法。
(2) 学会溶液的蒸发、浓缩、结晶及抽滤，结晶的洗涤、干燥等操作。
(3) 初步了解药品质量检验方法。

二、仪器与试剂

1. 仪器

试管、烧杯、量筒、布氏漏斗、抽滤瓶、漏斗、酒精灯、电炉、石棉网、托盘天平、蒸发皿、循环式水泵。

2. 试剂

0.1 mol/L 盐酸、2 mol/L 盐酸、0.5 mol/L 硫酸、3 mol/L 醋酸、0.1 mol/L 氢氧化钠溶液、2 mol/L 氢氧化钠溶液、饱和碳酸钠溶液、饱和氢硫酸、饱和草酸铵溶液、0.1 mol/L 氯化钡溶液、25% 氯化钡溶液、镁试剂、粗食盐。

三、实验原理

粗食盐中含有很多杂质,有不溶于水的(如泥沙等),也有可溶于水的(如 K^+、Mg^{2+}、Br^-、I^-、Ca^{2+} 和 SO_4^{2-} 等)。不溶性杂质,可采用溶解和过滤的方法除去。可溶性杂质,可采用以下方法除去:

在粗食盐中加入稍过量的氯化钡溶液,即可将 SO_4^{2-} 转化为难溶解的硫酸钡沉淀除去。

$$SO_4^{2-}+Ba^{2+}=\!=\!= BaSO_4\downarrow$$

抽滤溶液,除去硫酸钡沉淀,再加入足量的氢氧化钠和碳酸钠溶液,除去 Ca^{2+}、Mg^{2+} 和过量的 Ba^{2+}:

$$Ca^{2+}+CO_3^{2-}=\!=\!= CaCO_3\downarrow$$
$$Mg^{2+}+2OH^-=\!=\!= Mg(OH)_2\downarrow$$
$$Ba^{2+}+CO_3^{2-}=\!=\!= BaCO_3\downarrow$$

过量的氢氧化钠和碳酸钠可以用盐酸除去,对于其中少量 K^+、Br^-、I^-,由于其含量较少,利用其溶解度大的特点,在最后的浓缩、结晶中仍会存在于母液中,从而与 NaCl 分离。

$$H^++OH^-=\!=\!= H_2O$$
$$2H^++CO_3^-=\!=\!= H_2O+CO_2\uparrow$$

四、实验步骤

1. 粗食盐的提纯

称取 10 g 粗食盐于蒸发皿中,于电炉上加热炒至无爆裂声,将炒制过的粗食盐加入烧杯中,加入 20 mL 水,放置于电炉上边加热边搅拌,继续加水 10 mL,使粗食盐全部溶解,趁热过滤,用 2 mL 热水洗涤滤渣,合并滤液。

将滤液加热至沸腾,在搅拌下逐滴加入 25% 氯化钡溶液至沉淀完全(验证试验是否完全,可将烧杯从电炉上取下,待沉淀沉降稳定后,在上清液加入 1~2 滴 25% 氯化钡溶液,如无浑浊,说明 SO_4^{2-} 已经沉淀完全,如仍有浑浊,则需继续滴加 25% 氯化钡溶液),沉淀完全后,继续加热煮沸,过滤溶液,弃去沉淀。

将所得滤液转移至另一干净烧杯中,加入饱和氢硫酸,观察是否有沉淀生成,若无沉淀,则不必多加氢硫酸。然后逐滴加入 2 mL 2 mol/L 氢氧化钠溶液和 6 mL 饱和碳酸钠溶液,将溶液的 pH 调节到 10 左右,加热煮沸,待沉淀沉降完全后,在上清液中滴加饱和碳酸钠溶液至不再产生沉淀为止,减压抽滤,弃去沉淀。

将滤液转移至蒸发皿中,逐滴加入 2 mol/L 盐酸调节 pH 至 4~5,缓慢加热使滤液蒸发浓缩至稠糊状(切不可将溶液蒸发至干燥,注意防止蒸发皿破裂)。冷却至室温,减压抽滤,将所得结晶转移至蒸发皿中,小火加热至干燥。冷却后称量,计算产率。

2. 产品质量的检验

分别取 1 g 左右提纯后的食盐和粗食盐,各用 5 mL 蒸馏水溶解,然后各盛于三支试管中,分为三组,对照检验。

(1) SO_4^{2-} 的检验

第一组的两支试管中分别加入 2 滴 0.1 mol/L 氯化钡溶液,比较两支试管中的现象。

(2) Ca^{2+} 的检验

第二组的两支试管中分别加入饱和草酸铵溶液,比较两支试管中的现象。

(3) Mg^{2+} 的检验

第三组的两支试管中分别加入 3 滴 2 mol/L 氢氧化钠溶液,使溶液显碱性,再各加入 2 滴镁试剂(镁试剂是一种有机染料,它在酸性条件下呈黄色,在碱性条件下呈红色或紫色,但被氢氧化镁沉淀吸附后,则呈天蓝色),比较两支试管中的现象。

实验 3 　醋酸解离平衡常数的测定

一、实验目的

(1) 掌握醋酸的解离平衡常数的测定方法。
(2) 学会使用 pH 计。
(3) 熟练使用容量瓶、移液管、滴定管等仪器的操作。

二、仪器与试剂

1. 仪器

烧杯、洗耳球、吸量管、容量瓶、滴定管、锥形瓶、10 mL 量筒、玻璃棒、pH 计。

2. 试剂

冰醋酸、0.1 mol/L 氢氧化钠溶液、酚酞指示剂、pH=4.00 缓冲溶液、pH=6.86 缓冲溶液,蒸馏水。

三、实验原理

pH=-lg [H^+],利用 pH 计测出溶液的 pH,从而计算出溶液中[H^+]。醋酸为一元

弱酸,在溶液中存在如下解离平衡:

$$HAc \rightleftharpoons H^+ + Ac^- \qquad K_a = \frac{[H^+][Ac^-]}{[HAc]}$$

醋酸为弱酸,当 $c/K_a \geqslant 500$ 时,忽略水的解离,存在下列关系式:

$$K_a = \frac{[H^+]}{c}$$

醋酸浓度通过 NaOH 溶液标定,由此可以计算出醋酸的 K_a。

四、实验步骤

1. 250 mL 0.1 mol/L 醋酸的配制

用量筒量取 36% 的冰醋酸 4 mL,倒入烧杯中,加入 250 mL 蒸馏水稀释,混匀即得,将配制好的试剂存于试剂瓶中备用。

2. 醋酸的标定

用移液管准确移取上述配制的醋酸 25 mL,倒入锥形瓶中,加酚酞指示剂 1 滴,用 0.1 mol/L 氢氧化钠溶液滴定,边滴边振摇,当溶液出现浅红色且 30 s 内不褪色即达到终点,计算所消耗滴定溶液的体积,依据公式 $c_1V_1 = c_2V_2$,计算出醋酸的浓度 c_1。平行测定三份,计算出平均值。

3. pH 的测定

用吸量管分别量取醋酸 2.5 mL、5.0 mL、10 mL、25 mL,分别置于 50 mL 容量瓶中,定容至刻度线,即得一系列不同浓度的醋酸。将稀释的 4 瓶溶液及原溶液按照浓度由低到高的顺序编号,利用校正好的 pH 计分别测定它们的 pH。

编号	V_{HAc}/mL	c_{HAc}	pH	$[H^+]$	K_a
1	2.5				
2	5.0				
3	10				
4	25				
5	50				

实验 4　电解质溶液

一、实验目的

(1) 区分强电解质与弱电解质。
(2) 学会用酸碱指示剂及 pH 试纸测定溶液的酸碱性。
(3) 试验盐类水溶液的酸碱性。
(4) 观察难溶电解质沉淀的生成及溶解。

二、仪器与试剂

1. 仪器

试管、点滴板、滴管、酒精灯、试管夹等。

2. 试剂

锌粒、醋酸钠、1 mol/L 盐酸、2 mol/L 醋酸、浓氨水、0.01 mol/L 氯化钡溶液、0.01 mol/L 硫酸钠溶液、0.01 mol/L 硝酸铅溶液、6 mol/L 盐酸、0.1 mol/L 下列溶液(氢氧化钠、醋酸、盐酸、氨水、碳酸钠、氯化钠、氯化铵、氯化镁、三氯化铁、硫化钠、碘化钾、碳酸氢钠、硝酸银)、广泛 pH 试纸、红色和蓝色石蕊试纸、酚酞试液、甲基橙试液。

三、实验原理

1. 强电解质在水中完全解离,弱电解质在水中部分解离
2. 指示剂显色原理

$$HIn \rightleftharpoons H^+ + In^-$$
　　（酸色）　　　　（碱色）

$$[H^+] = K_a \frac{[HIn]}{[In^-]}$$

指示剂的颜色变化与溶液中 $[H^+]$ 即溶液的 pH 有关。

3. 盐类水解的四种情况

强碱弱酸盐：$Ac^- + H_2O \rightleftharpoons HAc + Ac^-$ 　（pH>7）

强酸弱碱盐：$NH_4^+ + H_2O \rightleftharpoons NH_3 \cdot H_2O + H^+$ 　（pH<7）

弱酸弱碱盐：$NH_4^+ + Ac^- + H_2O \rightleftharpoons NH_3 \cdot H_2O + HAc$

$(K_a > K_b, pH<7; \quad K_a < K_b, pH>7; \quad K_a = K_b, pH=7)$

强酸强碱盐：不发生水解 （pH=7）

4. 影响盐类水解的因素

温度升高，水解度 β 增大；酸度增加，强碱弱酸盐 β 增大；强酸弱碱盐 β 减小。

5. 溶度积原理

$Q < K_{sp}$，不饱和溶液，无沉淀析出；$Q = K_{sp}$，饱和溶液；$Q > K_{sp}$，过饱和溶液，有沉淀析出。

四、实验步骤

1. 强弱电解质的比较

取两支试管，分别加入 0.1 mol/L 盐酸 1 mL 和 0.1 mol/L 醋酸 1 mL，再分别加入一颗绿豆大小的锌粒，观察现象，两支试管相比较可得出什么结论？

2. 溶液的酸碱性

（1）用酸碱指示剂指示溶液的酸碱性

取三支试管，在其中分别加入蒸馏水 1 mL、1 mL 水 +0.1 mol/L 盐酸 2 滴，以及 1 mL 水 +0.1 mol/L NaOH 溶液 2 滴，再分别加入 1 滴甲基橙[或者酚酞、红（蓝）石蕊试纸]，观察现象并得出结论。

（2）用 pH 试纸指示溶液的酸碱性

取白色点滴板，用 pH 试纸分别测试浓度为 0.1 mol/L 的下列溶液：醋酸、盐酸、纯水、氨水、氢氧化钠、氯化钠、氯化铵、碳酸钠、碳酸氢钠溶液，记录各溶液的 pH 并跟理论值进行比较。

3. 盐类的水解

（1）盐溶液的酸碱性比较

取白色点滴板，分别用红色（蓝色）石蕊试纸、pH 试纸测试浓度为 0.1 mol/L 下列溶液：碳酸钠、氯化钠、氯化铵溶液，判断盐溶液的酸碱性。

（2）温度对盐类的水解的影响

取一支试管，加入固体醋酸钠 0.1 g、H_2O 4 mL 和酚酞试液 2 滴，分装两支试管；第一支试管加热至沸 3 min，第二支试管不加热，比较两试管颜色并判断温度对盐类的水解的影响。

（3）酸碱度对盐类的水解的影响

取两支试管，分别加入 0.1 mol/L 三氯化铁溶液 2 mL，再在第二支试管中加入 1 mol/L 盐酸 5 滴，两试管均加热至沸 1~2 min，比较两试管颜色并判断酸碱度对盐类的水解的影响。

4. 沉淀的生成和溶解

（1）沉淀的生成

取一支试管，加入 0.01 mol/L 硫酸钠溶液 1 mL，再加入 0.01 mol/L 氯化钡溶液 2~3 滴，观察试管中现象并解释原因。

另取一支试管，加入 0.01 mol/L 硝酸铅溶液 1 mL，再加入 0.1 mol/L 碘化钾溶液 2~3 滴，观察试管中现象并解释原因。

（2）沉淀的溶解

取一支试管，加入 0.1 mol/L 氯化镁溶液 5 滴，再加入 0.1 mol/L 氢氧化钠溶液 4 滴，生成沉淀，再在沉淀中加入 6 mol/L 盐酸 2 滴，观察试管中现象并解释原因。

另取一支试管，加入 0.1 mol/L 氯化钠溶液 5 滴，再加入 0.1 mol/L 硝酸银溶液 1 滴，生成沉淀，再在沉淀中加入浓氨水 3 滴，观察试管中现象并解释原因。

实验 5　化学反应速率和化学平衡

一、实验目的

（1）巩固浓度、温度和催化剂对化学反应速率的影响等基本知识，加深浓度、温度对化学平衡的影响等基本知识的理解。

（2）体会用定量方法研究化学反应速率、化学平衡规律的一般流程。

（3）掌握相关实验的规范操作。

二、仪器与试剂

1. 仪器

试管、试管架、滴管、二氧化氮平衡球。

2. 试剂

0.01 mol/L 高锰酸钾溶液、0.01 mol/L 草酸、0.02 mol/L 草酸、3 mol/L 硫酸、0.1 mol/L 硫代硫酸钠溶液、0.1 mol/L 硫酸、3% 过氧化氢溶液、合成洗涤剂、二氧化锰粉末、0.1 mol/L 重铬酸钾溶液、浓硫酸、6 mol/L 氢氧化钠溶液、冰水、热水。

三、实验原理

增加反应物浓度，化学反应速率加快：

$$2KMnO_4 + 5H_2C_2O_4 + 3H_2SO_4 = K_2SO_4 + 2MnSO_4 + 10CO_2\uparrow - 8H_2O$$

升高温度,反应速率加快;降低温度,反应速率减慢。

$$Na_2S_2O_3+H_2SO_4=\!\!=\!\!=Na_2SO_4+SO_2\uparrow+S\downarrow+H_2O$$

二氧化锰能加快过氧化氢的分解,起催化作用。

在其他条件不变时,增加反应物的浓度或者减小生成物的浓度,平衡向右(正反应方向)移动;减小反应物的浓度或者增加生成物的浓度,平衡向左(逆反应方向)移动。

$$Cr_2O_7^{2-}(橙色)+H_2O \rightleftharpoons 2CrO_4^{2-}(黄色)+2H^+$$

在其他条件不变时,升高温度,有利于吸热反应,平衡向吸热反应方向移动;降低温度,有利于放热反应,平衡向放热反应方向移动。

$$2NO_2(红棕色气体) \rightleftharpoons N_2O_4(无色气体)+56.9\ kJ/mol$$

四、实验步骤

1. 影响化学反应速率的因素

(1) 浓度对反应速率的影响

取两支试管,分别向试管中加入 1 mL 3 mol/L 硫酸和 3 mL 0.01 mol/L 高锰酸钾溶液。向第一支试管中加入 2 mL 0.01 mol/L 草酸;向第二支试管中加入 2 mL 0.02 mol/L 草酸。观察两支试管中溶液褪色时间并记录。

(2) 温度对反应速率的影响

取两支试管,分别加入 5 mL 0.1 mol/L 硫代硫酸钠溶液;另取两支试管各加入 5 mL 0.1 mol/L 硫酸,将四支试管分成两组(盛有硫代硫酸钠和硫酸的试管各一支),一组放入冷水中一段时间后相互混合,另一组放入热水中一段时间后相互混合,观察两支试管出现浑浊的先后顺序并记录。

(3) 催化剂对反应速率的影响

在一支试管中加入 3% 过氧化氢溶液 3 mL 和合成洗涤剂(产生气泡,即有气体生成)2~3 滴;在另一支试管中加入 3% 过氧化氢溶液 3 mL 和合成洗涤剂 2~3 滴,再加少量二氧化锰,观察现象并记录。

2. 化学平衡的移动

(1) 浓度对化学平衡移动的影响

取两支试管,分别加入 5 mL 0.1 mol/L 重铬酸钾溶液,向第一支试管中加入 3~10 滴硫酸,向第二支试管中加入 10~20 滴 6 mol/L 氢氧化钠溶液,观察溶液颜色的变化并记录。

(2) 温度对化学平衡移动的影响

将二氧化氮平衡球分别浸泡在冰水和热水中,观察两球内颜色深浅变化并记录,根据现象判断温度对化学平衡移动的影响。

实验 6　氧化还原反应和电极电势

一、实验目的

(1) 掌握电极电势对氧化还原反应的影响。
(2) 了解浓度、酸度、温度对氧化还原反应的影响。
(3) 了解原电池的装置和原理。

二、仪器与试剂

1. 仪器

试管、酒精灯、试管夹。

2. 试剂

浓硝酸、6 mol/L 硝酸、浓硫酸、3 mol/L 硫酸、0.5 mol/L 硫酸、6 mol/L 氢氧化钠溶液、0.2 g/L 高锰酸钾溶液、30 g/L 过氧化氢溶液、0.5 mol/L 重铬酸钾溶液、0.05 mol/L 亚硫酸钠溶液、1 mol/L 碘化钾溶液、0.1 mol/L 碘化钾溶液、0.1 mol/L 溴化钾溶液、溴水、碘水、0.1 mol/L 硫酸亚铁溶液、硫酸亚铁固体、0.1 mol/L 三氯化铁溶液、0.01 mol/L 硫氰酸铵溶液、四氯化碳。

三、实验原理

氧化剂的氧化性强弱和还原剂的还原性强弱,都可以依据它们的电极电势(φ)大小来衡量。φ 越大,则氧化态氧化能力越强,φ 越小,则还原态还原能力越强。氧化还原反应的方向是较强的氧化剂和较强的还原剂反应,生成较弱的氧化剂和较弱的还原剂,所以可以利用电极电势大小判断氧化还原反应的方向。

$$\varphi = \varphi^{\ominus} + \frac{0.059\ 2\text{V}}{n} \lg \frac{[\text{氧化剂}]}{[\text{还原剂}]}$$

从式中可以看出,当氧化剂或还原剂浓度改变时,则 φ 必定发生改变,溶液的 pH 改变,也会引起 φ 的改变。

四、实验步骤

1. 硝酸和浓硫酸的氧化性

(1) 取两支试管,分别加入浓硝酸和 6 mol/L 硝酸各 1 mL,两支试管都加入 1 块铜片,观察现象,写出化学反应方程式。

(2) 取两支试管,分别加入浓硫酸和 3 mol/L 硫酸各 1 mL,两支试管都加入 1 块铜片,酒精灯加热,观察现象,写出化学反应方程式。

2. 高价盐的氧化性

(1) 高锰酸钾的氧化性

取一支试管,加入 1 mL 0.2 g/L 高锰酸钾溶液,0.5 mL 3 mol/L 硫酸和 0.5 mL 30 g/L 过氧化氢溶液,充分振摇,观察现象,写出化学反应方程式。

(2) 重铬酸钾的氧化性

取两支试管,分别加入 1 mL 0.5 mol/L 重铬酸钾溶液,其中一支试管中加入 1 mL 0.05 mol/L 亚硫酸钠溶液,另一支试管中加入 1 mL 3 mol/L 硫酸和 10 滴 1 mol/L 碘化钾溶液,充分摇匀,观察两支试管中现象,写出化学反应方程式。

3. 低价盐的还原性

取一支试管,加入少许硫酸亚铁固体,加入 0.05 mL 蒸馏水,加入 2 滴 3 mol/L 硫酸,再加入 2 滴 0.01 mol/L 硫氰酸铵溶液,摇匀,观察现象,然后再加入 4 滴 30 g/L 过氧化氢溶液,观察溶液颜色的变化,写出化学反应方程式。

4. pH 不同条件下高锰酸钾的氧化性

取三支试管,分别编号为 1 号、2 号、3 号:

1 号试管中加入 0.5 mL 0.05 mol/L 亚硫酸钠溶液、0.5 mL 0.5 mol/L 硫酸和 2 滴 0.2 g/L 高锰酸钾溶液;

2 号试管中加入 0.5 mL 0.05 mol/L 亚硫酸钠溶液、0.5 mL 蒸馏水和 2 滴 0.2 g/L 高锰酸钾溶液;

3 号试管中加入 0.5 mL 0.05 mol/L 亚硫酸钠溶液、0.5 mL 6 mol/L 氢氧化钠溶液和 2 滴 0.2 g/L 高锰酸钾溶液;

观察三支试管中的现象,写出化学反应方程式。

5. 氧化还原反应与电极电势

(1) 取一支试管,加入 0.5 mL 0.1 mol/L 碘化钾溶液和 2 滴 0.1 mol/L 三氯化铁溶液,充分混匀后加入 0.5 mL 四氯化碳,充分摇匀,观察四氯化碳层颜色有何变化。

(2) 取一支试管,加入 0.5 mL 0.1 mol/L 溴化钾溶液和 2 滴 0.1 mol/L 三氯化铁溶液,充分混匀后加入 0.5 mL 四氯化碳,充分摇匀,观察四氯化碳层颜色是否变化。

(3) 分别用溴水和碘水同 0.1 mol/L 硫酸亚铁溶液反应,观察现象。再加入 1 滴

0.1 mol/L 硫氰酸铵溶液,观察现象。

根据以上 3 个实验,试着比较一下 Br_2/Br^-、I_2/I^-、Fe^{3+}/Fe^{2+} 三个氧化还原电对的电极电势高低,指出氧化性和还原性的排列顺序,并说明电极电势大小和氧化还原反应的关系。

实验 7　配合物的组成和性质验证

一、实验目的

(1) 掌握配合物的生成和组成特点。
(2) 了解配离子和简单离子、配合物和复盐的区别。
(3) 掌握沉淀 - 溶解平衡、氧化还原平衡及酸碱平衡对配位平衡的影响。

二、仪器和试剂

1. 仪器
试管、试管夹。

2. 试剂
0.1 mol/L 硫酸铜溶液、6 mol/L 氨水、2 mol/L 氨水、0.1 mol/L 氯化钡溶液、0.1 mol/L 氢氧化钠溶液、2 mol/L 氢氧化钠溶液、无水乙醇、0.1 mol/L 三氯化铁溶液、0.1 mol/L 硫氰酸钾溶液、0.1 mol/L 铁氰化钾溶液、0.1 mol/L 硫酸铁铵溶液、4 mol/L 氟化铵溶液、饱和草酸铵溶液、0.1 mol/L 硝酸银溶液、0.1 mol/L 氯化钠溶液、0.1 mol/L 溴化钾溶液、0.1 mol/L 硫代硫酸钠溶液、0.1 mol/L 碘化银溶液、0.1 mol/L 盐酸、1 mol/L 硫酸、浓硫酸。

三、实验原理

配合物是由中心原子和配体以配位键结合而成的复杂离子(或分子)。配位反应是分步进行的可逆反应,每一步反应都存在着配位平衡。

$$M^{n+} + nL^- = ML_n \quad K_稳 = \frac{[ML_n]}{[M^{n+}][L^-]^n}$$

$K_稳$ 越大,表示配合物越稳定。增加中心原子或配体的浓度有利于配合物的生成,相反降低中心原子或配体的浓度有利于配合物的解离。若溶液酸碱性改变,则可引起配合物的酸效应或金属离子的水解效应,导致配合物发生解离;若沉淀剂能够与中心原子形成沉淀,则引起中心原子浓度降低,导致配合物解离。若加入另一种配体,能够与中心原子形成更稳定的配合物,则可引起配合物的相互转化。

配合物在离子鉴定、掩蔽干扰离子、医药上有着重要的用途。

四、实验步骤

1. 配合物的生成和组成

(1) 配合物的生成

取一支试管,加入 1 mL 0.1 mol/L 硫酸铜溶液,再逐滴加入 6 mol/L 氨水,边加边振荡,观察现象,继续滴加氨水至沉淀溶解,观察现象,保存溶液备用。

(2) 配合物的组成

在试管中稍微多加一些氨水,将此溶液分成四份分装于四支试管中,先取用三份,留一份备用。第一份加入 3 滴 0.1 mol/L 氯化钡溶液,第二份加入 3 滴 0.1 mol/L 氢氧化钠溶液,第三份加入少许无水乙醇,观察现象。

另取三支试管,都加入 3 滴 0.1 mol/L 硫酸铜溶液,第一份加入 3 滴 0.1 mol/L 氯化钡溶液,第二份加入 3 滴 0.1 mol/L 氢氧化钠溶液,第三份加入少许无水乙醇,观察现象。与前面的三支试管对比,试着解释原因。

2. 配合物与简单化合物、复盐的区别

(1) 取一支试管,加入 10 滴 0.1 mol/L 三氯化铁溶液,再滴加 2 滴 0.1 mol/L 硫氰酸钾溶液,观察现象,解释原因。

(2) 取一支试管,加入 10 滴 0.1 mol/L 铁氰化钾溶液,再滴加 2 滴 0.1 mol/L 硫氰酸钾溶液,观察现象,解释原因。

(3) 取三支试管,各加入 5 滴 0.1 mol/L 硫酸铁铵溶液,观察现象,第一支试管加入 2 滴 0.1 mol/L 氯化钡溶液,第二支试管加入 2 滴 0.1 mol/L 氢氧化钠溶液,第三支试管加入 3 滴 0.1 mol/L 盐酸,观察现象,解释原因。

3. 配离子稳定性比较

取一支试管,加入 2 滴 0.1 mol/L 三氯化铁溶液,再加入 2 滴 0.1 mol/L 硫氰酸钾溶液,观察现象。继续滴加 4 mol/L 氟化铵溶液,直至溶液颜色完全褪去,再向溶液中加入饱和草酸铵溶液,观察溶液颜色又有何变化,写出化学反应方程式。

根据溶液颜色的变化过程,比较这三种含铁元素配离子的稳定性。

4. 配位平衡的移动

(1) 配位平衡与沉淀-溶解平衡

取一支试管,加入 3 滴 0.1 mol/L 硝酸银溶液,再加 1 滴 0.1 mol/L 氯化钠溶液,观察现象。再向试管中滴加 2 mol/L 氨水,观察现象。再向试管中滴加 0.1 mol/L 溴化

钾溶液,观察现象。继续向试管中滴加 0.1 mol/L 硫代硫酸钠溶液,充分振荡,观察现象。最后向试管中滴加 0.1 mol/L 碘化银溶液,观察现象。试着根据溶度积原理和配合物的稳定常数解释上述一系列现象,并写出化学反应方程式。

(2) 配位平衡和酸碱平衡

① 酸效应:取一支试管,加入 0.5 mL 前面自制的[$Cu(NH_3)_4$]$^{2-}$ 溶液,逐滴加入 1 mol/L 硫酸,观察现象,解释原因。

② 水解效应:取一支试管,加入 10 滴 0.1 mol/L 三氯化铁溶液,再逐滴加入 4 mol/L 氟化铵溶液,充分振荡至溶液为无色。将此溶液分为两份,一份加入 5 滴 2 mol/L 氢氧化钠溶液,另一份加入 5 滴浓硫酸,观察现象,解释原因。

实验 8　钙、铁、锌、铜离子的鉴定

一、实验目的

(1) 掌握钙、铁、锌、铜离子的鉴定方法。
(2) 掌握相关实验仪器的规范操作。
(3) 掌握相关实验的规范操作。

二、仪器与试剂

1. 仪器
试管、试管架、胶头滴管。

2. 试剂
0.1 mol/L 氯化钙溶液、草酸钠饱和溶液、6 mol/L 盐酸、6 mol/L 醋酸、1 mol/L 盐酸、0.1 mol/L 三氯化铁溶液、0.1 mol/L 硫氰酸钾溶液、0.1 mol/L 硫酸锌溶液、浓氨水、0.1 mol/L 硫酸铜溶液、0.1 mol/L 六氰合亚铁(Ⅱ)酸钾溶液。

三、实验原理

钙离子的鉴别:$C_2O_4^{2-}$ 和 Ca^{2+} 生成的草酸钙沉淀,非常难溶于水,而且也较难溶于稀强酸(如 1 mol/L 盐酸)。而相似的草酸钡、草酸镁、草酸锶却可溶于稀强酸。

$$Ca^{2+} + C_2O_4^{2-} = CaC_2O_4\downarrow$$

铁离子的鉴别:三价铁离子与硫氰化钾溶液反应生成血红色的硫氰酸铁溶液。

$$Fe^{3+} + 3SCN^- = Fe(SCN)_3(血红色)$$

锌离子的鉴别：锌离子与少量的浓氨水反应生成白色沉淀，若继续加入浓氨水则沉淀溶解。

$$Zn^{2+} + 4NH_3·H_2O(过量) =\!\!=\!\!= [Zn(NH_3)_4]^{2+} + 4H_2O$$

铜离子的鉴别：铜离子与六氰合亚铁（Ⅱ）酸钾（$K_4[Fe(CN)_6]$）溶液反应会生成棕红色沉淀。

$$2Cu^{2+} + K_4[Fe(CN)_6] =\!\!=\!\!= Cu_2[Fe(CN)_6]\downarrow + 4K^+$$

四、实验步骤

1. 钙离子的鉴别

在①号试管中加入 2 mL 0.1 mol/L 氯化钙溶液，加入草酸钠饱和溶液，观察实验现象。将①号试管中产物平均分装入三支试卷，分别编号为②、③和④号。②号试管中加入 1 mol/L 盐酸 1 mL，③号试管中加入 6 mol/L 盐酸 1 mL，④号试管中加入 6 mol/L 醋酸 1 mL，观察实验现象并记录。

2. 铁离子的鉴别

取一支试管，加入 0.1 mol/L 三氯化铁溶液 3 mL，滴加 0.1 mol/L 硫氰酸钾溶液 1~2 滴，观察实验现象并记录。

3. 锌离子的鉴别

取一支试管，加入 0.1 mol/L 硫酸锌溶液 2 mL，逐滴加入浓氨水，直到氨水过量为止，认真观察实验现象并记录。

4. 铜离子的鉴别

取一支试管，加入 0.1 mol/L 硫酸铜溶液 2 mL，再加入 0.1 mol/L 六氰合亚铁（Ⅱ）酸钾溶液 1 mL，认真观察实验现象并记录。

主要参考文献

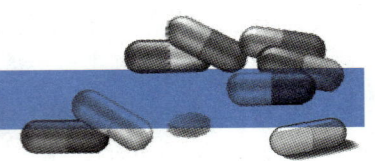

［1］张丽荣.无机化学［M］.5版.北京:高等教育出版社,2024.

［2］高等职业教育化学教材编写组.无机化学［M］.6版.北京:高等教育出版社,2022.

［3］刘斌.无机及分析化学［M］.2版.北京:高等教育出版社,2013.

［4］高等职业教育化学教材编写组.无机化学［M］.2版.北京:高等教育出版社,2021.

［5］黄晓英,郭幼红.无机化学［M］.3版.北京:化学工业出版社,2020.

［6］牛秀明,林珍.无机化学［M］.3版.北京:人民卫生出版社,2018.

［7］蔡自由,叶国华.无机化学［M］.3版.北京:中国医药科技出版社,2017.

［8］杨怀霞,吴培云.无机化学［M］.5版.北京:中国中医药出版社,2023.

［9］阎芳,韦柳娅.无机化学［M］.济南:山东人民出版社,2021.

［10］宋天佑,程鹏,徐家宁,等.无机化学［M］.4版.北京:高等教育出版社,2019.

［11］李雪华,陈朝军.基础化学［M］.9版.北京:人民卫生出版社,2019.

［12］石建新,巢晖.无机化学实验［M］.4版.北京:高等教育出版社,2019.

［13］商少明.无机及分析化学［M］.3版.北京:化学工业出版社,2017.

［14］张向宇.实用化学手册［M］.2版.北京:国防工业出版社,2011.

附　录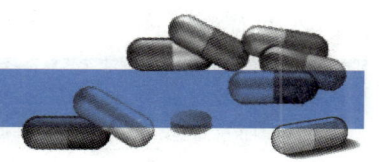

附录 1　弱酸、弱碱的标准解离常数

1. 弱酸的解离常数(298.15 K)

弱酸	解离常数 $K_a^\ominus$
H_3AsO_4(砷酸)	$K_1^\ominus=6.0\times10^{-3}$；$K_2^\ominus=1.0\times10^{-7}$；$K_3^\ominus=3.2\times10^{-12}$
H_3AsO_3(亚砷酸)	$K_1^\ominus=6.6\times10^{-10}$
H_3BO_3(硼酸)	$K_1^\ominus=5.8\times10^{-10}$
$H_2B_4O_7$(四硼酸)	$K_1^\ominus=1\times10^{-4}$；$K_2^\ominus=1\times10^{-9}$
H_2CO_3(碳酸)	$K_1^\ominus=4.4\times10^{-7}$；$K_2^\ominus=4.7\times10^{-11}$
HF(氢氟酸)	$K_1^\ominus=6.6\times10^{-4}$
HCN(氢氰酸)	$K_1^\ominus=6.2\times10^{-10}$
H_2CrO_4(铬酸)	$K_1^\ominus=4.1$；$K_2^\ominus=1.3\times10^{-6}$
HClO(次氯酸)	$K_1^\ominus=2.8\times10^{-8}$
HBrO(次溴酸)	$K_1^\ominus=2.0\times10^{-9}$
HIO(次碘酸)	$K_1^\ominus=2.3\times10^{-11}$
HIO_3(碘酸)	$K_1^\ominus=0.16$
HIO_4(高碘酸)	$K_1^\ominus=2.3\times10^{-2}$
HNO_2(亚硝酸)	$K_1^\ominus=7.2\times10^{-4}$
H_3PO_4(磷酸)	$K_1^\ominus=7.1\times10^{-3}$；$K_2^\ominus=6.3\times10^{-8}$；$K_3^\ominus=4.2\times10^{-13}$
H_2SO_3(亚硫酸)	$K_1^\ominus=1.3\times10^{-2}$；$K_2^\ominus=6.1\times10^{-8}$
H_2SO_4(硫酸)	$K_2^\ominus=1.2\times10^{-2}$
$H_2S_2O_3$(硫代硫酸)	$K_1^\ominus=0.25$；$K_2^\ominus=3.2\times10^{-2}\sim2.0\times10^{-2}$
H_2S(氢硫酸)	$K_1^\ominus=1.3\times10^{-7}$；$K_2^\ominus=7.1\times10^{-15}$
HSCN(硫氰酸)	$K_1^\ominus=1.41\times10^{-1}$
$H_2C_2O_4$(草酸)	$K_1^\ominus=5.4\times10^{-2}$；$K_2^\ominus=5.4\times10^{-5}$
HCOOH(甲酸)	$K_1^\ominus=1.77\times10^{-4}$
CH_3COOH(乙酸)	$K_1^\ominus=1.75\times10^{-5}$
$ClCH_2COOH$(氯代乙酸)	$K_1^\ominus=1.4\times10^{-3}$
C_6H_5COOH(苯甲酸)	$K_1^\ominus=6.5\times10^{-5}$
$CH_2=CHCO_2H$(丙烯酸)	$K_1^\ominus=5.5\times10^{-5}$
C_6H_5OH(苯酚)	$K_1^\ominus=1.3\times10^{-10}$
$C_8H_6O_4$(邻苯二甲酸)	$K_1^\ominus=1.3\times10^{-3}$；$K_2^\ominus=3.9\times10^{-6}$
$C_4H_4N_2O_3 \cdot 2H_2O$(巴比妥酸)	$K_1^\ominus=9.8\times10^{-5}$
$H_3C_6H_5O_7$(枸橼酸)	$K_1^\ominus=7.4\times10^{-4}$；$K_2^\ominus=1.73\times10^{-5}$；$K_3^\ominus=4\times10^{-7}$
H_4Y(乙二胺四乙酸)	$K_1^\ominus=10^{-2}$；$K_2^\ominus=2.1\times10^{-3}$；$K_3^\ominus=6.9\times10^{-7}$；$K_4^\ominus=5.9\times10^{-11}$

2. 弱碱的解离常数（298.15 K）

弱碱	解离常数 $K_b^\ominus$	弱碱	解离常数 $K_b^\ominus$
$NH_3·H_2O$	1.75×10^{-5}	$(C_2H_5)_2NH$（二乙胺）	1.3×10^{-3}
$NH_2—NH_2$（联氨）	9.8×10^{-7}	$NH_2CH_2CH_2NH_2$（乙二胺）	$8.5 \times 10^{-5}；7.1 \times 10^{-8}$
NH_2OH（羟胺）	9.1×10^{-9}	$C_6H_5NH_2$（苯胺）	4×10^{-10}
CH_3NH_2（甲胺）	4.2×10^{-4}	C_5H_5N（吡啶）	1.5×10^{-9}
$C_2H_5NH_2$（乙胺）	5.6×10^{-4}	$(CH_2)_6N_4$（六亚甲基四胺）	1.4×10^{-9}

注：本表数据主要取自 Weast R C.CRC Handbook of Chemistry and Physics，69th ed.1983—1989 and 80th ed，1999—2000。

附录2　常用酸碱指示剂

序号	名称	pH变色范围	酸式色	碱式色	pK_a	配制方法
1	甲基紫（第一次变色）	0.13~0.5	黄	绿	0.8	0.1% 水溶液
2	甲酚红（第一次变色）	0.2~1.8	红	黄	—	0.04% 乙醇（50%）溶液
3	甲基紫（第二次变色）	1.0~1.5	绿	蓝	—	0.1% 水溶液
4	百里酚蓝（第一次变色）	1.2~2.8	红	黄	1.65	0.1% 乙醇（20%）溶液
5	茜素黄R（第一次变色）	1.9~3.3	红	黄	—	0.1% 水溶液
6	甲基紫（第三次变色）	2.0~3.0	蓝	紫	—	0.1% 水溶液
7	甲基黄	2.9~4.0	红	黄	3.3	0.1% 乙醇（90%）溶液
8	溴酚蓝	3.1~4.6	黄	蓝	3.85	0.1% 乙醇（20%）溶液
9	甲基橙	3.1~4.4	红	黄	3.40	0.1% 水溶液
10	溴甲酚绿	3.8~5.4	黄	蓝	4.68	0.1% 乙醇（20%）溶液
11	甲基红	4.4~6.2	红	黄	4.95	0.1% 乙醇（60%）溶液
12	溴百里酚蓝	6.0~7.6	黄	蓝	7.1	0.1% 乙醇（20%）溶液
13	中性红	6.8~8.0	红	黄	7.4	0.1% 乙醇（60%）溶液
14	酚红	6.8~8.0	黄	红	7.9	0.1% 乙醇（20%）溶液
15	甲酚红（第二次变色）	7.2~8.8	黄	红	8.2	0.04% 乙醇（50%）溶液
16	百里酚蓝（第二次变色）	8.0~9.6	黄	蓝	8.9	0.1% 乙醇（20%）溶液
17	酚酞	8.0~10.0	无色	紫红	9.1	0.1% 乙醇（60%）溶液
18	百里酚酞	9.4~10.6	无色	蓝	10.0	0.1% 乙醇（90%）溶液
19	茜素黄R（第二次变色）	10.1~12.1	黄	紫	11.26	0.1% 水溶液
20	靛蓝胭脂红	11.6~14.0	蓝	黄	12.2	25% 乙醇（50%）溶液

注：本表数据主要取自 HG/T 4015—2008 化学试剂　酸碱指示剂 pH 变色域测定通用方法。

附录3 常用缓冲溶液的配制与 pH

序号	溶液名称	配制方法	pH
1	氯化钾-盐酸	13.0 mL 0.2 mol/L HCl 溶液与 25.0 mL 0.2 mol/L KCl 溶液混合均匀后,加水稀释至 100 mL	1.7
2	氨基乙酸-盐酸	在 500 mL 水中溶解氨基乙酸 150 g,加 480 mL 浓盐酸,再加水稀释至 1 L	2.3
3	一氯乙酸-氢氧化钠	在 200 mL 水中溶解 2 g 一氯乙酸后,加 40 g NaOH,溶解完全后再加水稀释至 1 L	2.8
4	邻苯二甲酸氢钾-盐酸	把 25.0 mL 0.2 mol/L 邻苯二甲酸氢钾溶液与 6.0 mL 0.1 mol/L HCl 溶液混合均匀,加水稀释至 100 mL	3.6
5	邻苯二甲酸氢钾-氢氧化钠	把 25.0 mL 0.2 mol/L 邻苯二甲酸氢钾溶液与 17.5 mL 0.1 mol/L NaOH 溶液混合均匀,加水稀释至 100 mL	4.8
6	六亚甲基四胺-盐酸	在 200 mL 水中溶解六亚甲基四胺 40 g,加浓盐酸 10 mL,再加水稀释至 1 L	5.4
7	磷酸二氢钾-氢氧化钠	把 25.0 mL 0.2 mol/L 磷酸二氢钾溶液与 23.6 mL 0.1 mol/L NaOH 溶液混合均匀,加水稀释至 100 mL	6.8
8	硼酸-氯化钾-氢氧化钠	把 25.0 mL 0.2 mol/L 硼酸-氯化钾溶液与 4.0 mL 0.1 mol/L NaOH 溶液混合均匀,加水稀释至 100 mL	8.0
9	氯化铵-氨水	把 0.1 mol/L 氯化铵与 0.1 mol/L 氨水以 2∶1 比例混合均匀	9.1
10	硼酸-氯化钾-氢氧化钠	把 25.0 mL 0.2 mol/L 硼酸-氯化钾溶液与 43.9 mL 0.1 mol/L NaOH 溶液混合均匀,加水稀释至 100 mL	10.0
11	氨基乙酸-氯化钠-氢氧化钠	把 49.0 mL 0.1 mol/L 氨基乙酸-氯化钠溶液与 51.0 mL 0.1 mol/L NaOH 溶液混合均匀	11.6
12	磷酸氢二钠-氢氧化钠	把 50.0 mL 0.05 mol/L Na_2HPO_4 溶液与 26.9 mL 0.1 mol/L NaOH 溶液混合均匀,加水稀释至 100 mL	12.0
13	氯化钾-氢氧化钠	把 25.0 mL 0.2 mol/L KCl 溶液与 66.0 mL 0.2 mol/L NaOH 溶液混合均匀,加水稀释至 100 mL	13.0

注:本表数据主要取自 HG/T 4015—2008 化学试剂 酸碱指示剂 pH 变色域测定通用方法。

附录4 标准电极电势(298.15 K)

电极反应			$\varphi^{\ominus}$/V
氧化型		还原型	
$Li^+ + e^-$	⇌	Li	−3.045
$K^+ + e^-$	⇌	K	−2.925
$Rb^+ + e^-$	⇌	Rb	−2.925
$Cs^+ + e^-$	⇌	Cs	−2.923
$Ra^{2+} + 2e^-$	⇌	Ra	−2.92
$Ba^{2+} + 2e^-$	⇌	Ba	−2.90
$Sr^{2+} + 2e^-$	⇌	Sr	−2.89
$Ca^{2+} + 2e^-$	⇌	Ca	−2.87
$Na^+ + e^-$	⇌	Na	−2.714
$La^{3+} + 3e^-$	⇌	La	−2.52
$Mg^{2+} + 2e^-$	⇌	Mg	−2.37
$Sc^{3+} + 3e^-$	⇌	Sc	−2.08
$[AlF_6]^{3-} + 3e^-$	⇌	$Al + 6F^-$	−2.07
$Be^{2+} + 2e^-$	⇌	Be	−1.85
$Al^{3+} + 3e^-$	⇌	Al	−1.66
$Ti^{2+} + 2e^-$	⇌	Ti	−1.63
$Zr^{4+} + 4e^-$	⇌	Zr	−1.53
$[TiF_6]^{2-} + 4e^-$	⇌	$Ti + 6F^-$	−1.24
$[SiF_6]^{2-} + 4e^-$	⇌	$Si + 6F^-$	−1.2
$Mn^{2+} + 2e^-$	⇌	Mn	−1.18
$*SO_4^{2-} + H_2O + 2e^-$	⇌	$SO_3^{2-} + 2OH^-$	−0.93
$TiO^{2+} + 2H^+ + 4e^-$	⇌	$Ti + H_2O$	−0.89
$*Fe(OH)_2 + 2e^-$	⇌	$Fe + 2OH^-$	−0.887
$H_3BO_3 + 3H^+ + 3e^-$	⇌	$B + 3H_2O$	−0.87
$SiO_2(s) + 4H^+ + 4e^-$	⇌	$Si + 2H_2O$	−0.86
$Zn^{2+} + 2e^-$	⇌	Zn	−0.763
$*FeCO_3 + 2e^-$	⇌	$Fe + CO_3^{2-}$	−0.756
$Cr^{3+} + 3e^-$	⇌	Cr	−0.74
$As + 3H^+ + 3e^-$	⇌	AsH_3	−0.60
$*2SO_3^{2-} + 3H_2O + 4e^-$	⇌	$S_2O_3^{2-} + 6OH^-$	−0.58

电极反应			$\varphi^{\ominus}/V$
氧化型		还原型	
*$Fe(OH)_3+e^-$	$\rightleftharpoons$	$Fe(OH)_2+OH^-$	-0.56
$Ga^{3+}+3e^-$	$\rightleftharpoons$	Ga	-0.56
$Sb+3H^++3e^-$	$\rightleftharpoons$	$SbH_3(g)$	-0.51
$H_3PO_2+H^++e^-$	$\rightleftharpoons$	$P+2H_2O$	-0.51
$H_3PO_3+2H^++2e^-$	$\rightleftharpoons$	$H_3PO_2+H_2O$	-0.50
$2CO_2+2H^++2e^-$	$\rightleftharpoons$	$H_2C_2O_4$	-0.49
*$S+2e^-$	$\rightleftharpoons$	S^{2-}	-0.48
$Fe^{2+}+2e^-$	$\rightleftharpoons$	Fe	-0.44
$Cr^{3+}+e^-$	$\rightleftharpoons$	Cr^{2+}	-0.41
$Cd^{2+}+2e^-$	$\rightleftharpoons$	Cd	-0.403
$Se+2H^++2e^-$	$\rightleftharpoons$	H_2Se	-0.40
$Ti^{3+}+e^-$	$\rightleftharpoons$	Ti^{2+}	-0.37
PbI_2+2e^-	$\rightleftharpoons$	$Pb+2I^-$	-0.365
*$Cu_2O+H_2O+2e^-$	$\rightleftharpoons$	$2Cu+2OH^-$	-0.361
$PbSO_4+2e^-$	$\rightleftharpoons$	$Pb+SO_4^{2-}$	-0.3553
$In^{3+}+3e^-$	$\rightleftharpoons$	In	-0.342
Tl^++e^-	$\rightleftharpoons$	Tl	-0.336
*$[Ag(CN)_2]^-+e^-$	$\rightleftharpoons$	$Ag+2CN^-$	-0.31
$PtS+2H^++2e^-$	$\rightleftharpoons$	$Pt+H_2S(g)$	-0.30
$PbBr_2+2e^-$	$\rightleftharpoons$	$Pb+2Br^-$	-0.280
$Co^{2+}+2e^-$	$\rightleftharpoons$	Co	-0.277
$H_3PO_4+2H^++2e^-$	$\rightleftharpoons$	$H_3PO_3+H_2O$	-0.276
$PbCl_2+2e^-$	$\rightleftharpoons$	$Pb+2Cl^-$	-0.268
$V^{3+}+e^-$	$\rightleftharpoons$	V^{2+}	-0.255
$VO_2^++4H^++5e^-$	$\rightleftharpoons$	$V+2H_2O$	-0.253
$[SnF_6]^{2-}+4e^-$	$\rightleftharpoons$	$Sn+6F^-$	-0.25
$Ni^{2+}+2e^-$	$\rightleftharpoons$	Ni	-0.246
$N_2+5H^++4e^-$	$\rightleftharpoons$	$N_2H_5^+$	-0.23
$Mo^{3+}+3e^-$	$\rightleftharpoons$	Mo	-0.20
$CuI+e^-$	$\rightleftharpoons$	$Cu+I^-$	-0.185
$AgI+e^-$	$\rightleftharpoons$	$Ag+I^-$	-0.152
$Sn^{2+}+2e^-$	$\rightleftharpoons$	Sn	-0.136
$Pb^{2+}+2e^-$	$\rightleftharpoons$	Pb	-0.126
*$[Cu(NH_3)_2]^++e^-$	$\rightleftharpoons$	$Cu+2NH_3$	-0.12

续表

电极反应			$\varphi^{\ominus}/\text{V}$
氧化型		还原型	
*$CrO_4^{2-}+2H_2O+3e^-$	⇌	$CrO_2^-+4OH^-$	−0.12
$WO_3(cr)+6H^++6e^-$	⇌	$W+3H_2O$	−0.09
*$2Cu(OH)_2+2e^-$	⇌	$Cu_2O+2OH^-+H_2O$	−0.08
*$MnO_2+2H_2O+2e^-$	⇌	$Mn(OH)_2+2OH^-$	−0.05
$[HgI_4]^{2-}+2e^-$	⇌	$Hg+4I^-$	−0.039
*$AgCN+e^-$	⇌	$Ag+CN^-$	−0.017
$2H^++2e^-$	⇌	$H_2(g)$	0.00
$[Ag(S_2O_3)_2]^{3-}+e^-$	⇌	$Ag+2S_2O_3^{2-}$	0.01
*$NO_3^-+H_2O+2e^-$	⇌	$NO_2^-+2OH^-$	0.01
$AgBr(s)+e^-$	⇌	$Ag+Br^-$	0.071
$S_4O_6^{2-}+2e^-$	⇌	$2S_2O_3^{2-}$	0.08
*$[Co(NH_3)_6]^{3+}+e^-$	⇌	$[Co(NH_3)_6]^{2+}$	0.1
$TiO^{2+}+2H^++e^-$	⇌	$Ti^{3+}+H_2O$	0.10
$S+2H^++2e^-$	⇌	$H_2S(aq)$	0.141
$Sn^{4+}+2e^-$	⇌	Sn^{2+}	0.154
$Cu^{2+}+e^-$	⇌	Cu^+	0.159
$SO_4^{2-}+4H^++2e^-$	⇌	$H_2SO_3+H_2O$	0.17
$[HgBr_4]^{2-}+2e^-$	⇌	$Hg+4Br^-$	0.21
$AgCl(s)+e^-$	⇌	$Ag+Cl^-$	0.222
*$PbO_2+H_2O+2e^-$	⇌	$PbO+2OH^-$	0.247
$HAsO_2+3H^++3e^-$	⇌	$As+2H_2O$	0.248
$Hg_2Cl_2(s)+2e^-$	⇌	$2Hg+2Cl^-$	0.268
$BiO^++2H^++3e^-$	⇌	$Bi+H_2O$	0.32
$Cu^{2+}+2e^-$	⇌	Cu	0.337
*$Ag_2O+H_2O+2e^-$	⇌	$2Ag+2OH^-$	0.342
$[Fe(CN)_6]^{3-}+e^-$	⇌	$[Fe(CN)_6]^{4-}$	0.36
*$ClO_4^-+H_2O+2e^-$	⇌	$ClO_3^-+2OH^-$	0.36
*$[Ag(NH_3)_2]^++e^-$	⇌	$Ag+2NH_3$	0.373
$2H_2SO_3+2H^++4e^-$	⇌	$S_2O_3^{2-}+3H_2O$	0.40
*$O_2+2H_2O+4e^-$	⇌	$4OH^-$	0.401
$Ag_2CrO_4+2e^-$	⇌	$2Ag+CrO_4^{2-}$	0.447
$H_2SO_3+4H^++4e^-$	⇌	$S+3H_2O$	0.45
Cu^++e^-	⇌	Cu	0.52
$TeO_2(s)+4H^++4e^-$	⇌	$Te+2H_2O$	0.529
$I_2(s)+2e^-$	⇌	$2I^-$	0.534 5

续表

电极反应			$\varphi^{\ominus}$/V
氧化型		还原型	
$H_3AsO_4+2H^++2e^-$	$\rightleftharpoons$	$H_3AsO_3+H_2O$	0.560
$MnO_4^-+e^-$	$\rightleftharpoons$	MnO_4^{2-}	0.564
$*MnO_4^-+2H_2O+3e^-$	$\rightleftharpoons$	MnO_2+4OH^-	0.588
$*MnO_4^{2-}+2H_2O+2e^-$	$\rightleftharpoons$	MnO_2+4OH^-	0.60
$*BrO_3^-+3H_2O+6e^-$	$\rightleftharpoons$	Br^-+6OH^-	0.61
$2HgCl_2+2e^-$	$\rightleftharpoons$	$Hg_2Cl_2(s)+2Cl^-$	0.63
$*ClO_2+H_2O+2e^-$	$\rightleftharpoons$	ClO^-+2OH^-	0.66
$O_2(g)+2H^++2e^-$	$\rightleftharpoons$	$H_2O_2(aq)$	0.682
$[PtCl_4]^{2-}+2e^-$	$\rightleftharpoons$	$Pt+4Cl^-$	0.73
$Fe^{3+}+e^-$	$\rightleftharpoons$	Fe^{2+}	0.771
$Hg_2^{2+}+2e^-$	$\rightleftharpoons$	$2Hg$	0.793
Ag^++e^-	$\rightleftharpoons$	Ag	0.799
$NO_3^-+2H^++e^-$	$\rightleftharpoons$	NO_2+H_2O	0.80
$*HO_2^-+H_2O+2e^-$	$\rightleftharpoons$	$3OH^-$	0.88
$*ClO^-+H_2O+2e^-$	$\rightleftharpoons$	Cl^-+2OH^-	0.89
$2Hg^{2+}+2e^-$	$\rightleftharpoons$	Hg_2^{2+}	0.920
$NO_3^-+3H^++2e^-$	$\rightleftharpoons$	HNO_2+H_2O	0.94
$NO_3^-+4H^++3e^-$	$\rightleftharpoons$	$NO+2H_2O$	0.96
$HNO_2+H^++e^-$	$\rightleftharpoons$	$NO+H_2O$	1.00
$NO_2+2H^++2e^-$	$\rightleftharpoons$	$NO+H_2O$	1.03
$Br_2(l)+2e^-$	$\rightleftharpoons$	$2Br^-$	1.065
$NO_2+H^++e^-$	$\rightleftharpoons$	HNO_2	1.07
$Cu^{2+}+2CN^-+e^-$	$\rightleftharpoons$	$[Cu(CN)_2]^-$	1.12
$*ClO_2+e^-$	$\rightleftharpoons$	ClO_2^-	1.16
$ClO_4^-+2H^++2e^-$	$\rightleftharpoons$	$ClO_3^-+H_2O$	1.19
$2IO_3^-+12H^++10e^-$	$\rightleftharpoons$	I_2+6H_2O	1.20
$ClO_3^-+3H^++2e^-$	$\rightleftharpoons$	$HClO_2+H_2O$	1.21
$O_2+4H^++4e^-$	$\rightleftharpoons$	$2H_2O(l)$	1.229
$MnO_2+4H^++2e^-$	$\rightleftharpoons$	$Mn^{2+}+2H_2O$	1.224
$*O_3+H_2O+2e^-$	$\rightleftharpoons$	O_2+2OH^-	1.24
$ClO_2+H^++e^-$	$\rightleftharpoons$	$HClO_2$	1.275
$2HNO_2+4H^++4e^-$	$\rightleftharpoons$	N_2O+3H_2O	1.29
$Cr_2O_7^{2-}+14H^++6e^-$	$\rightleftharpoons$	$2Cr^{3+}+7H_2O$	1.33
Cl_2+2e^-	$\rightleftharpoons$	$2Cl^-$	1.358
$2HIO+2H^++2e^-$	$\rightleftharpoons$	I_2+2H_2O	1.45

续表

电极反应		$\varphi^{\ominus}/V$
氧化型	还原型	
$PbO_2+4H^++2e^-$ ⇌	$Pb^{2+}+2H_2O$	1.455
$Au^{3+}+3e^-$ ⇌	Au	1.50
$Mn^{3+}+e^-$ ⇌	Mn^{2+}	1.51
$MnO_4^-+8H^++5e^-$ ⇌	$Mn^{2+}+4H_2O$	1.51
$2BrO_3^-+12H^++10e^-$ ⇌	$Br_2(l)+6H_2O$	1.52
$2HBrO+2H^++2e^-$ ⇌	$Br_2(l)+2H_2O$	1.59
$H_5IO_6+H^++2e^-$ ⇌	$IO_3^-+3H_2O$	1.60
$2HClO+2H^++2e^-$ ⇌	Cl_2+2H_2O	1.63
$HClO_2+2H^++2e^-$ ⇌	$HClO+H_2O$	1.64
Au^++e^- ⇌	Au	1.68
$NiO_2+4H^++2e^-$ ⇌	$Ni^{2+}+2H_2O$	1.68
$MnO_4^-+4H^++3e^-$ ⇌	MnO_2+2H_2O	1.695
$H_2O_2+2H^++2e^-$ ⇌	$2H_2O$	1.77
$Co^{3+}+e^-$ ⇌	Co^{2+}	1.84
$Ag^{2+}+e^-$ ⇌	Ag^+	1.98
$S_2O_8^{2-}+2e^-$ ⇌	$2SO_4^{2-}$	2.01
$O_3+2H^++2e^-$ ⇌	O_2+H_2O	2.07
F_2+2e^- ⇌	$2F^-$	2.87
$F_2+2H^++2e^-$ ⇌	$2HF$	3.06

注:本表中凡前面有*符号的电极反应是在碱性溶液中进行,其余都在酸性溶液中进行。
数据来源于 Lide DR. Handbook of Chemistry and Physics,82 nd ed,2001。

附录 5 难溶化合物的溶度积常数(298.15 K)

难溶化合物	$K_{sp}^{\ominus}$	难溶化合物	$K_{sp}^{\ominus}$	难溶化合物	$K_{sp}^{\ominus}$
AgCl	1.8×10^{-10}	Ag_2S	6.3×10^{-50}	AgSCN	1.0×10^{-12}
AgBr	5.3×10^{-13}	Ag_2CO_3	8.5×10^{-12}	$Al(OH)_3$	1.3×10^{-33}
AgI	8.3×10^{-17}	$Ag_2C_2O_4$	3.4×10^{-11}	$BaSO_4$	1.1×10^{-10}
AgCN	1.2×10^{-18}	Ag_2CrO_4	1.1×10^{-12}	$BaSO_3$	8×10^{-7}
AgOH	2.0×10^{-8}	$Ag_2Cr_2O_7$	2.0×10^{-7}	$BaCO_3$	5.1×10^{-9}
$AgNO_2$	6.0×10^{-4}	Ag_3PO_4	1.4×10^{-16}	BaC_2O_4	1.6×10^{-7}
Ag_2SO_4	1.4×10^{-5}	Ag_2MoO_4	2.8×10^{-12}	$BaC_2O_4\cdot H_2O$	2.3×10^{-8}
Ag_2SO_3	1.5×10^{-14}	Ag_2WO_4	5.5×10^{-12}	$BaCrO_4$	1.2×10^{-10}

续表

难溶化合物	$K_{sp}^{\ominus}$	难溶化合物	$K_{sp}^{\ominus}$	难溶化合物	$K_{sp}^{\ominus}$
$Ba_3(PO_4)_2$	3.4×10^{-23}	$Cd_3(PO_4)_2$	2.5×10^{-33}	NiC_2O_4	4×10^{-10}
$BaHPO_4$	3.2×10^{-7}	$Cr(OH)_3$	6.3×10^{-31}	$Ni_3(PO_4)_2$	5×10^{-31}
$BaMoO_4$	4.0×10^{-8}	$Co(OH)_2$(新制)	1.6×10^{-15}	$\alpha-NiS$	3.2×10^{-19}
$Bi(OH)_3$	4×10^{-31}	$CoCO_3$	1.4×10^{-18}	$\beta-NiS$	1.0×10^{-24}
BaF_2	1.0×10^{-6}	$Co_3(PO_4)_2$	2×10^{-35}	$\gamma-NiS$	2.0×10^{-26}
$Ba(OH)_2$	5×10^{-3}	$Co(OH)_3$	1.6×10^{-44}	PbF_2	2.7×10^{-8}
$BiOCl$	1.8×10^{-31}	$\alpha-CoS$	4.0×10^{-21}	$Pb(OH)_2$	1.2×10^{-15}
$BiOBr$	3.0×10^{-7}	$\beta-CoS$	2.0×10^{-25}	$PbSO_4$	1.6×10^{-8}
$BiONO_3$	2.82×10^{-3}	$Fe(OH)_2$	8.0×10^{-16}	PbS	8.0×10^{-28}
Bi_2S_3	1×10^{-97}	$Fe(OH)_3$	4×10^{-38}	$PbCO_3$	7.4×10^{-14}
CuI	1.1×10^{-12}	FeS	6.3×10^{-18}	PbC_2O_4	7.4×10^{-14}
$Cu(OH)$	1×10^{-14}	$FeCO_3$	3.2×10^{-11}	$PbCrO_4$	2.8×10^{-13}
$Cu(OH)_2$	2.2×10^{-20}	$FePO_4$	1.3×10^{-22}	$PbCl_2$	1.6×10^{-5}
Cu_2S	2.5×10^{-48}	Hg_2Cl_2	1.3×10^{-18}	$PbBr_2$	4.0×10^{-5}
CuS	6.3×10^{-36}	Hg_2I_2	4.5×10^{-20}	PbI_2	7.1×10^{-9}
$CuCO_3$	1.4×10^{-10}	Hg_2SO_4	7.4×10^{-7}	$Sn(OH)_2$	1.4×10^{-28}
$CuBr$	5.3×10^{-9}	Hg_2SO_3	1.0×10^{-27}	$Sn(OH)_4$	1.0×10^{-56}
$CuCl$	1.2×10^{-6}	Hg_2S	1.0×10^{-47}	SnS	1.0×10^{-25}
$CaSO_4$	9.1×10^{-6}	HgS(红)	4×10^{-53}	SrF_2	2.5×10^{-9}
$CaSO_3$	6.8×10^{-8}	HgS(黑)	1.6×10^{-52}	$SrSO_4$	3.2×10^{-7}
$CaCO_3$	2.8×10^{-9}	MgF_2	6.5×10^{-9}	$SrSO_3$	4×10^{-8}
$Ca(OH)_2$	5.5×10^{-6}	$Mg(OH)_2$	5.6×10^{-12}	$SrCO_3$	1.1×10^{-10}
CaF_2	5.3×10^{-9}	$MgCO_3$	3.5×10^{-8}	$SrCrO_4$	2.2×10^{-5}
$CaC_2O_4 \cdot H_2O$	4×10^{-9}	$Mn(OH)_2$	1.9×10^{-13}	$Zn(OH)_2$	1.2×10^{-17}
$Ca_3(PO_4)_2$	2.0×10^{-29}	MnS(结晶)	2.5×10^{-13}	$\alpha-ZnS$	1.6×10^{-24}
$CaHPO_4$	1.0×10^{-7}	MnS(无定形)	2.5×10^{-10}	$\beta-ZnS$	2.5×10^{-22}
$Cd(OH)_2$(新制)	2.5×10^{-14}	$MnCO_3$	1.8×10^{-11}	$ZnCO_3$	1.4×10^{-11}
CdS	8.0×10^{-27}	$Ni(OH)_2$(新制)	2.0×10^{-15}	ZnC_2O_4	2.7×10^{-8}
$CdCO_3$	5.2×10^{-12}	$NiCO_3$	6.6×10^{-9}	$Zn_3(PO_4)_2$	9.0×10^{-33}

注:本表数据主要取自 Lange's Handbook of Chemistry, 13th ed, 1985。

附录6 配离子稳定常数(298.15 K)

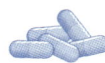

化学式	稳定常数 K	$\lg K_{稳}$	化学式	稳定常数 K	$\lg K_{稳}$
$[AgCl_2]^-$	1.1×10^5	5.04	$[CuBr_2]^-$	7.8×10^5	5.89
$[AgI_2]^-$	5.5×10^{11}	11.74	$[CuI_2]^-$	7.1×10^8	8.85
$[Ag(CN)_2]^-$	5.6×10^{18}	18.74	$[Cu(CN)_2]^-$	1.0×10^{16}	16.00
$[Ag(NH_3)_2]^+$	1.7×10^7	7.23	$[Fe(C_2O_4)_3]^{3-}$	1.0×10^{20}	20.00
$[Ag(S_2O_3)_2]^-$	1.1×10^{13}	13.23	$[FeF_6]^{3-}$	约 2.0×10^{15}	约 15.3
$[AlF_6]^{3-}$	6.9×10^{19}	19.84	$[Fe(CN)_6]^{4-}$	1.0×10^{35}	35.00
$[AuCl_4]^-$	2.0×10^{21}	21.30	$[Fe(CN)_6]^{3-}$	1.0×10^{42}	42.00
$[Au(CN)_2]^-$	2.0×10^{38}	38.30	$[Fe(SCN)_6]^{3-}$	1.3×10^9	9.10
$[CdI_4]^{2-}$	2.0×10^6	6.30	$[HgCl_4]^{2-}$	9.1×10^{15}	15.96
$[Cu(CN)_4]^{3-}$	1.0×10^{30}	30.00	$[HgI_4]^{2-}$	1.9×10^{30}	30.28
$[Cu(en)_2]^{2+}$	1.0×10^{20}	20.00	$[Hg(CN)_4]^{2-}$	2.5×10^{41}	41.40
$[Cu(NH_3)_2]^+$	7.4×10^{10}	10.87	$[Hg(NH_3)_4]^{2+}$	1.9×10^{19}	19.28
$[Cu(NH_3)_4]^{2+}$	4.3×10^{13}	13.63	$[Hg(SCN)_4]^{2-}$	2.0×10^{19}	19.30
$[Cd(CN)_4]^{2-}$	7.1×10^{18}	18.85	$[Ni(CN)_4]^{2-}$	1.0×10^{22}	22.00
$[Cd(NH_3)_4]^{2+}$	1.3×10^7	7.12	$[Ni(en)_3]^{2+}$	2.1×10^{18}	18.33
$[Co(SCN)_4]^{2-}$	1.0×10^3	3.00	$[Ni(NH_3)_6]^{2+}$	5.6×10^8	8.74
$[Co(NH_3)_6]^{2+}$	8.0×10^4	4.90	$[Zn(CN)_4]^{2-}$	7.8×10^{16}	16.89
$[Co(NH_3)_6]^{3+}$	4.6×10^{33}	33.66	$[Zn(en)_2]^{2+}$	6.8×10^{10}	10.83
$[CuCl_2]^-$	3.2×10^5	5.50	$[Zn(NH_3)_4]^{2+}$	2.9×10^9	9.47

注：本表数据主要取自 Atimer W M. Oxidation Potentials, 2nd ed, 1952; en 为乙二胺 $H_2N(CH_2)_2NH_2$ 的代用符号。

郑重声明

高等教育出版社依法对本书享有专有出版权。任何未经许可的复制、销售行为均违反《中华人民共和国著作权法》，其行为人将承担相应的民事责任和行政责任；构成犯罪的，将被依法追究刑事责任。为了维护市场秩序，保护读者的合法权益，避免读者误用盗版书造成不良后果，我社将配合行政执法部门和司法机关对违法犯罪的单位和个人进行严厉打击。社会各界人士如发现上述侵权行为，希望及时举报，我社将奖励举报有功人员。

反盗版举报电话　（010）58581999　58582371
反盗版举报邮箱　dd@hep.com.cn
通信地址　　　　北京市西城区德外大街4号
　　　　　　　　高等教育出版社知识产权与法律事务部
邮政编码　　　　100120

读者意见反馈

为收集对教材的意见建议，进一步完善教材编写并做好服务工作，读者可将对本教材的意见建议通过如下渠道反馈至我社。

咨询电话　400-810-0598
反馈邮箱　gjdzfwb@pub.hep.cn
通信地址　北京市朝阳区惠新东街4号富盛大厦1座
　　　　　高等教育出版社总编辑办公室
邮政编码　100029

资源服务提示

授课教师如需获取本书配套教辅资源，请登录"高等教育出版社产品信息检索系统"（http://xuanshu.hep.com.cn/）搜索下载，首次使用本系统的用户，请先进行注册并完成教师资格认证。

高教社高职医药卫生教师QQ群：191320409